U0820989

高等职业教育“十三五”规划教材

工科类汽车、机电、农机系列规划教材

AutoCAD 机械制图项目教程

于丽颖　刘　鹰　王　萍　主编

中国农业大学出版社

·北京·

内 容 简 介

本书以 AutoCAD 2013 为操作平台，介绍了 AutoCAD 软件的特点及使用方法。本书的编写以项目、任务为组织方式，结合高等职业院校的教学实践，以工作过程为导向，将知识点按项目编排，将命令融入具体任务，通过每一步任务的完成，使读者一步步地了解并掌握 AutoCAD 的强大功能，使软件上手更快，并能举一反三。本书的内容按照工程制图课程的顺序进行编排，内容紧密结合机械类专业的教学和生产实际，使读者在学习计算机绘图技能的同时，掌握国家标准对计算机工程图样的绘制要求。

图书在版编目(CIP)数据

AutoCAD 机械制图项目教程/于丽颖，刘鹰，王萍主编. —北京：中国农业大学出版社，2017.8

ISBN 978-7-5655-1819-5

Ⅰ.①A… Ⅱ.①于… ②刘…③王… Ⅲ.①机械制图-AutoCAD 软件-高等学校-教材 Ⅳ.①TH126

中国版本图书馆 CIP 数据核字(2017)第 115257 号

书　　名 AutoCAD 机械制图项目教程

作　　者 于丽颖　刘　鹰　王　萍　主编

策划编辑	张　蕊　张　玉	**责任编辑**	张　玉
封面设计	郑　川	**责任校对**	王晓凤
出版发行	中国农业大学出版社		
社　　址	北京市海淀区圆明园西路 2 号	**邮政编码**	100193
电　　话	发行部 010-62818525,8625	读者服务部	010-62732336
	编辑部 010-62732617,2618	出　版　部	010-62733440
网　　址	http://www.cau.edu.cn/caup	**E-mail**	cbsszs @ cau.edu.cn
经　　销	新华书店		
印　　刷	北京时代华都印刷有限公司		
版　　次	2017 年 9 月第 1 版　　2017 年 9 月第 1 次印刷		
规　　格	787×1092　16 开本　18.5 印张　460 千字		
定　　价	43.00 元		

图书如有质量问题本社发行部负责调换

编　委　会

主　编　于丽颖　辽宁农业职业技术学院

刘　鹰　广西农业职业技术学院

王　萍　黑龙江农业职业技术学院

副主编　雷俊峰　襄阳职业技术学院

王　邗　辽宁农业职业技术学院

谢　靖　南阳农业职业学院

李　娜　辽宁农业职业技术学院

韩茂波　黑龙江农垦科技职业学院

参　编　刘劲松　襄阳职业技术学院

张成学　黑龙江农业职业技术学院

陈　明　襄阳职业技术学院

王　蜜　辽宁农业职业学院

冉中阳　南阳农业职业学院

杨垆昱　黑龙江农业经济职业学院

前　言

AutoCAD 是美国 Autodesk 公司于 20 世纪 80 年代初为微机上应用 CAD 技术(computer aided design,计算机辅助设计)而开发的绘图程序软件包,该软件具有强大的二维绘图、三维造型以及二次开发功能。它广泛应用于机械、化工、建筑、电子、航天、轻工和军事等众多设计领域。

本书以 AutoCAD 2013 为操作平台,介绍了 AutoCAD 软件的特点及使用方法,本书的编写以项目、任务为组织方式,结合高等职业院校的教学实践,以工作过程为导向,将知识点按项目编排,将命令融入具体任务,通过每一步任务的完成,使读者一步步地了解并掌握 AutoCAD 的强大功能,使软件上手更快,并能举一反三。本书的内容按照工程制图课程的顺序进行编排,内容紧密结合机械类专业的教学和生产实际,使读者在学习计算机绘图技能的同时,掌握国家标准对计算机工程图样的绘制要求。本书思路清晰,结构合理。循序渐进地介绍了利用 AutoCAD 进行工程制图的操作步骤,逐步引导读者去了解、掌握 AutoCAD。

各项目均有实例解析和课后练习题,使读者更好地掌握本项目介绍的基本概念和绘图技能。书中所涉及的素材文件请登录中国农业大学出版社网站 http://www.caupress.com.cn/ziyuankutushu/1912.jhtml 注册下载。

本书作者来自多所国内高等院校,都是讲授 AutoCAD 课程多年的一线教师,他们分别是辽宁农业职业技术学院的于丽颖、王蜜、王邗、李娜,广西农业职业技术学院刘鹰,黑龙江农业职业技术学院的王萍、张成学,襄阳职业技术学院的雷俊峰、刘劲松、陈明,南阳农业职业学院的谢靖、冉中阳,黑龙江农垦科技职业学院韩茂波,黑龙江农业经济职业学院的杨垆昱。

全书由于丽颖老师组织编写并统稿,王萍老师编写了样章。由于编者水平有限,书中不足之处在所难免,敬请广大读者批评指正。

编　者

2007.06

目　　录

项目 1

AutoCAD 2013 的基础知识

本项目主要介绍 AutoCAD 2013 工作界面，让用户在初次使用 AutoCAD 2013 绘图时，对它的工作界面、绘图环境、常规操作以及对机械图形的绘制有感性认识。逐步掌握人机交互方式，学会 AutoCAD 2013 的基本操作后，能独立设置图幅模板、绘制简单图形及相关文件操作。

学习目标

1. 熟悉 AutoCAD 2013 工作界面，能够自定义用户工作界面。
2. 掌握调用 AutoCAD 2013 命令的方法。
3. 掌握 AutoCAD 2013 的基本操作。
4. 独立创建模板文件。

任务1　初识 AutoCAD 2013

【知识目标】

1. 了解 AutoCAD 2013 的主要功能。
2. 熟悉 AutoCAD 2013 软件工作空间、用户界面。

【技能目标】

能够自定义用户界面。

【必备知识】

一、AutoCAD 主要功能

作为一个通用的计算机辅助设计平台，AutoCAD 拥有强大的人机交互能力和简便的操作方法，其主要功能如下。

1. 绘图功能

AutoCAD 的【绘图】菜单和【绘图】工具栏中包含了丰富的绘图命令，使用这些命令可以绘制直线、圆、椭圆、圆弧、曲线、矩形、正多边形等基本的二维图形，还可以通过拉伸、旋转、放样、扫掠等操作，使二维图形生成三维实体等。

2. 精确定位功能

AutoCAD 提供了坐标输入、对象捕捉、极轴追踪、栅格等功能，能够精确地捕捉点的位置，创建出具有精确坐标与精确形状的图形对象。

3. 编辑和修改功能

AutoCAD 提供了平移、复制、旋转、阵列、修剪等修改命令，使用这些命令可以修改和编辑绘制的基本图形，从而创建出更复杂的图形。

4. 图形输入和输出功能

AutoCAD 支持将多种类型的文件导入 AutoCAD 中，将图形中的信息转化为 AutoCAD 图形对象，或者转化为一个单一的块对象，这使得 AutoCAD 的灵活性大大增强。

图形输出主要包括屏幕显示、打印以及保存至 Autodesk 360 等几种形式。AutoCAD 可以将图形输出为图元文件、位图文件、平版印刷文件等。

5. 三维造型功能

AutoCAD 提供的高级建模扩展模块(advanced modeling extension，AME)可支持创建基本三维模型、布尔运算、三维编辑和非常强大的渲染功能，可以根据不同的需要提供多种显示设置以及完整的材质贴图和灯光设备，进而渲染出逼真的产品效果。

6. 二次开发功能

AutoCAD 自带的 AutoLISP 语言可以让用户自行定义新命令和开发新功能。通过 DXF、IGES 等图形数据接口，可以实现 AutoCAD 和其他系统的集成。此外，AutoCAD 提供了与其他高级编程语言的接口，具有很强的开放性。

二、AutoCAD 2013 的启动和退出

在安装 AutoCAD 2013 软件之后，程序会自动在 Windows 桌面上建立 AutoCAD 2013 的快捷方式图标。

1. 启动

(1)双击快捷图标，可快速启动 AutoCAD 2013 软件。

(2)打开【开始】菜单，【开始】|【所有程序】|【Autodesk】|【AutoCAD 2013-简体中文(Simplified Chinese)】|【AutoCAD 2013】，即可启动 AutoCAD 2013。

(3)双击已有的 AutoCAD 2013 文件，也可启动 AutoCAD 2013。

第一次启动 AutoCAD 2013 中文版系统时会自动弹出如图 1-1 所示的【欢迎】窗口。窗口中包括【工作】【了解】和【扩展】3 个模块。用户可以直接在【工作】模块中新建一个文件，也可以打开所需要的已有文件。而【了解】和【扩展】模块可以更直接地帮助用户了解 AutoCAD 2013 中文版系统的新增内容以及快速入门的一些技巧。

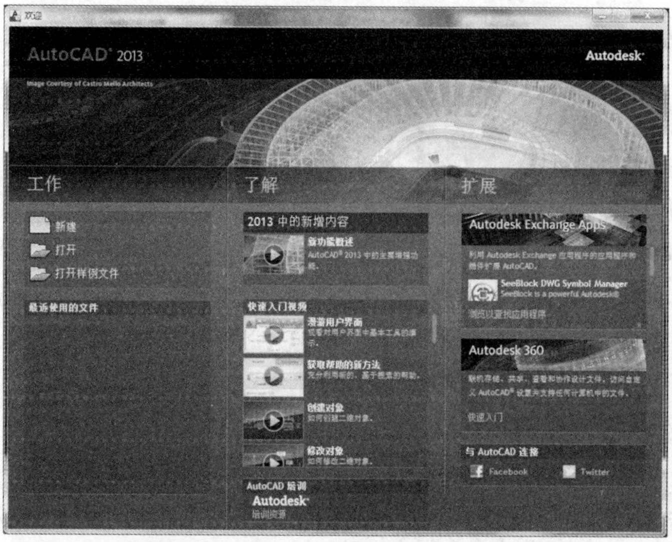

图 1-1　欢迎界面

直接关闭【了解】窗口后，就是 AutoCAD 2013 中文版的操作窗口。窗口中包括标题栏、菜单栏、工具栏、状态栏和绘图区等。操作界面窗口中还包括命令输入行和文本窗口，通过它们用户可以和 AutoCAD 系统进行人机交互。启动 AutoCAD 2013 之后，系统将自动创建一个新的图形文件，并将该图形文件命名为“Drawing1. dwg”。因此启动之后在 AutoCAD 2013 的

主窗口中就自动包含了一个名为“Drawing1. dwg”的绘图窗口。

2. 退出

在完成图形的绘制和编辑后，可以退出 AutoCAD 2013 程序。

- 菜单栏：【文件】|【退出】
- 标题栏：单击标题栏上的【关闭】按钮
- 命令行：quit/exit ↙
- 快捷键：Alt＋F4 或 Ctrl＋Q
- 应用程序按钮：单击应用程序按钮，在弹出的列表中单击【关闭】按钮

提示：若在 AutoCAD 2013 退出之前未进行文件的保存，系统会弹出如图 1-2 所示的提示对话框。提示使用者在退出软件之前是否保存当前的绘图文件。单击【是】按钮，可进行文件的保存；单击【否】按钮，将不对之前的操作保存而退出；单击【取消】，将返回到操作界面，不执行退出软件的操作。

如果文件是新建的，则在保存时会弹出【图形另存为】对话框，如图 1-3 所示，可以在【文件名】下拉列表框中输入新的文件名或使用默认文件名，选择保存路径后单击按钮【保存】即可。

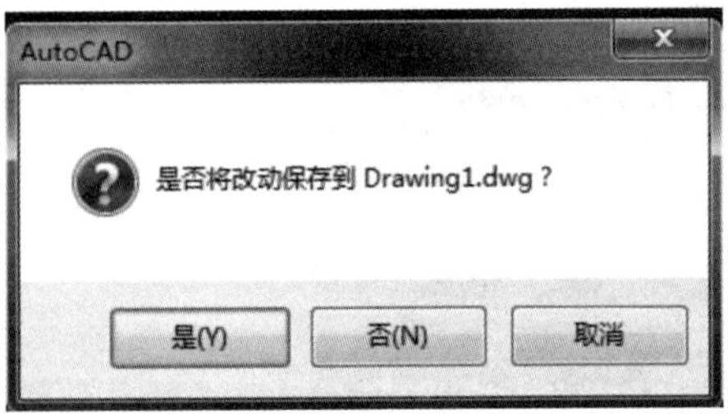

图 1-2 退出提示对话框

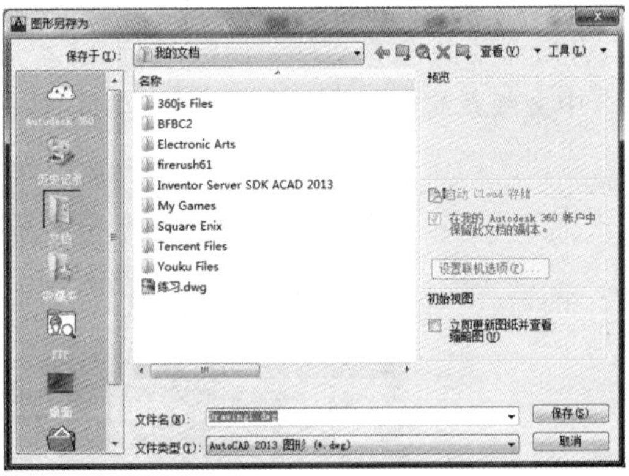

图 1-3 图形另存为对话框

三、AutoCAD 2013 工作空间

根据不同的绘图要求，AutoCAD 提供了 4 种工作空间：AutoCAD 经典、草图与注释、三维基础和三维建模。首次启动 AutoCAD 2013 时，系统默认的工作空间为草图与注释空间。对于一般用户来说，可以采用草图与注释工作空间。

工作界面也叫工作空间，可通过单击屏幕右下角状态栏中的【切换工作空间】按钮进行切换，也可通过点击标题栏左侧的展开箭头，在展开选项中选择其他工作空间。

1. AutoCAD 2013 的经典工作空间

AutoCAD 2013 经典空间与 AutoCAD 的传统界面比较相似，其界面主要有应用程序按钮、快速访问工具栏、菜单栏、工具栏、命令行、状态栏等元素，如图 1-4 所示。

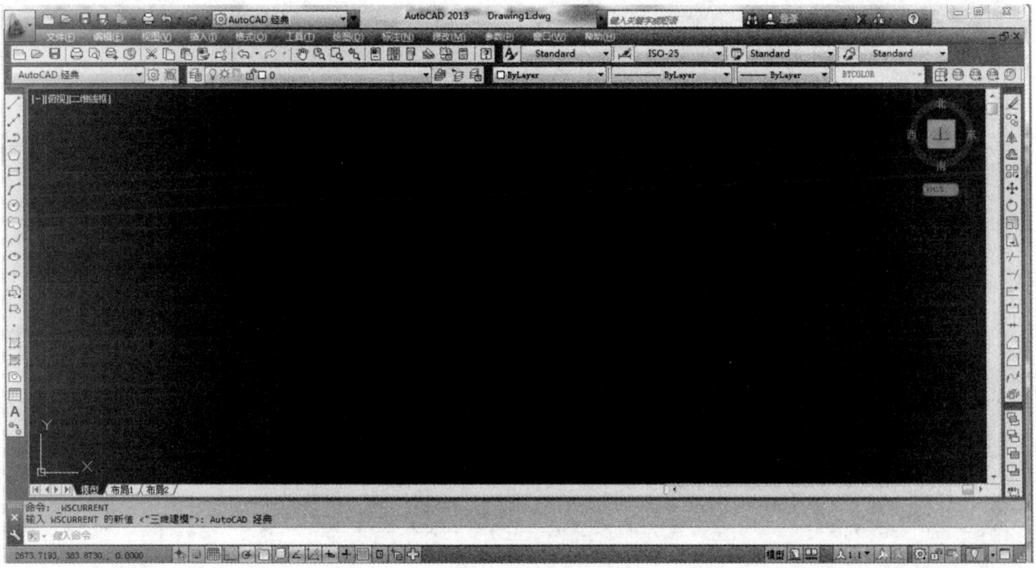

图 1-4　经典空间

2. 草图与注释空间

与 AutoCAD 经典空间相比，草图与注释空间用功能区选项卡代替了经典的工具栏。如图 1-5 所示。

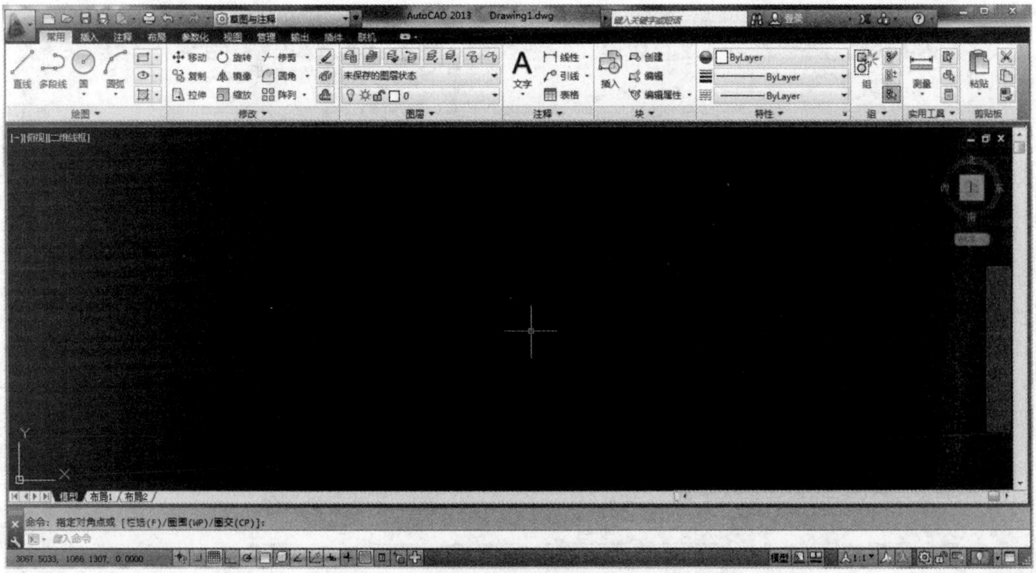

图 1-5　草图与注释空间

3. 三维基础空间

三维基础空间侧重于基本三维模型的创建，如图 1-6 所示。其功能区提供了各种常用的三维建模、布尔运算以及三维编辑按钮。

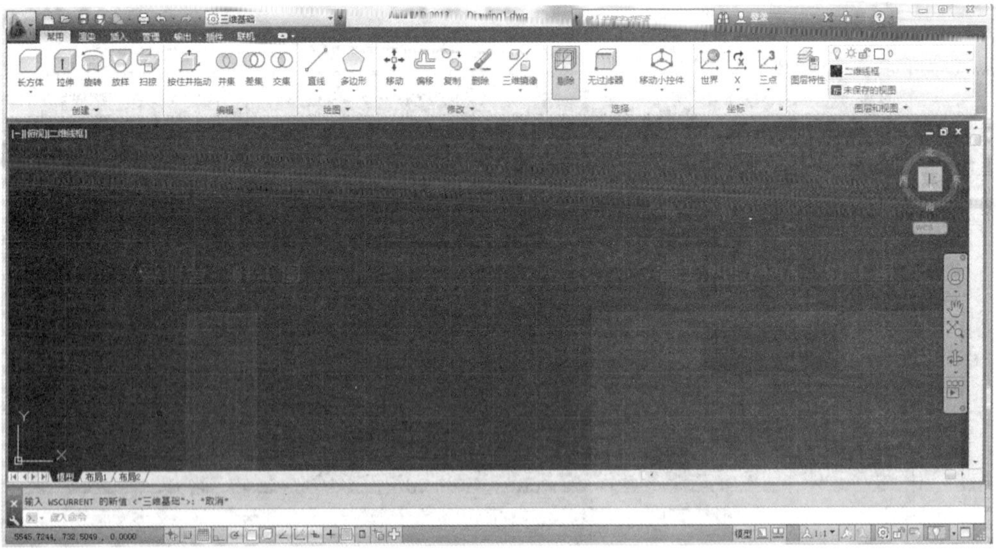

图 1-6　三维基础空间

4. 三维建模空间

三维建模空间主要用于复杂三维模型的创建、修改和渲染，其功能区包含了【实体】【曲面】【网络】和【渲染】等选项卡，如图 1-7 所示。由于包含更全面的修改和编辑命令，因而其功能区工具按钮排列更为密集。

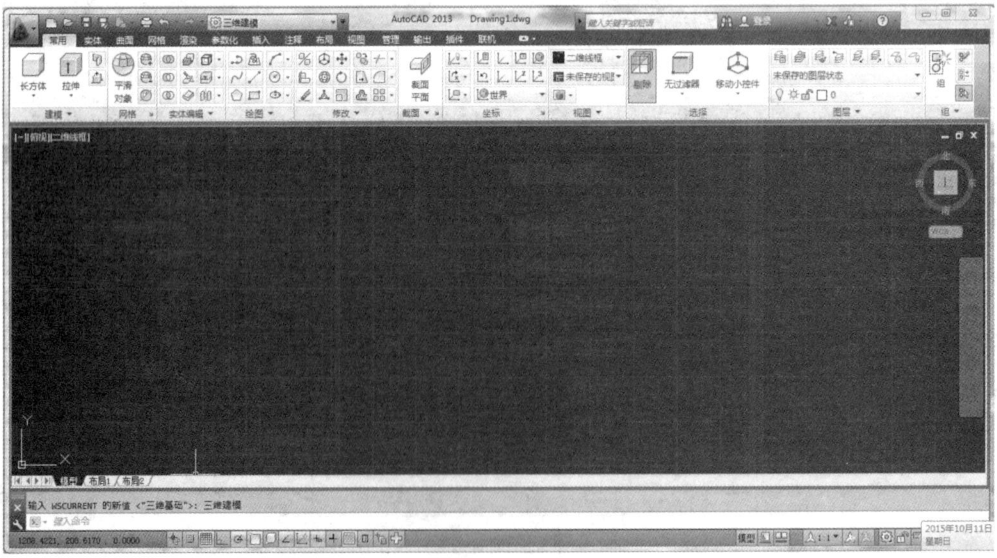

图 1-7　三维建模空间

四、AutoCAD 2013 的用户界面

AutoCAD 2013 的用户界面也叫操作界面，打开如图 1-8 所示的工作界面，它是一个可视化空间，也是人机交互场所，包括标题栏、菜单栏、工具栏、快速访问工具栏、交互信息工具栏、功能区、绘图区、十字光标、坐标系、命令行窗口、状态栏等。

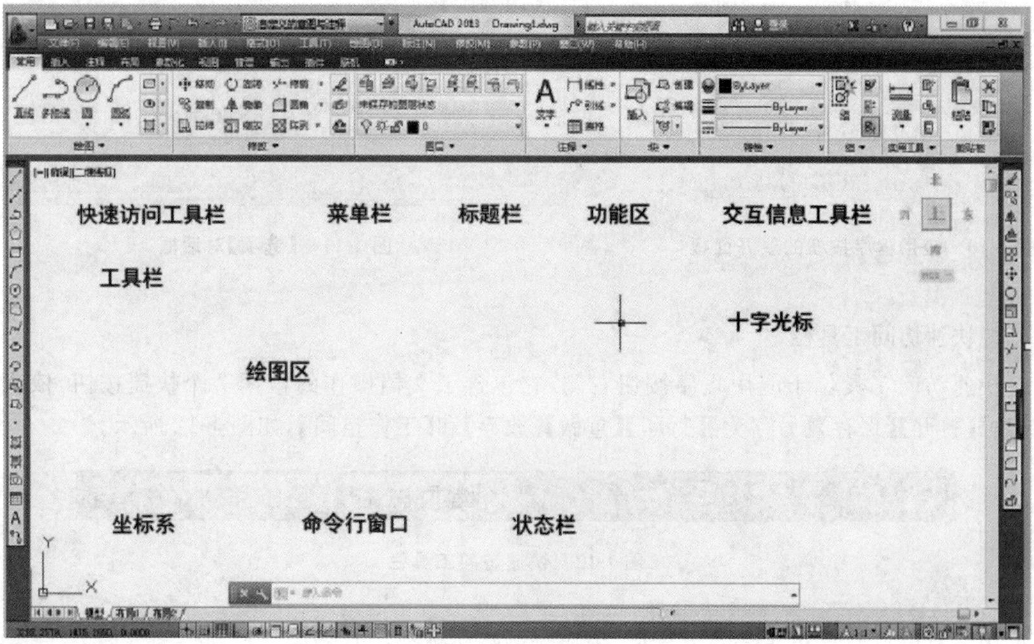

图 1-8　用户界面

1. 标题栏

标题栏位于 AutoCAD 2013 窗口的顶部中央，如图 1-9 所示：

图 1-9　标题栏

它显示了用户当前打开的图形文件的信息。如果打开的是计算机中保存的图形文件，则显示其完整路径；如果是新建但未保存的文件，则只显示其名称。系统根据文件的创建顺序，默认名称为 Drawing1、Drawing2 等。

2. 应用程序按钮

应用程序按钮位于窗口左上角，单击此按钮，展开如图 1-10 所示的应用程序按钮面板。面板中包含了文档的新建、打开和保存等命令。单击面板中【选项】按钮，系统弹出【选项】对话框，如图 1-11 所示，AutoCAD 2013 的大部分系统选项均在此对话框中进行设置。

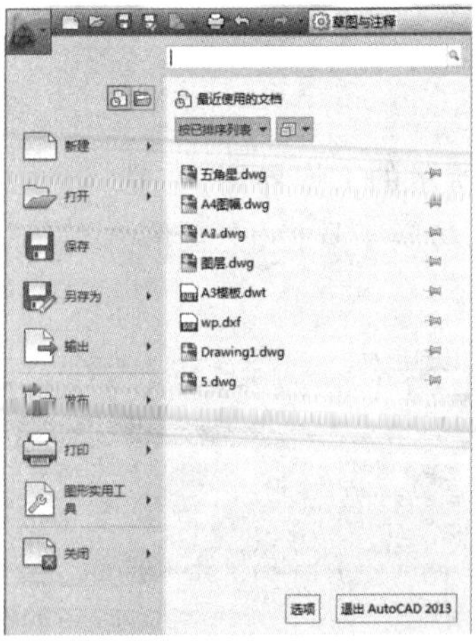

图 1-10　应用程序按钮的展开面板

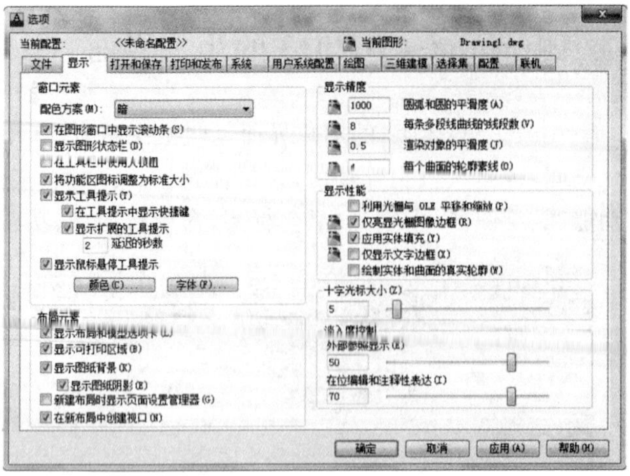

图 1-11　【选项】对话框

3. 快速访问工具栏

快速访问工具位于应用程序按钮右侧，它包含了文档操作的常用 7 个快捷按钮，依次为【新建】【打开】【保存】【另存为】【打印】【重做】【放弃】和【工作空间】，如图 1-12 所示。

图 1-12　快速访问工具栏

用户可以自定义快速访问工具栏，添加或删除所需的工具按钮。

4. 菜单栏

菜单栏位于标题栏的下方，与其他 Windows 程序一样，AutoCAD 的菜单栏也是下拉式的，AutoCAD 2013 的默认菜单栏有如下菜单项目。

文件：用于管理图形文件。

编辑：用于对文件图形进行常规编辑。

视图：用于管理 AutoCAD 的操作界面。

插入：用于在当前 AutoCAD 绘图状态下插入所需的图块或其他格式的文件。

格式：用于设置与绘图环境有关的参数。

工具：用于设置一些绘图的辅助工具。

绘图：提供绘制二维图形和三维模型的所有命令。

标注：提供对图形进行尺寸标注时所需的命令。

修改：提供修改图形时所需的命令。

参数：提供对图形约束时所需的命令。

窗口：用于在多文档状态时设置各个文档的屏幕。

帮助：提供使用 AutoCAD 2013 所需的帮助信息。

AutoCAD 2013 只有在 AutoCAD 经典空间才默认显示菜单栏，在其他工作空间默认不显示菜单栏，但用户可以在其他工作空间调用菜单栏。单击工作空间名称后的展开箭头，展开选项列表如图 1-13 所示，选择显示菜单栏命令，即可显示菜单栏。

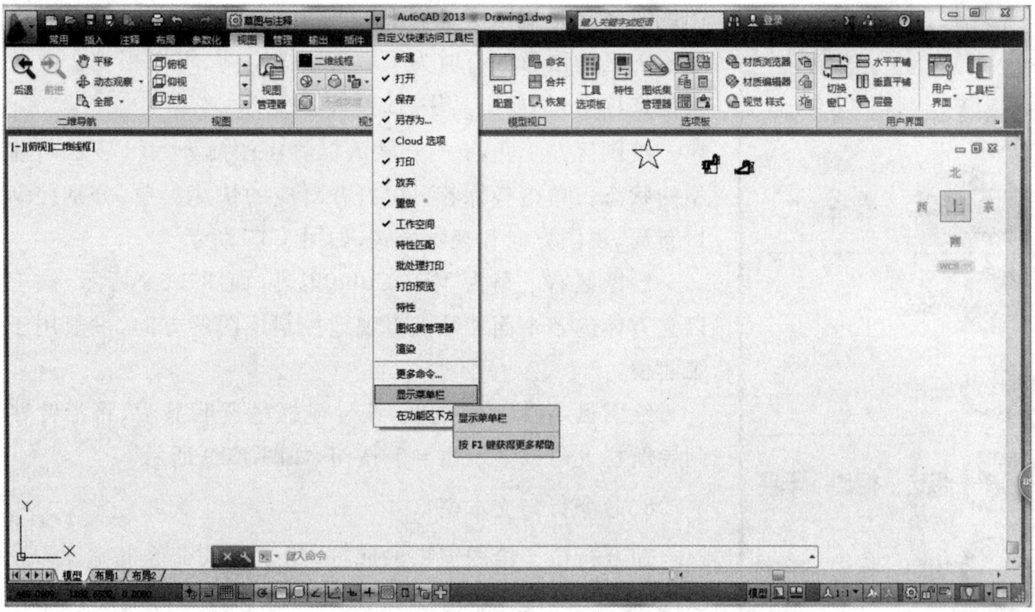

图 1-13 展开选项列表

5. 功能区

在草图与注释、三维基础、三维建模空间中主要命令集中在功能区，使用起来比菜单栏更方便。功能区由多个选项卡组成，每个选项卡中又包含多个区，如【常用】选项卡中包括绘图功能区、修改功能区等，不同的功能区上对应不同类别的命令按钮，如图 1-14 所示。

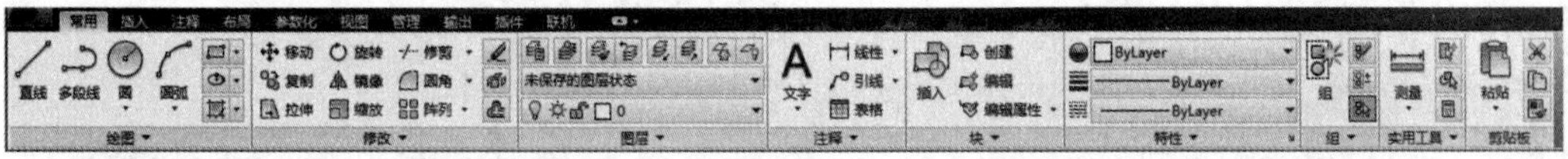

图 1-14 功能区选项卡显示内容

命令按钮或功能区名称旁边有黑色三角按钮，单击该三角按钮可以展开该功能区，显示出更多的按钮，如点击【圆】上的三角按钮，展开功能区，如图 1-15 所示。

6. 工具栏

工具栏是一组按钮图标工具的集合，每个图标都形象地显示出了该工具的作用，AutoCAD 2013 中，只有 AutoCAD 经典空间中显示工具栏。其他工作空间主要使用功能区的命令按钮，工具栏默认处于隐藏状态，但可以使用以下方法调用工具栏。

在菜单栏中选择【工具】|【工具栏】|【AutoCAD】命令，在其菜单中选择需要的工具。

利用工具栏可以快速直观地执行各种命令，用户可以根据需要拖拽工具栏置于屏幕的任何位置。

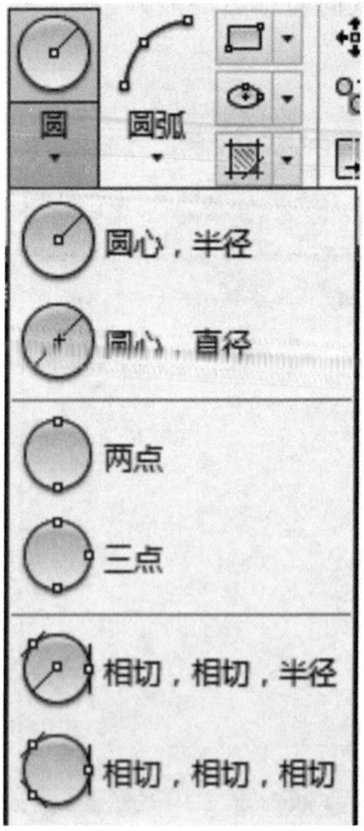

图 1-15 展开功能区

7. 绘图区

绘图区是用户绘图的操作和显示区域，如图 1-16 所示。绘图区实际上是无限大的，用户可以通过缩放、平移等命令来观察绘图区的图形。有时为了增大绘图空间，可以根据需要关闭其他选项卡，例如工具栏、选项板等。

绘图区左上角有 3 个显示标签[-][俯视][二维线框]，显示当前模型的状态。单击各标签可以打开对应的快捷菜单，分别控制视口布局、视图方向和视觉样式，如图 1-17 所示。

绘图区右上角为 ViewCube 工具，如图 1-18 所示，该工具以立方体的各个面和顶点直观地控制视图的方向，一般用于三维建模。

绘图区右侧为导航栏，该导航栏呈透明显示，将指针移动到导航栏上可以显示出导航按钮，如图 1-19 所示。

8. 命令行与文本窗口

命令行位于绘图窗口的底部，用于输入命令和显示 AutoCAD 的提示信息，如图 1-20 所示。命令行窗口中灰色部分显示已经执行的命令，白色区域提示命令提示符，提示用户输入新的命令。

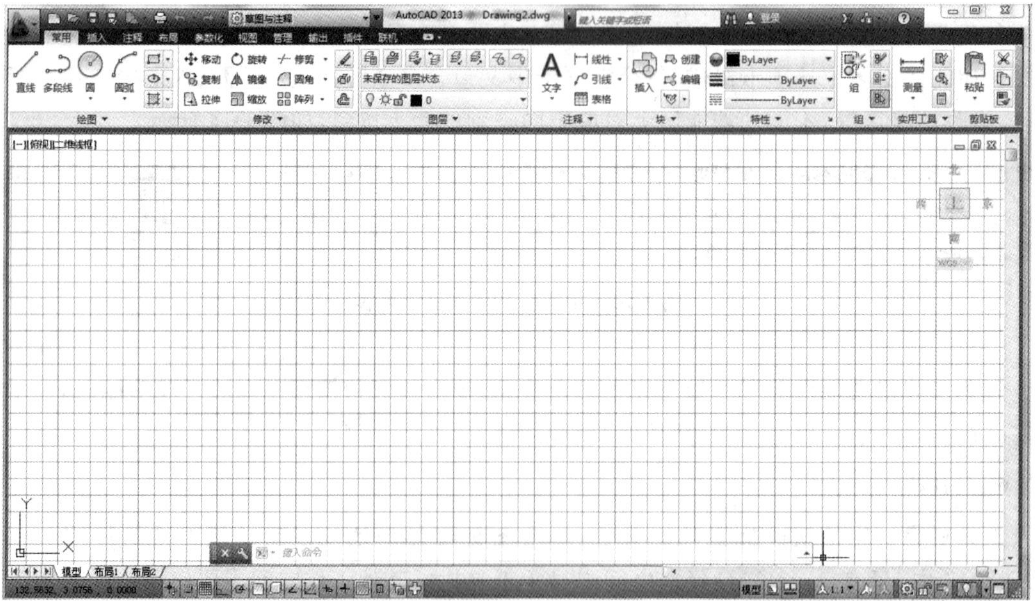

图 1-16 绘图区

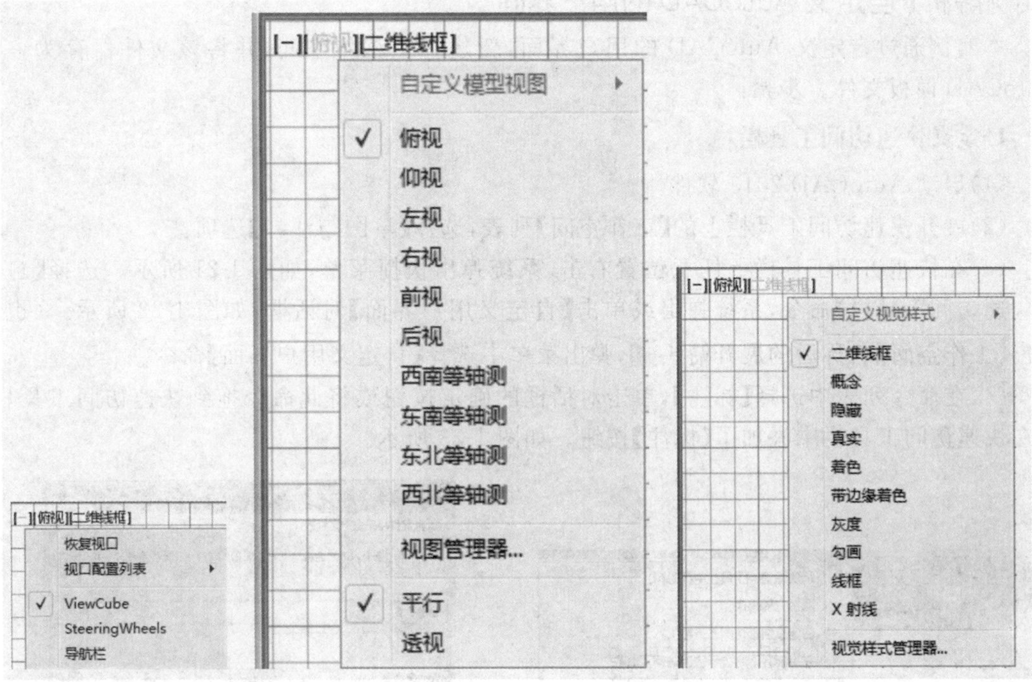

图 1-17　功能标签菜单

图 1-18　ViewCube 工具

图 1-19　导航栏

图 1-20　命令行窗口

【实例解析】自定义 AutoCAD 的用户界面

本实例通过自定义 AutoCAD 的用户界面，新建一个工作空间，并将该文件保存为一个 AutoCAD 模板文件。步骤：

1. 定义快速访问工具栏

(1)启动 AutoCAD 2013 软件。

(2)展开快速访问工具栏上的【工作空间】列表，选择【草图与注释】选项。

(3)在快速访问工具栏上任意位置右击，系统弹出快捷菜单，如图 1-21 所示。选择【自定义快速访问工具栏】命令，系统弹出或单击【自定义用户界面】对话框，如图 1-22 所示。(也可单击【工作空间】名称后的展开箭头，弹出菜单中选择【自定义用户界面】命令。)

(4)在命令列表中选择【标注】，单击对话框的确定按钮或将此命令拖到快速访问工具栏，则在快速访问工具栏中添加了【标注】按钮。如图 1-23 所示。

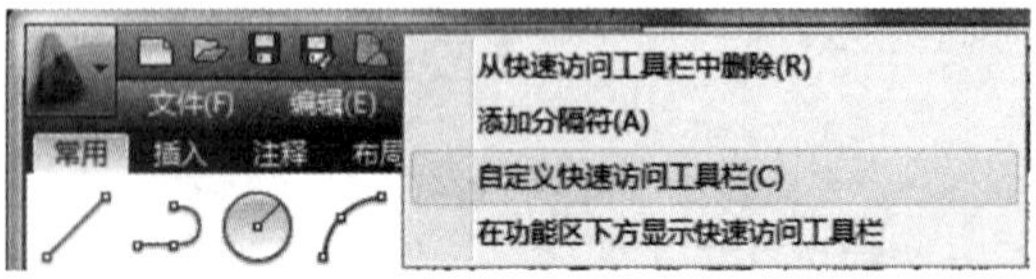

图 1-21 快捷菜单

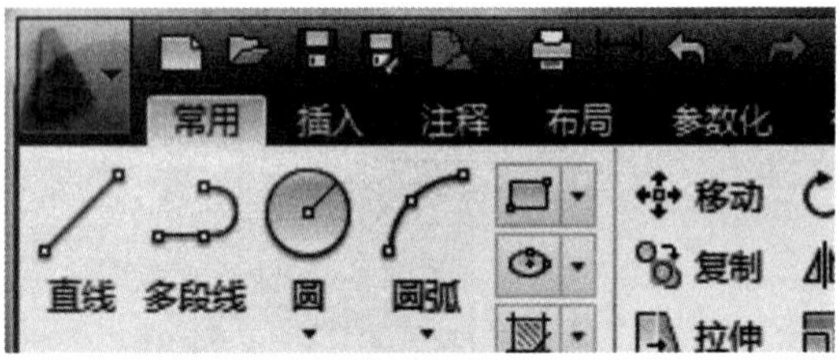

图 1-23 快捷菜单中添加【标准】按钮

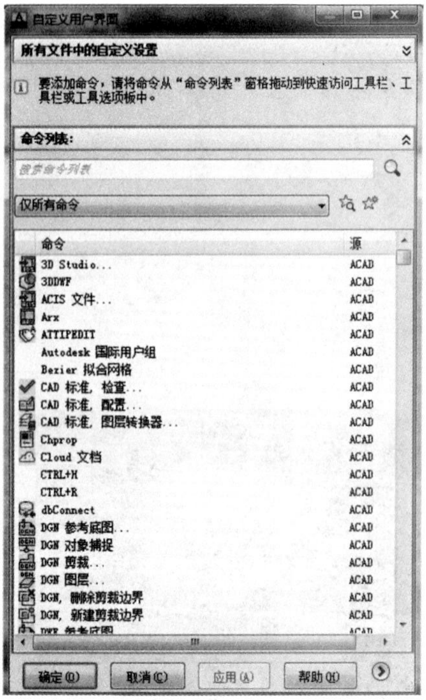

图 1-22 【自定义用户界面】窗口

(5)若想删除快速访问工具栏中某一命令，光标移到该命令上，击右键，在快捷菜单中单击从【快速访问工具栏中删除】即可。

2. 在草图与注释空间中添加菜单栏

单击【工作空间】名称后的展开箭头，展开选项如图 1-24 所示，选择【显示菜单栏】命令，显示菜单栏，如图 1-25 所示。

3. 保存自定义用户界面

(1)展开工作空间列表，选择将【当前工作空间另存为…】命令，系统弹出保存工作空间对

图 1-24　展开选项列表

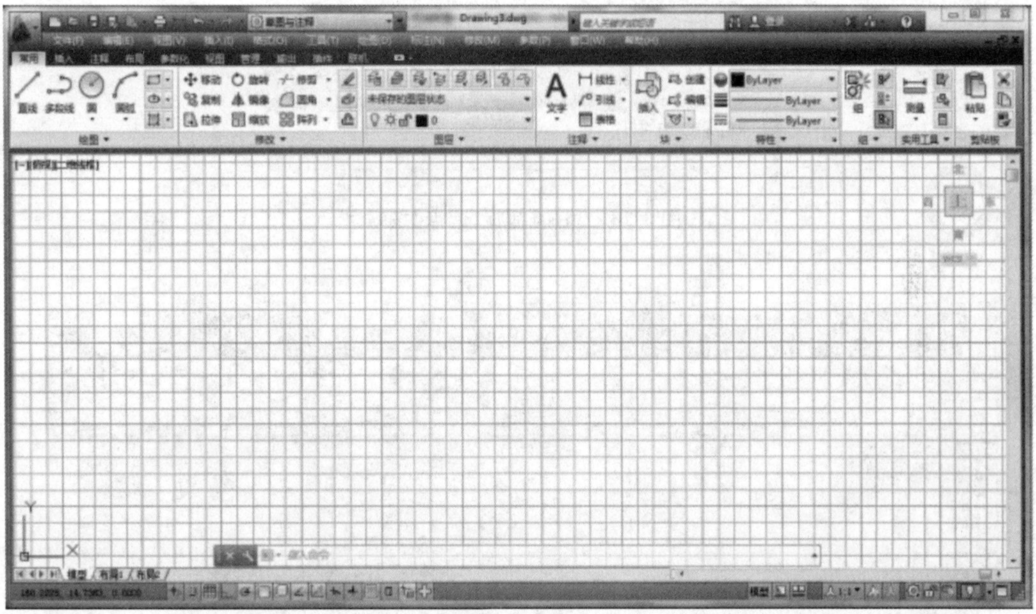

图 1-25　显示菜单栏

话框，如图 1-26 所示。

(2)在名称下拉列表框中输入工作空间名称“自定义的草图与注释”，然后单击保存按钮，当前的工作空间将被保存。

(3)保存的工作空间显示在工作空间列表中，如图 1-27 所示。

图 1-26　命名工作空间

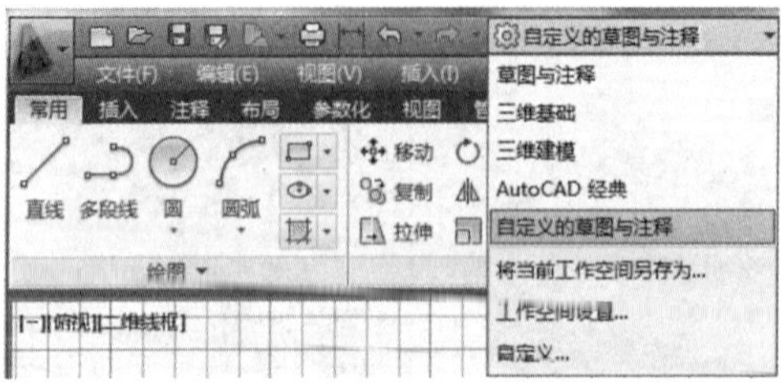

图 1-27　显示在工作空间列表

课后作业

1. 在草图与注释空间中，在快速访问工具栏中添加【捕捉，起点】按钮，如图 1-28 所示。

2. 在草图与注释空间中，添加菜单栏，显示绘图和修改工具栏，并将新创建的用户空间保存，如图 1-29 所示。

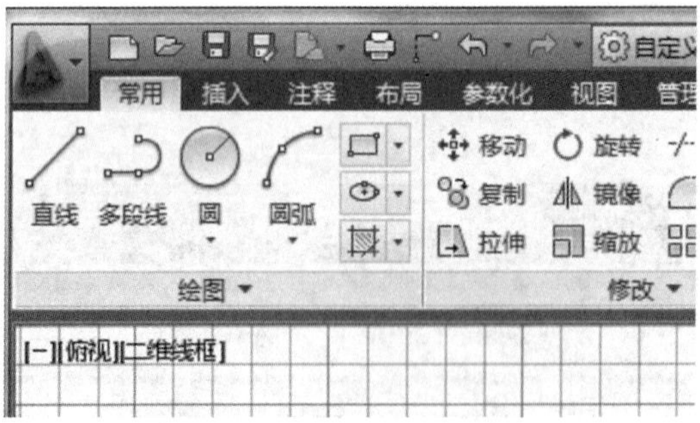

图 1-28　添加【捕捉，起点】按钮

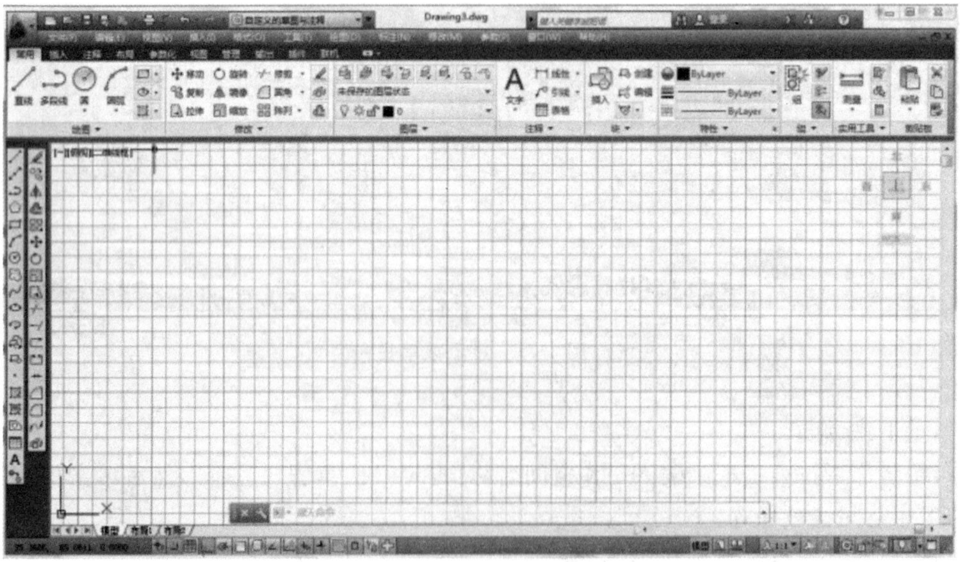

图 1-29　调出菜单栏和工具栏

任务 2　AutoCAD 2013 的基本操作

【知识目标】

1. 掌握 AutoCAD 2013 图形文件基本操作。
2. 掌握 AutoCAD 2013 命令的各种执行方式。
3. 掌握 AutoCAD 2013 视图的基本操作。
4. 掌握选择对象的常用方法。

【技能目标】

能够进行图形文件管理，绘制简单二维图形，绘图过程中熟练调用命令，用不同视图输出方式观察图形。

【必备知识】

一、图形文件的基本操作

使用 AutoCAD 2013 绘制图形时，图形文件的管理是一个基本操作。包括如何新建文件、打开现有文件、保存文件、另存文件。

1. 新建文件

启动 AutoCAD 2013 后，系统将自动新建一个名为“Drawing1. dwg”的图形文件，该图形文件默认以 acadiso. dwt 为样板创建。

用户也可以根据需要自行新建文件，新建文件有以下几种方法。

- 菜单栏：【文件】|【新建】
- 工具栏：【标准】工具栏上的【新建】按钮
- 命令行：new ↙
- 快捷键：Ctrl＋N
- 快速访问工具栏：【新建】按钮

执行以上任意一种操作，系统弹出【选择样板】对话框，如图 1-30 所示。选择绘图样板之后，单击【打开】按钮，即可新建文件并进入绘图界面。

2. 打开文件

在使用 AutoCAD 2013 进行图形编辑时，常需要对图形文件进行查看或编辑，这时就需要打开相应的图形文件。

打开文件有以下几种方法。

- 菜单栏：【文件】|【打开】
- 工具栏：【标准】工具栏上的【打开】按钮
- 命令行：open ↙

- 快捷键：Ctrl+O
- 快速访问工具栏：单击【打开】按钮

执行上述文件后，系统弹出【选择文件】对话框，如图 1-31 所示，在【查找范围】下拉列表框中浏览到文件路径，然后选中需要打开的文件，最后单击【打开】按钮即可。

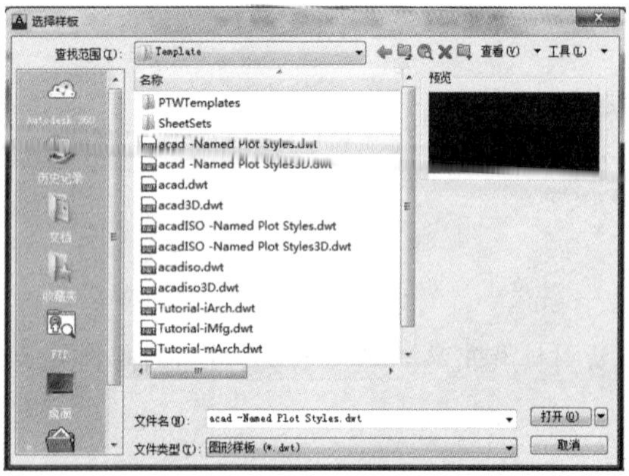

图 1-30 【选择样板】对话框

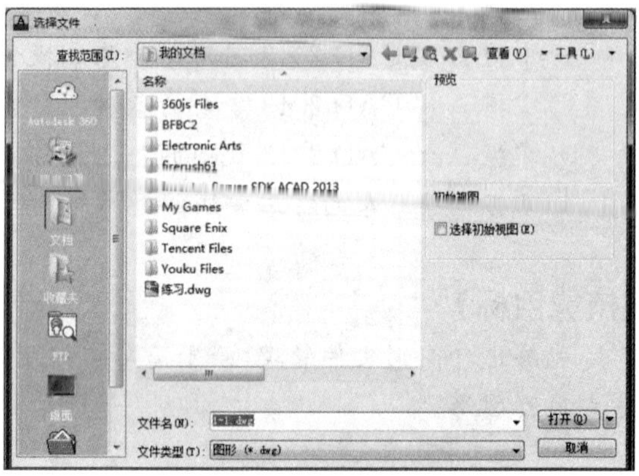

图 1-31 【选择文件】对话框

3. 保存文件

保存文件就是将新绘制或编辑过的文件保存在计算机中，以便再次使用。也可以在绘制图形的过程中随时对图形进行保存，避免意外情况导致文件丢失。

保存文件有以下几种方法。

- 菜单栏：【文件】|【保存】
- 工具栏：【标准】工具栏上的【保存】按钮
- 命令行：save↙
- 快捷键：Ctrl+S
- 快速访问工具栏：单击【保存】按钮

执行上述命令后，若文件是第一次保存，则会弹出【图形另存为】对话框，或不是第一次保存，则系统按原路径保存，不会再出现对话框。

4. 另存文件

另存是将当前文件重新设置保存路径或保存名称，从而创建新的文件，这样不会对打开的原文件产生影响。

另存文件有以下几种方法。

- 菜单栏：【文件】|【另存为】
- 命令行：saveas↙
- 快捷键：Ctrl+Shift+S
- 快速访问工具栏：单击【另存为】按钮

执行上述命令后，系统弹出【图形另存为】对话框，在其中重新设置保存路径或文件名，然后单击【保存】按钮。

二、命令操作

1. 执行命令

执行命令的方法有以下 5 种。

(1)通过功能区执行命令：AutoCAD 2013 的功能区分门别类地列出了绝大多数常用的工具按钮，例如在功能区单击【常用】选项卡上的【圆】按钮，在绘图区内即可绘制圆形，如图 1-32 所示。

(2)通过工具栏执行命令：AutoCAD 2013 经典工作空间以工具栏的形式显示常用的工具按钮，单击【工具栏】上的工具按钮即可执行相关的命令，如图 1-33 所示。

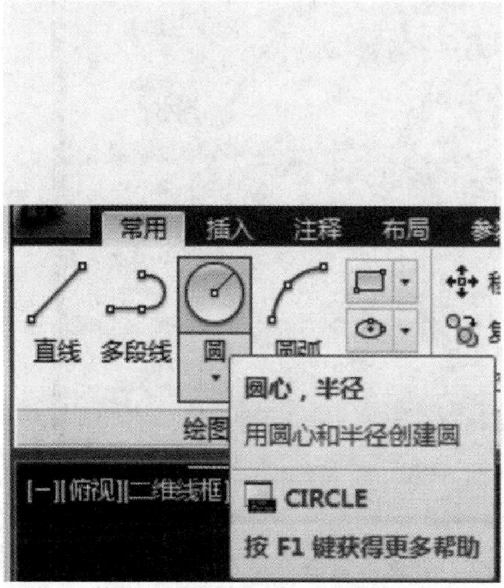

图 1-32　通过功能区执行命令

图 1-33　通过工具栏执行命令

(3)通过菜单栏执行命令：在 AutoCAD 2013 经典工作空间中也可使用菜单栏调用命令，如要绘制圆形，可以选择【绘图】|【圆】命令，即可在绘图区根据提示绘制图形，如图 1-34 所示。

(4)通过键盘输入方式执行命令：在 AutoCAD 的所有工作空间中，都可以在命令行内输入对应的命令字符，然后按 Enter 键来执行该命令。例如：在命令行中输入 CIRCLE 并按回车键，即可在绘图区绘制圆形，如图 1-35 所示。

(5)通过快捷键执行命令：AutoCAD 2013 可以用快捷键执行部分命令，如 Ctrl＋N 是新建文件，Ctrl＋O 是打开文件。AutoCAD 2013 也赋予了键盘上功能键对应的快捷功能，如 F2 键为开启文本窗口，该本文窗口中显示执行过的命令。如图 1-36 所示。

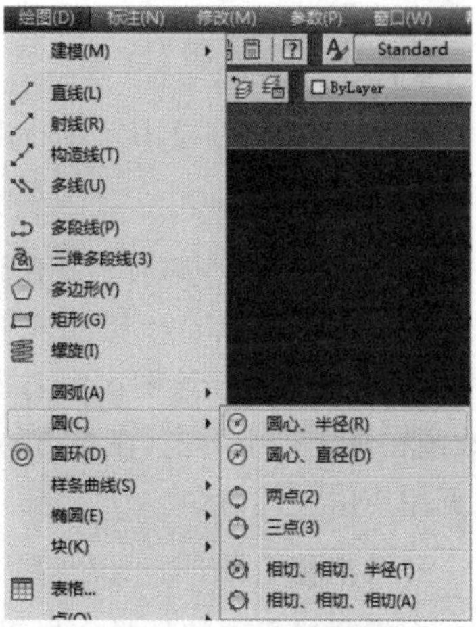

图 1-34　通过菜单栏调用命令

图 1-35　通过键盘输入执行命令

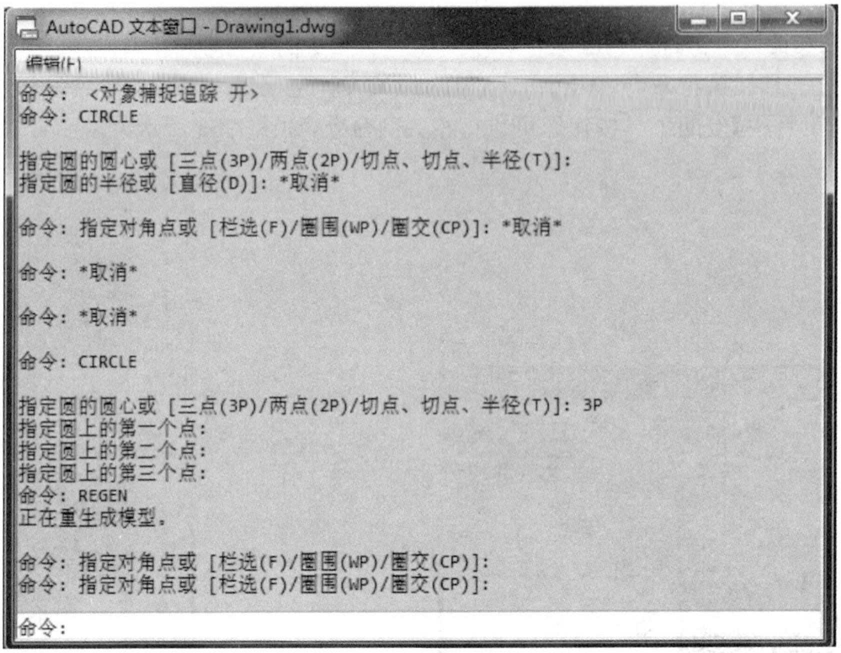

图 1-36　利用功能键 F2 打开文本窗口

2. 退出正在执行的命令

在绘图过程中，如果激活某一命令后，在操作完成之前要提前终止该命令有两种方法。

- 快捷键：Esc
- 快捷菜单：在绘图区域右击，在系统弹出的快捷菜单中选择【取消】命令

3. 重复使用命令

在绘图过程中，如需重复执行同一个命令，常用的重复执行命令的方法如下。

- 快捷键：按 Enter 键或按空格键重复使用上一个命令
- 快捷菜单：在绘图区中右击，在弹出的快捷菜单中选择【最近的输入】下需要重复的命令，或在命令行中右击，在弹出的快捷菜单中选择【最近使用的命令】下需要重复的命令，可重复调用使用过的命令

4. 撤销和重做

在绘图过程中如果操作失误，需要撤销操作，有 4 种方法。

- 菜单栏：【编辑】|【放弃】
- 命令行：undo/u ↙

- 快捷键:Ctrl+Z
- 快速访问工具栏:单击【放弃】按钮

提示:如果想撤销前面执行的多个操作,可重复执行以上三个操作,也可点击中右边的,然后选择要放弃的几个操作。

撤销后,也可以重做被撤销的操作,重做的前提是在撤销操作之后,还没有进行下一步新的操作。执行重做的方法如下。

- 菜单栏:【编辑】|【重做】
- 命令行:redo ↙
- 快捷键:Ctrl+Y
- 快速访问工具栏:单击【重做】按钮

三、视图控制

使用 AutoCAD 绘制图形时,可以自由地控制视图的显示比例。例如需要对图形进行细微观察时,可适当放大视图比例以显示图形中的细节部分;而需要观察全部图形时,可适当缩小视图比例以显示图形的全貌。

在绘制较大的图形,或者放大了视图显示比例时,还可以随意移动视图的位置,以显示要查看的部位。

(一)视图缩放

视图缩放命令可以调整当前视图大小。

调用视图缩放命令有以下几种方法。

- 菜单栏:【视图】|【缩放】,如图 1-37 所示
- 功能区:【视图】|【二维导航】选项卡,如图 1-38 所示

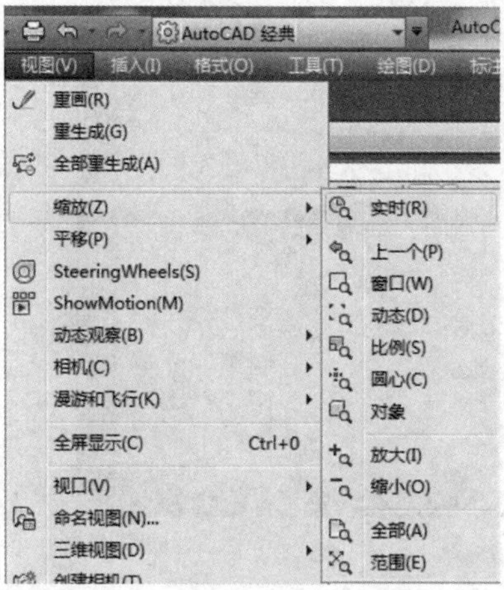

图 1-37　选择【缩放】命令

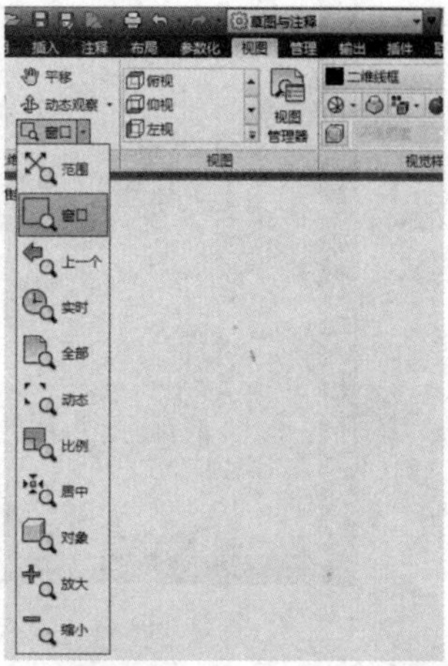

图 1-38　功能区中命令按钮

- 命令行：zoom/z↙

各缩放按钮的含义介绍如下：

1. 全部缩放

该缩放用于在当前视口中显示整个模型空间界限范围内的所有图形对象，打开素材文件项目 1\任务 2\1-39 视图缩放图例，执行全部缩放操作，如图 1-39 所示。

原视图

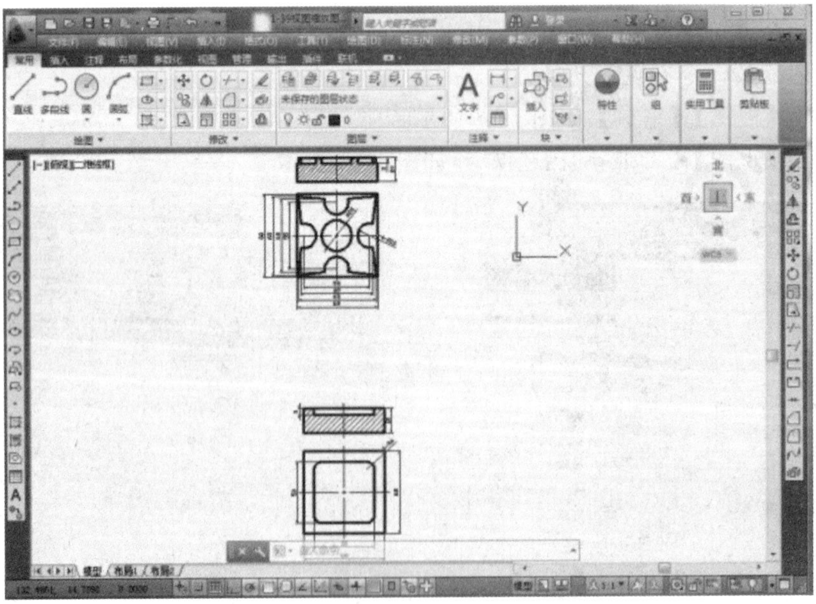

全部缩放后的效果

图 1-39　全部缩放的效果

2. 居中缩放

该缩放以指定点为中心点，整个图形按照指定的缩放比例缩放，缩放点成为新视图的中心点。使用居中缩放命令行提示如下：

指定中心点:
ZOOM 输入比例或高度 <1012.9590>:

【说明】

指定中心点：　　　　　　　　　　//指定一点作为新视图的显示中心点

输入比例或高度＜当前值＞：　　　//输入比例或高度

＜当前值＞为当前视图的纵向高度。若输入的高度值比当前值小，则视图将放大；若输入的高度值比当前值大，则视图将缩小。其缩放系数等于“当前值/输入高度”的比值。也可直接输入缩放系数，即在数值后加 X，表示相对于当前视图进行缩放。

3. 范围缩放

该缩放使所有图形对象最大化显示，充满整个视口。如图 1-40 所示。

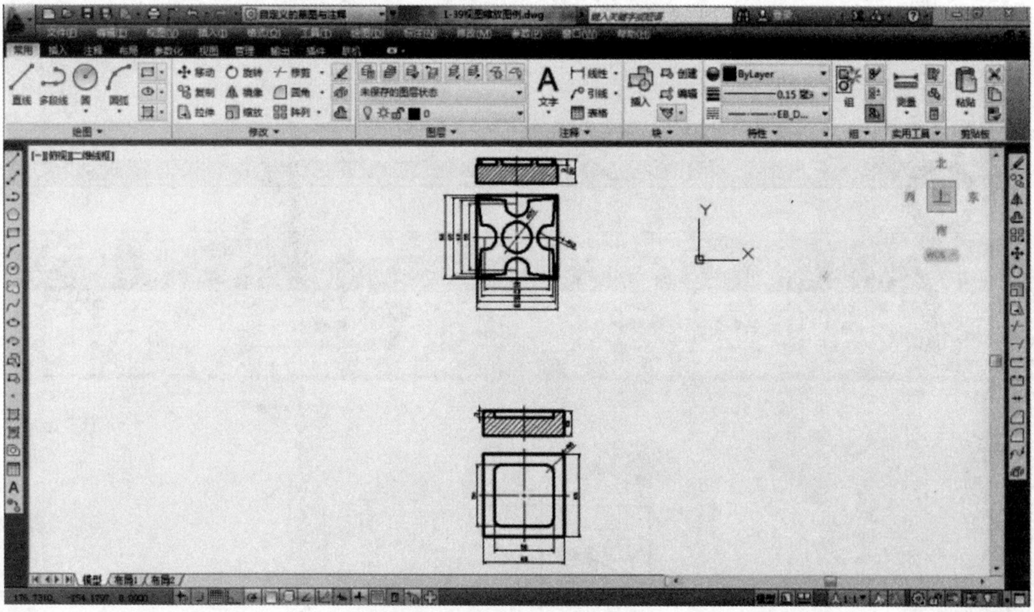

图 1-40　范围缩放效果

4. 动态缩放

该缩放用于对图形进行动态缩放。选择该选项后，绘图区将显示一个带中心标记的黑色方框，拖动鼠标移动方框至要缩放的位置，单击调整大小，最后按 Enter 键即可将方框内的图形最大化显示。

5. 显示上一个

执行该命令将恢复到前一个视图显示的图形状态。

6. 比例缩放

表示按输入的比例值进行缩放。有 3 种输入方法：直接输入数值，表示相对于图形界限进行缩放；在数值后加 X，表示相对于当前视图进行缩放；在数值后加 XP，表示相对于图纸空间单位进行缩放。打开素材文件项目 1\任务 2\1-41 比例缩放图例，进行比例缩放操作，图 1-41 所示为比例缩放 4 倍的效果。

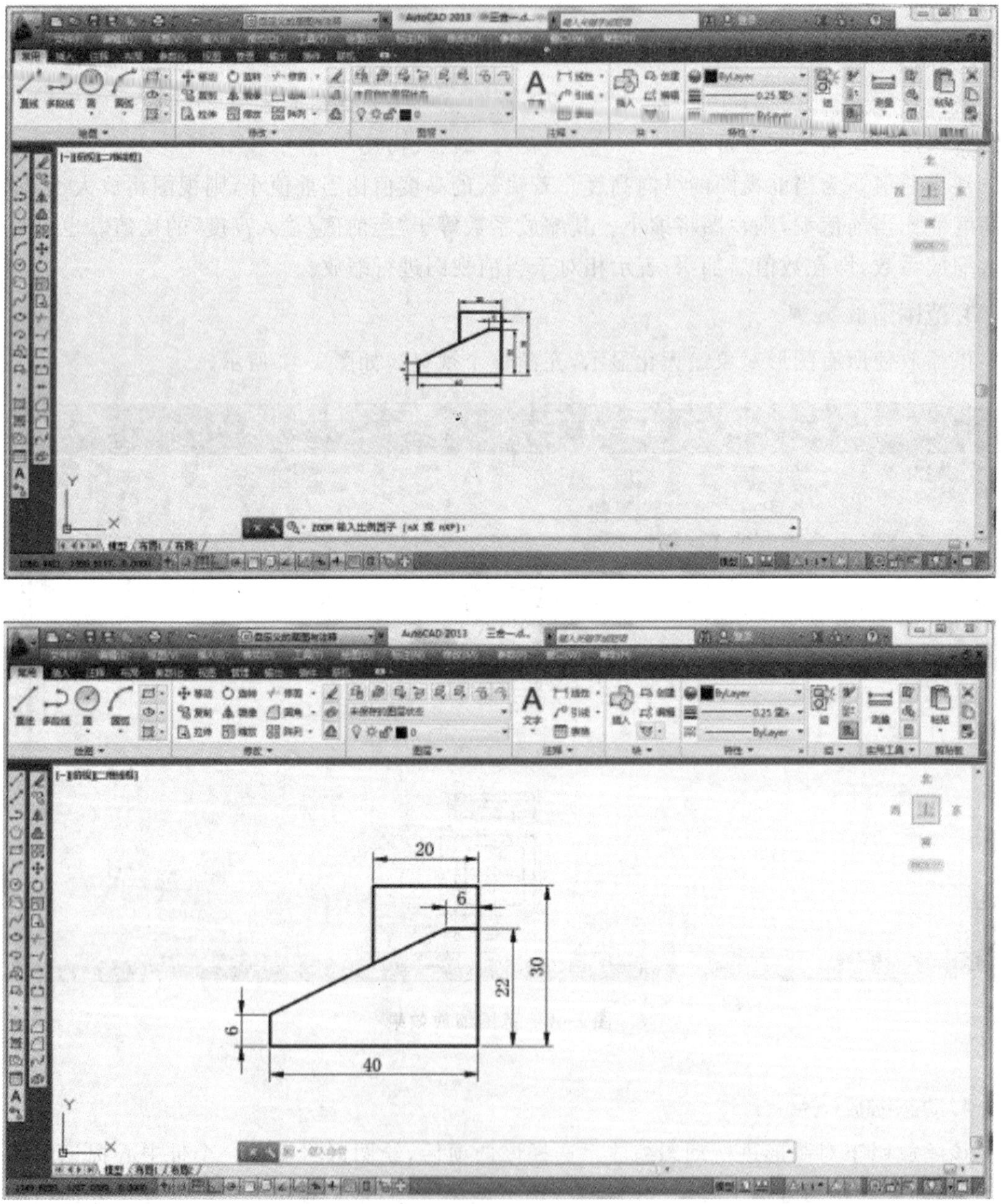

图 1-41　比例缩放 4 倍效果

7. 窗口缩放

执行该命令后，由鼠标指定两个对角点，这两个点确定了一个矩形框，系统将矩形框窗口内的图形放大至整个屏幕。如图 1-42 所示。

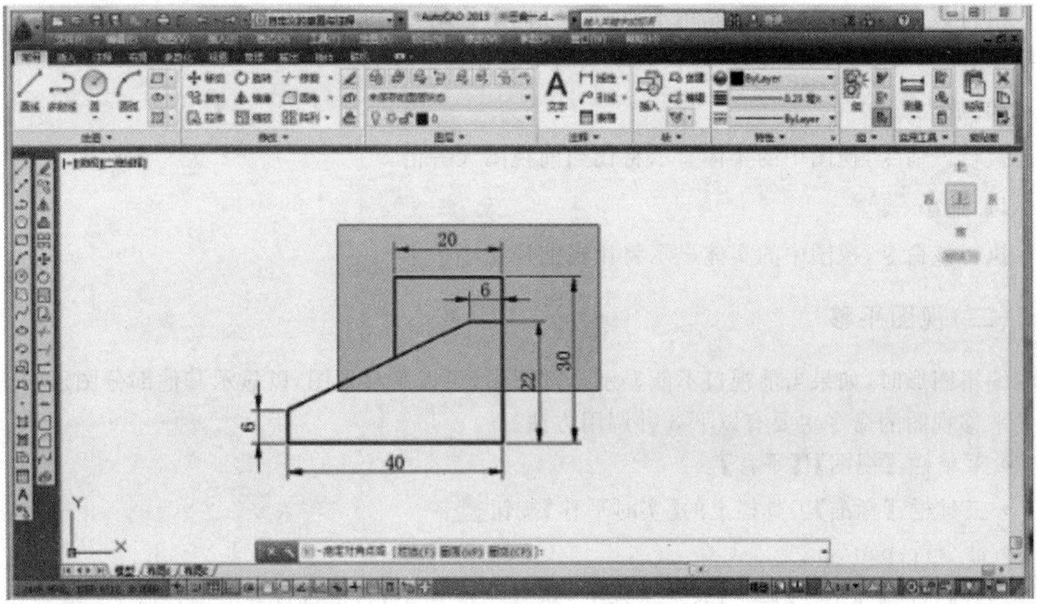

缩放前

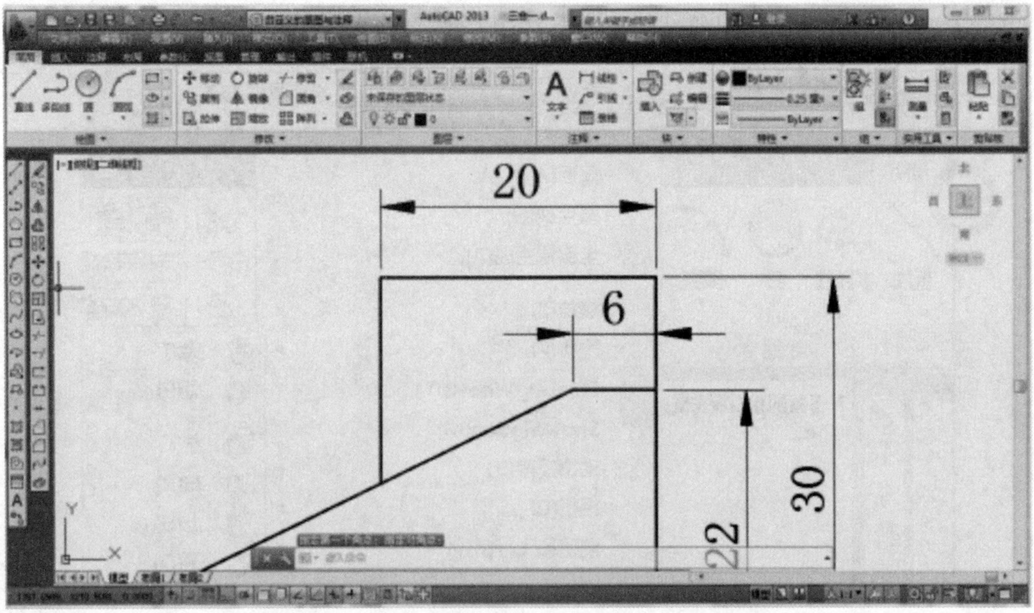

缩放后

图 1-42 窗口缩放效果

8. 对象缩放

该缩放将选择的图形对象最大限度地显示在屏幕上。

9. 实时缩放

执行该命令后，按住鼠标左键不放向上或向下移动，即可实现图形的放大和缩小。该缩放为默认选项，滚动鼠标滚轮，可以快速地实时缩放视图。

10. 放大

执行该命令，视图中的实体显示将比当前视图大一倍。

11. 缩小

执行该命令，视图中的实体显示将比当前视图小一半。

(二)视图平移

编辑图形时，如果当前视口不能显示全部图形，可以平移视图，以显示其他部分图形。
平移视图的命令主要有以下 3 种调用方法。

- 菜单栏:【视图】|【平移】
- 工具栏:【标准】工具栏上的【实时平移】按钮
- 命令行:pan/ p↙

选择【视图】|【平移】命令，展开子菜单，如图 1-43 所示，其中包含如下平移命令。
实时:按鼠标左键拖动可以平移视图。
点:通过指定平移起始点和目标点的方式进行平移。
左、右、上、下:可使视图向左、向右、向上、向下移动固定的距离。

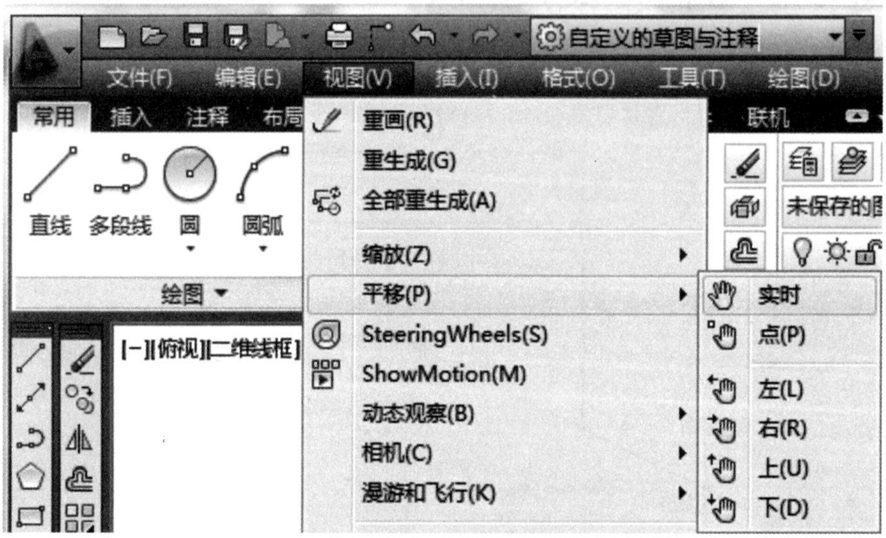

图 1-43 视图平移菜单命令

技巧:按住鼠标滚轮拖动，可以快速进行视图平移。

四、几何图形的选取

需要对已绘制的图形对象进行编辑之前，必须先选择要编辑的对象。如图 1-44 所示。针对不同的情况，采用最佳的选择方法，能大幅提高图形的编辑效率。

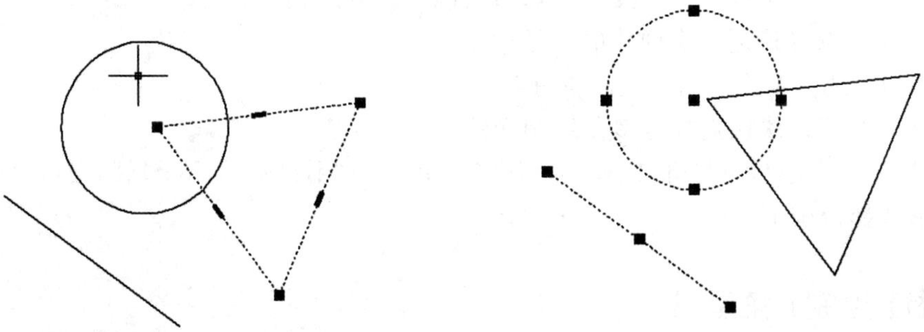

图 1-44　选择对象

1. 选择单个对象

将光标移动到某个对象上，然后单击即可选取该对象。

2. 选择多个对象

连续单击需要选择的对象，可同时选择多个对象，但操作会比较繁琐。因此 AutoCAD 2013 提供了【窗口】【窗交】等快速选择多个对象的方法。

(1)【窗口】方式。是指按住鼠标左键由左上向右下拖动(或左下向右上拖动)，框住需要选择的对象。释放鼠标后，被方框完全包含的对象将被选中。

(2)【窗交】方式。与【窗口】方式相反，从右往左拉出选择框，无论是全部还是部分位于选择框中的图形对象都将被选中，如图 1-45 所示。

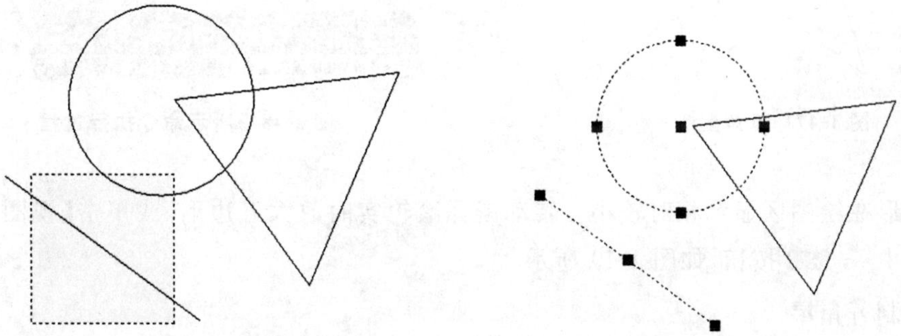

图 1-45　【窗交】方式选择对象

(3)select 命令方式。在命令行中执行 select 命令，然后输入"?"，可以查看所有的选择模式备选项，如图 1-46 所示。

图 1-46 选择模式备选项

命令行中部分选项模式的说明如下。

窗口(W)和窗交(C)的操作与【窗口】方式、【窗交】方式相同。

上一个(L):选择最近一次创建的可见对象。

全部(All):选择未冻结图层上的所有对象。

栏选(F):使用多线段选择与多段线相交的对象。

圈围(WP)、圈交(CP)与窗口(W)和窗交(C)相似,只不过圈围(WP)、圈交(CP)选择创建的是多边形选择范围框。

【实例解析】绘制五角星

如图 1-47 所示,步骤如下:

1. 启动 AutoCAD 2013

进入【草图与注释】工作空间。

2. 绘制五边形

单击【常用】选项卡绘图功能区中按钮里的倒三角,选择【多边形】按钮,根据系统提示:在命令行输入数字 5,回车,在绘图区任意一点单击,系统提示输入选项,如图 1-48 所示。"内接于圆(I)"是默认选项,按回车键,选"内接于圆(I)"方式,然后在命令行输入圆的半径"50",则绘制正五边形。

图 1-47 五角星

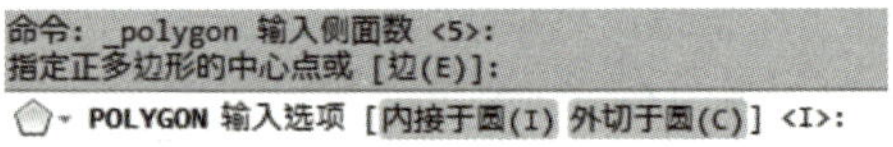

图 1-48 所示命令执行过程

五边形在绘图区显示相对较小。转动鼠标滚轮实时放大五边形,或单击【视图】选项卡绘图功能区中 范围 按钮,如图 1-49 所示。

3. 绘制五角星

(1)鼠标右键单击状态栏的对象捕捉按钮,在弹出的快捷菜单中选【设置…】,在【草图设置】对话框中进行如图 1-50 所示设置。

(2)单击【常用】选项卡绘图功能区中【绘制】直线按钮 直线 ,将五边形相隔的两个端点两两相连。如图 1-51 所示。

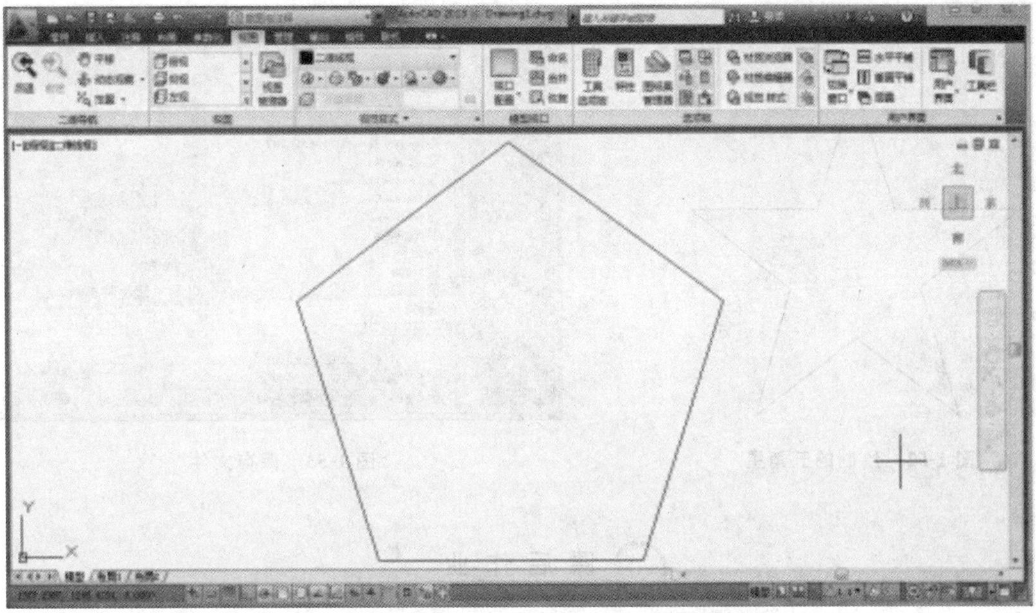

图 1-49　绘制正五边形

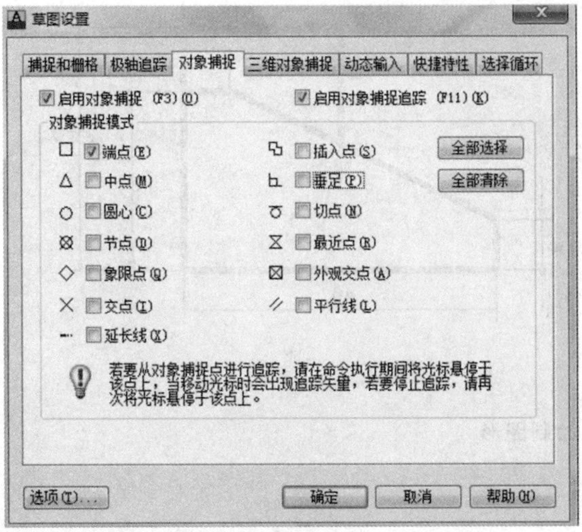

图 1-50　选中“启用对象捕捉”和“端点”

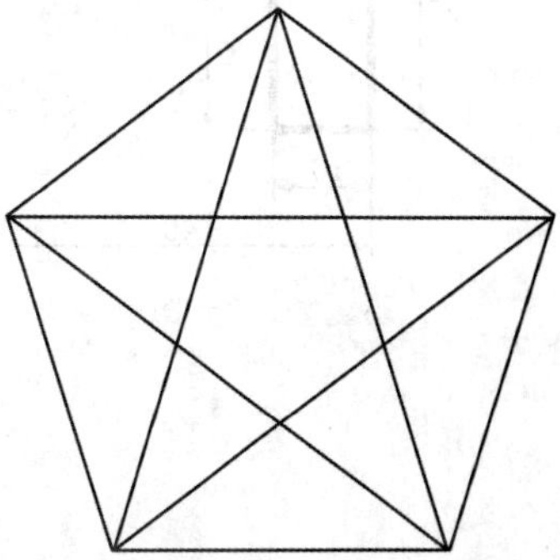

图 1-51　所示连接五边形的端点

(3) 删除多余的线。首先选择五边形，将五边形删除。单击【修改】修剪 修剪，

↙ //提示选择修剪边，按回车，全部选择

然后选择五角星中间线段，则完成修剪。如图 1-52 所示。

4. 保存文件

单击快速访问工具栏保存按钮，也可按快捷键 Ctrl+S，在弹出【图形另存为】对话框中设置存储路径、文件名。如图 1-53 所示。

图 1-52 绘制的五角星

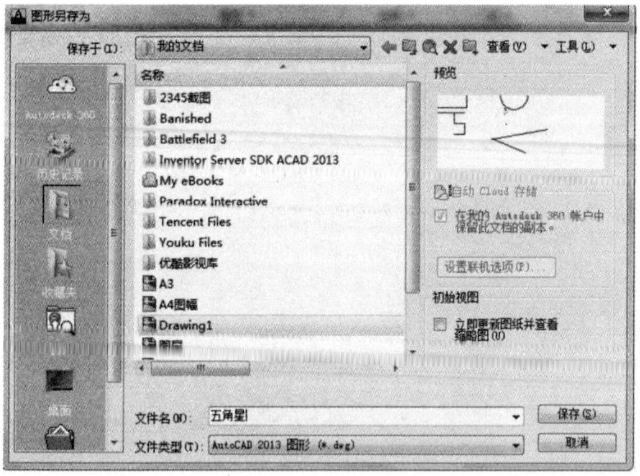

图 1-53 保存文件

课后作业

仿照实例“绘制五角星”的操作步骤绘制下列两图轮廓,不用标注尺寸。如图 1-54 所示。

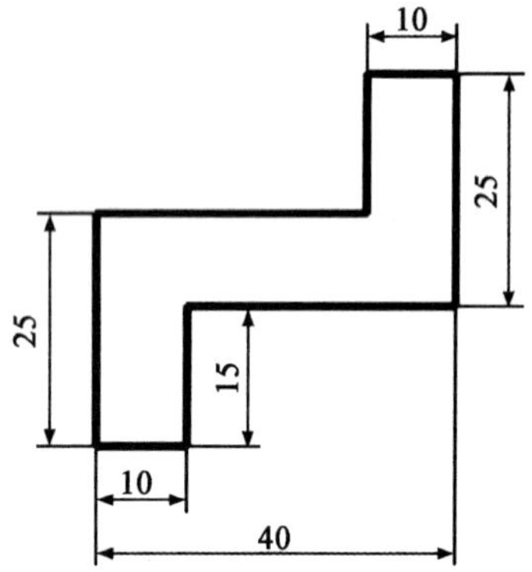

一图

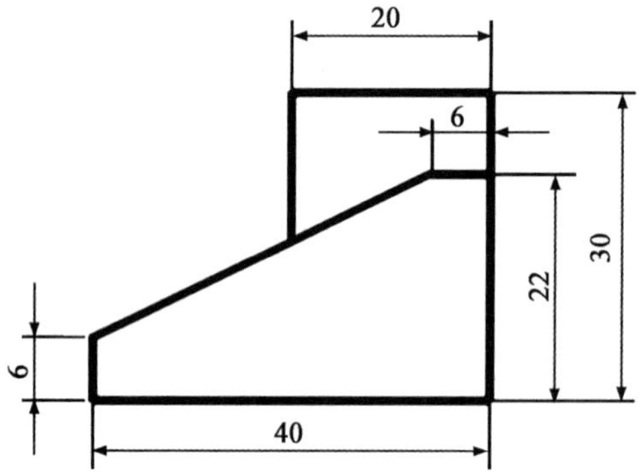

二图

图 1-54 绘制图形

任务 3 绘图环境设置

【知识目标】

1. 掌握绘图界限、绘图单位等重要绘图环境参数的设置。
2. 掌握绘图区颜色更改方法。
3. 掌握图形精确定位、对象捕捉和自动追踪绘图的操作。
4. 理解图层概念,掌握关于图层的基本操作及图层特性设置。
5. 掌握设置线形比例的操作方法。

【技能目标】

学会设置绘图环境，创建样板文件。

【必备知识】

一、设置绘图界限

AutoCAD 的绘图区域是无限大的，用户可以绘制任意大小的图形，但由于现实中使用的图纸均有特定的尺寸，为了使绘制的图形符合纸张大小，需要设置一定的图形界限。

1. 设置绘图界限的方法

- 菜单栏：【格式】|【图形界限】
- 命令行：limits ↙

通过以上任一种方法执行图形界限命令后，在命令行输入图形界限的两个角点坐标，即可定义图形图限。

2. 案例：设置 A4 图纸绘图界限

步骤：

(1)单击快速访问工具栏中的【新建】按钮，新建文件。

(2)调用【图形界限】命令。

命令：limits

指定左下角点或[开(ON)/关(OFF)]<0.0000,0.0000>：↙ //默认坐标原点为图形界限左上角点

指定右上角点<420.0000,297.0000>：297,210 ↙

> 注意：选择 ON 选项，则绘图时不能超出图形界限，若超出系统不予显示，选择 OFF 时，准予超出图形界限。

(3)栅格显示设置的图形界限。

右击状态栏上的【栅格】按钮▦，在弹出的快捷菜单中选择【设置】命令，系统弹出【草图设置】对话框，在【捕捉和栅格】选项卡中，取消选中【显示超出界限的栅格】复选框，如图 1-55 所示。单击【确定】按钮，设置的绘图界限以栅格的范围显示，如图 1-56 所示。

(4)将设置的绘图界限放大至全屏显示，如图 1-57 所示。

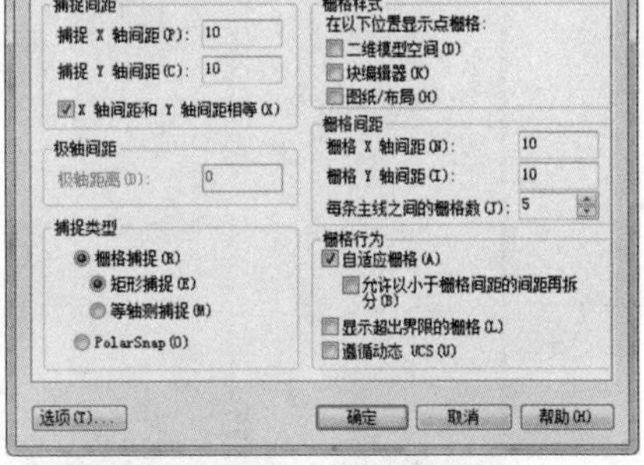

图 1-55　【草图设置】对话框

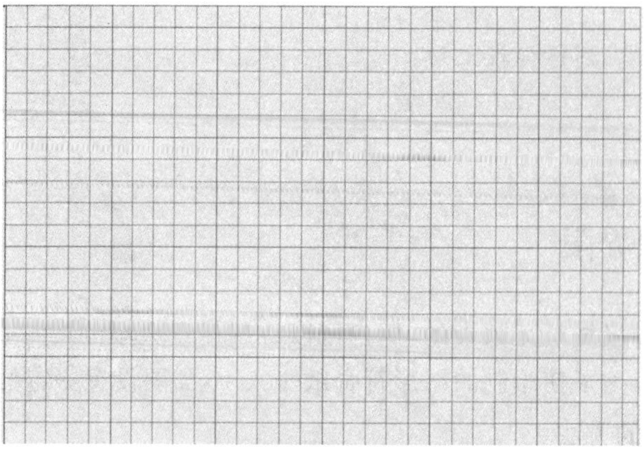

图 1-56　以栅格范围显示绘图界限

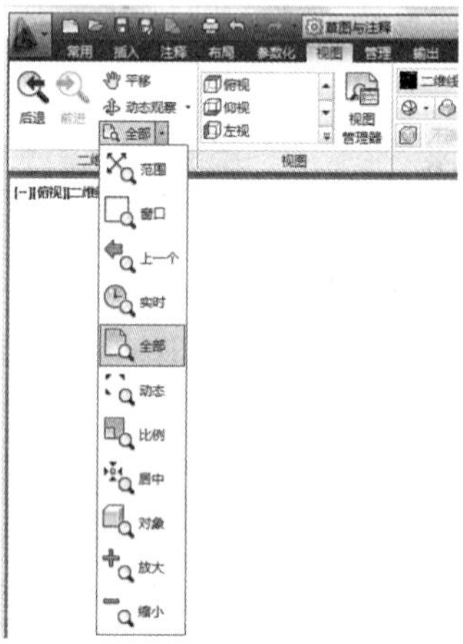

选择视图缩放【全部】命令按钮

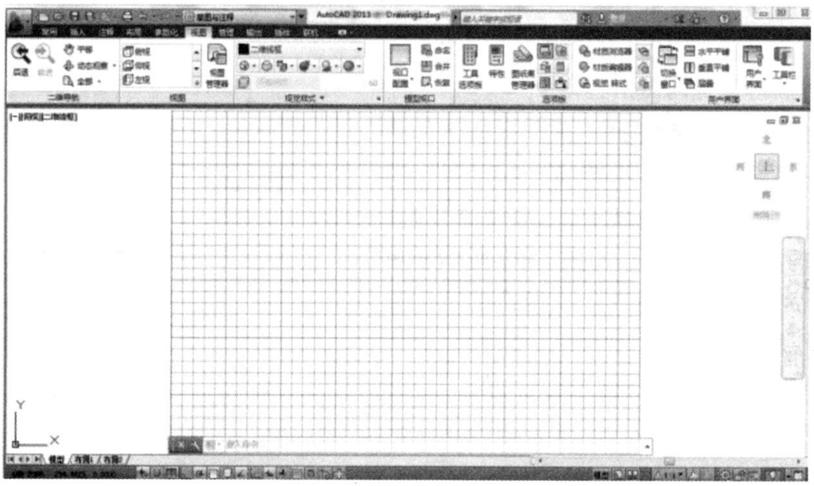

布满整个窗口的栅格

图 1-57　全屏显示图形界限

二、绘图单位设置

为了方便不同领域的辅助设计，AutoCAD 的工作单位是可以进行修改的。设置绘图单位有以下两种方法。

- 菜单栏：选择【格式】|【单位】命令
- 命令行：units/un ↙

执行以上任意一种命令，系统弹出【图形单位】对话框，如图 1-58 所示。在该对话框中，可为图形设置长度、角度的类型、单位和精度，以及从 AutoCAD 设计中心中插入图块或外部参照时的缩放单位。部分选项的含义如下：

【顺时针】复选框用于控制角度增角量的正负方向。如选中此选项，则表示按顺时针旋转的角度为正方向，未选中则表示逆时针旋转的角度为正方向。

【插入时的缩放单位】用于选中插入图块时的单位，也是当前绘图环境的尺寸单位。

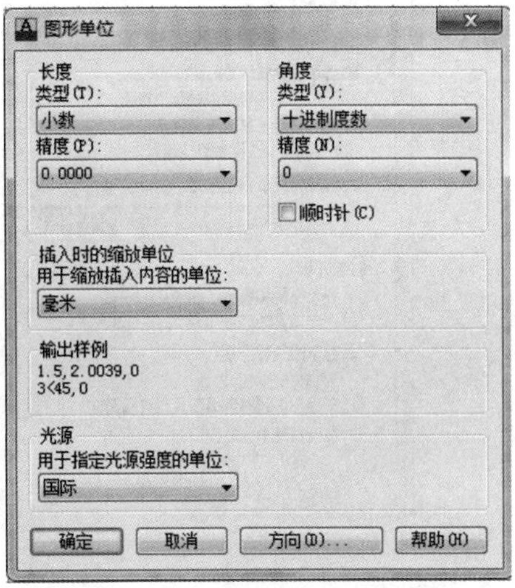

图 1-58　【图形单位】对话框

三、设置绘图区背景颜色

1. 用户可根据视觉习惯更改背景颜色

- 菜单栏：【工具】|【选项】
- 命令行：op ↙

2. 案例：更改背景颜色为黑色

操作步骤：

(1)调用选项命令或输入 op 并按 Enter 键，系统弹出【选项】对话框，如图 1-59 所示。在【显示】选项卡中单击【颜色】按钮，系统弹出【图形窗口颜色】对话框，如图 1-60 所示。

(2)在【上下文】列表框中选择【二维模型空间】选项，在【界面元素】列表框中选择【统一背景】选项，然后在【颜色】下拉表框中选择【黑】选项，如图 1-60 所示。

(3)单击【图形窗口颜色】对话框上【应用并关闭】，完成背景颜色的修改。

四、使用辅助定位

在使用 AutoCAD 软件绘图时，可使用系统提供的一些绘图辅助工具，如捕捉、栅格、正交、极轴追踪等。利用这些辅助工具，可以在不输入坐标的情况下精确绘制图形，提高绘图速度。

1. 图形精确定位

(1)正交模式。AutoCAD 提供的正交开关能够方便地控制直线为水平或竖直。

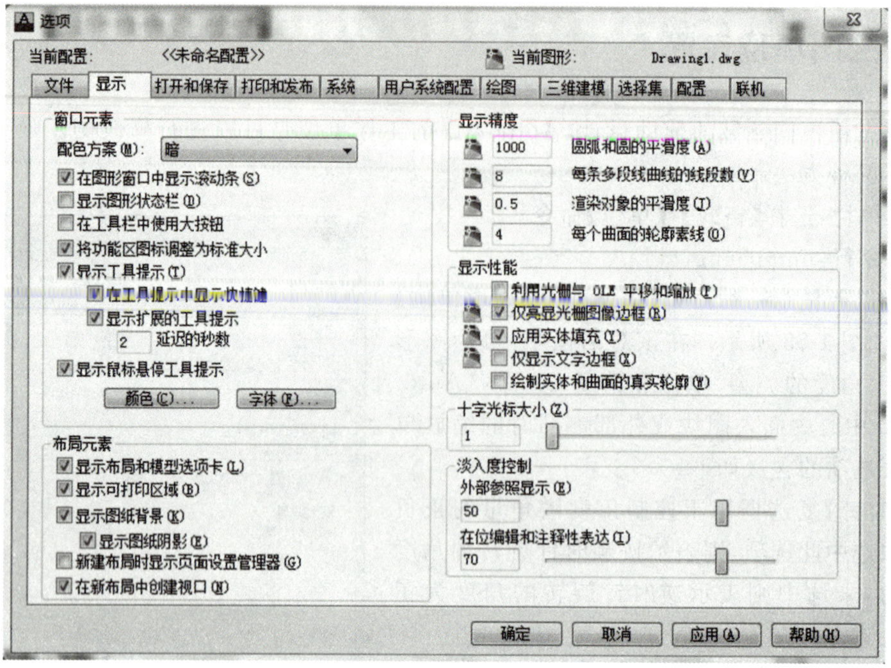

图 1-59 【选项】对话框

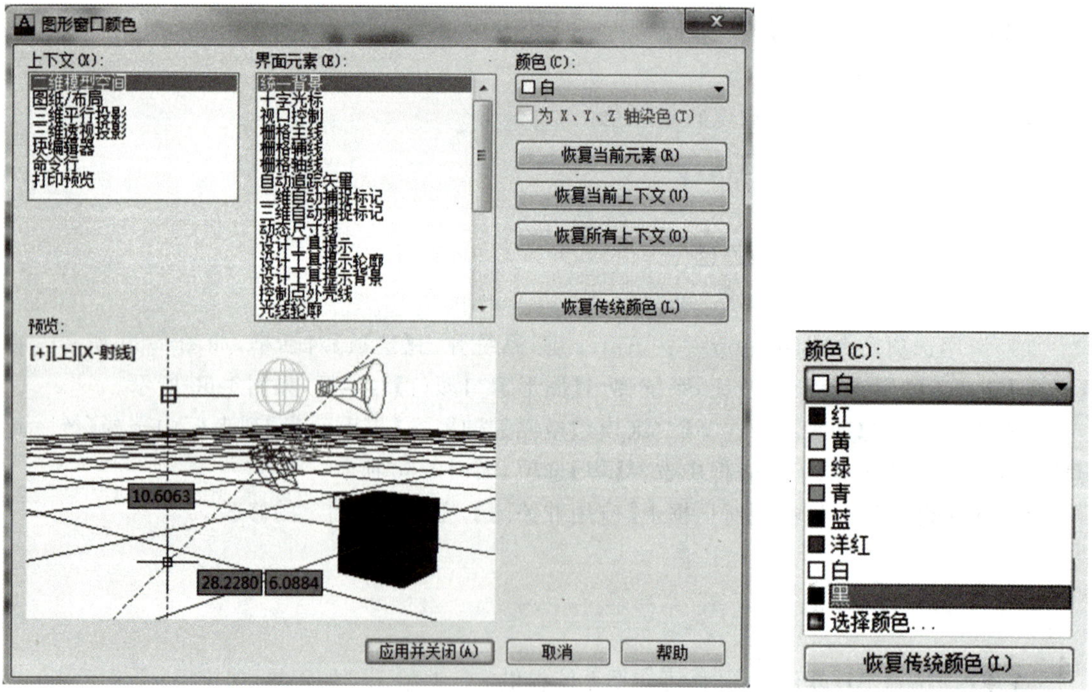

【图形窗口颜色】对话框　　　　颜色选项

图 1-60 完成颜色更改

打开或关闭正交开关的方法如下：

- 快捷键：F8
- 状态栏：单击状态栏上【正交】按钮

正交开关打开后，系统将限定直线为水平或竖直。因正交功能已经限制了直线方向，所以要绘制一定长度的直线时，只需直接输入长度值即可。

(2)栅格显示。栅格是按照相等的间距在屏幕上设置了栅格点，绘图时可以通过栅格数量来确定距离，从而达到精确绘图的目的。栅格不是图形的一部分，打印时不会被输出。

控制栅格是否显示的方法如下：

- 快捷键：F7
- 状态栏：单击状态栏上【栅格】按钮

鼠标指向状态栏【栅格】按钮，右键，在弹出的快捷菜单中，单击【设置】命令，打开【草图设置】对话框，如图 1-61 所示。在此对话框中可通过选中或取消【启用栅格】复选框，可以控制显示或隐藏栅格。选中或取消【启用捕捉】复选框，打开启用捕捉后，绘图时光标只能定位在栅格的交点位置。捕捉间距是指光标移动的距离。栅格间距是栅格在水平或竖直方向上每相邻两栅格点的距离。

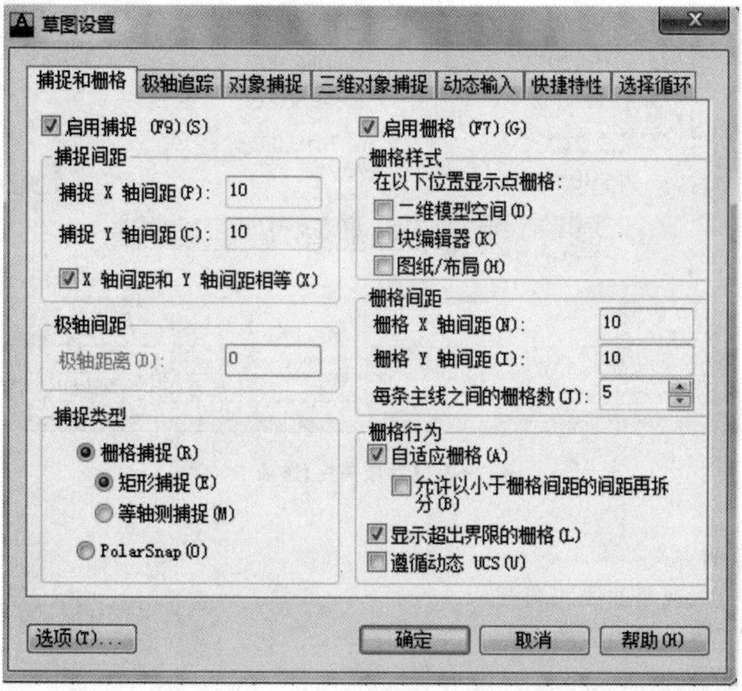

图 1-61　草图设置对话框

2. 对象捕捉

使用对象捕捉可以精确定位现有图形对象的特征点，如直线的中心点、圆心等。

AutoCAD 提供的对象捕捉功能生效需要具备两个条件。

- 对象捕捉功能必须打开。

● 设置捕捉特征点类型。

(1)开启对象捕捉。开启和关闭对象捕捉常用方法:

● 快捷键:F3

● 状态栏:单击状态栏中的【对象捕捉】按钮

● 对话框:右击【对象捕捉】按钮,点击【设置】命令,在弹出的【草图设置】对话框中选择复选框【启用对象捕捉】。

(2)【对象捕捉】设置。在使用对象捕捉之前,需要设置捕捉的特殊点类型,根据绘图的需要设置捕捉对象,这样能够快速准确地定位目标点。

如图1-62所示。在【草图设置】中【对象捕捉】选项卡中单击复选框选择或取消特殊点。

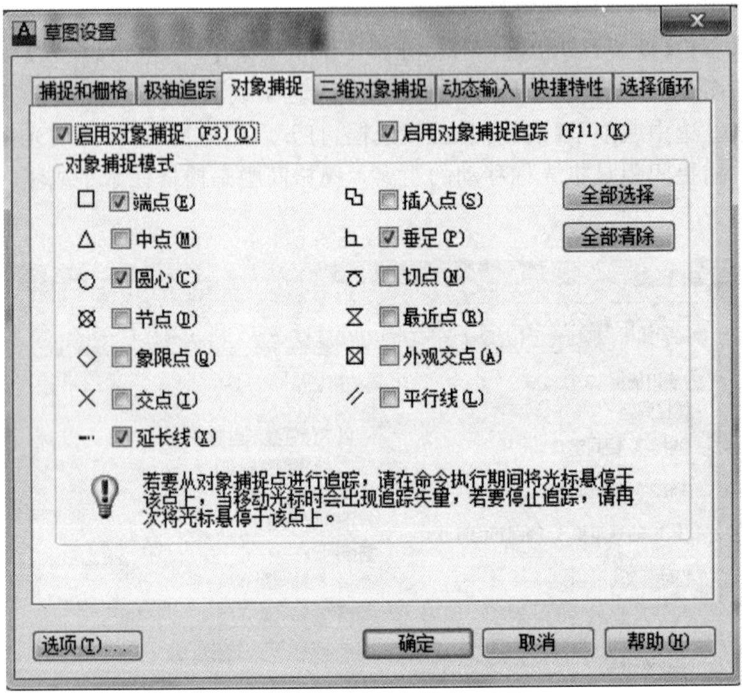

图1-62 【对象捕捉】选项卡

对象捕捉点的含义如下。

端点:捕捉直线或是曲线的端点。

中点:捕捉直线或是弧线的中心点。

圆心:捕捉圆、椭圆或弧的中心点。

节点:捕捉用POINT命令绘制的点对象。

象限点:捕捉位于圆、椭圆或是弧段上0°、90°、180°、270°。

交点:捕捉两线的交点。

延长线:捕捉直线延长线路径上的点。

插入点:捕捉图块、标注对象或外部参照的插入点。

垂足:捕捉从已知点到已知直线的垂线的垂足。

切点:捕捉圆、弧段及其他曲线的切点。

最近点：捕捉处在直线、弧段、椭圆或样条曲线上，而且距离光标最近的特征点。

外观交点：在三维视图中，从某个角度观察两个对象可能相交，但实际并不一定相交，可以使用【外观交点】功能捕捉对象在外观上相交的点。

平等：选定路径上的一点，使通过该点的直线与已知直线平行。

(3)临时捕捉。临时捕捉是一种一次性的捕捉模式，这种捕捉模式不是自动的，当用户需要临时捕捉某个特征点时，需要在捕捉之前手工设置需要捕捉的特征点，然后进行对象捕捉。这种捕捉不能反复使用，再次使用捕捉需重新选择捕捉类型。

①在命令行提示输入点的坐标时，如果要使用临时捕捉模式，按住 Shift 键然后右击，系统弹出快捷菜单，如图 1-63 所示，可在其中选择需要的捕捉类型。

②直接执行捕捉对象的快捷命令来选择捕捉模式。例如在绘图过程中，输入并执行 MID 快捷命令将临时捕捉图形的中点。AutoCAD 常用对象捕捉模式及快捷命令，如图 1-64 所示。

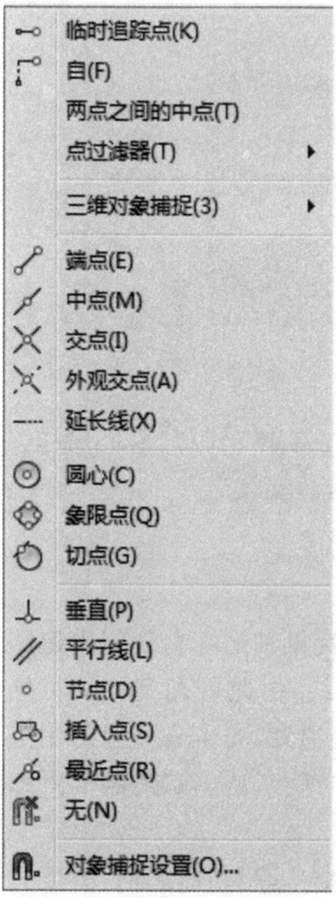

图 1-63　临时捕捉菜单

捕捉模式	快捷命令	捕捉模式	快捷命令	捕捉模式	快捷命令
临时追踪点	TT	节点	NOD	切点	TAN
两点之间的中点	MTP	象限点	QUA	最近点	NEA
捕捉自	FRO	交点	INT	外观交点	APP
端点	END P	延长线	EXT	平行	PAR
中点	MID	插入点	INS	无	NON
圆心	CEN	垂足	PER	对象捕捉设置	OSNAP

图 1-64　对象捕捉模式及快捷命令表

3. 使用自动追踪精确定位

有时绘图不需要捕捉到某个点，但需要将绘图点与某个点对齐，这时就要使用对象追踪。对象追踪包括极轴追踪和对象捕捉追踪两种模式。

(1)【极轴追踪】功能实际上是极坐标的一个应用。使用极轴追踪绘制直线时，捕捉到一定的极轴方向即确定了极角，然后输入直线的长度即确定了极半径，因此和正交绘制直线一样，极轴追踪绘制直线一般使用长度输入确定直线的第二点，代替坐标输入。

【极轴追踪】功能的开、关切换有以下两种方法。

- 快捷键:F10
- 状态栏:单击状态栏上的【极轴追踪】按钮

右击状态栏上的【极轴追踪】按钮,弹出的快捷菜单中选择【设置】命令,在弹出的【草图设置】对话框中【极轴追踪】选项卡中可设置极轴追踪的开关和增量角等,如图1-65所示。

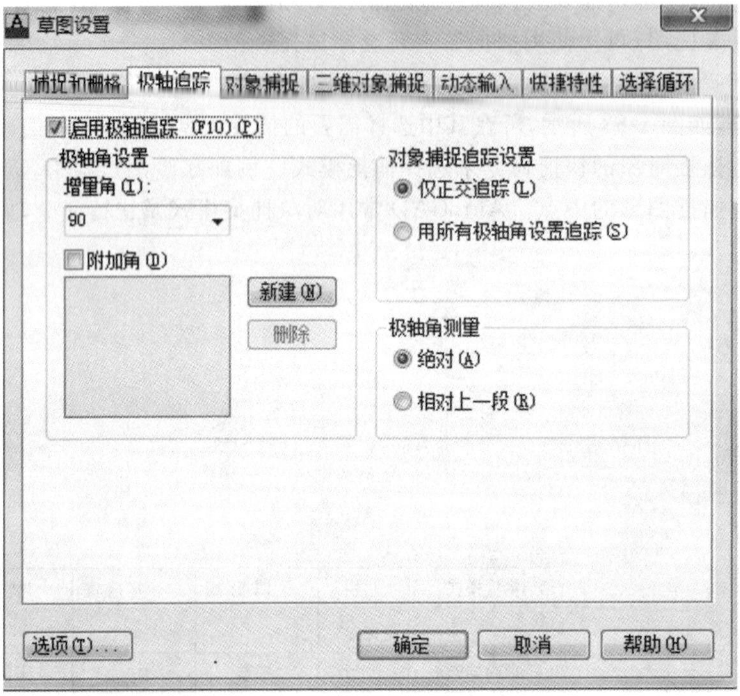

图1-65 【极轴追踪】选项卡

(2)【对象捕捉追踪】是以捕捉的特殊点为基准,向水平、垂直、一定极轴追踪角度引出追踪线。对象捕捉追踪最重要的特点是可以同时保持多个特殊点的追踪线,由此可确定更为特殊的位置。例如在等边三角形的中心绘制一个圆,就可以利用对象捕捉追踪,先由一条边的中点引出垂直平分追踪线,然后由另一条边的中点引出该边的垂直平分追踪线,两追踪线的交点即是三角形中心,如图1-66所示。

【对象捕捉追踪】应与【对象捕捉】功能配合使用,即使用【对象捕捉追踪】功能之前,需要先设置对象捕捉模式。

【对象捕捉追踪】功能的开、关切换有以下两种方法。

- 快捷键:F11
- 状态栏:单击状态栏上的【对象捕捉追踪】按钮

4.【DYN】动态输入

启用动态输入功能后,系统在绘图区的光标附近提供一个命令提示和输入界面,用户可直观地了解命令执行的有关信息,并可直接动态地输入绘制对象的各种参数,使绘图变得直观简捷。

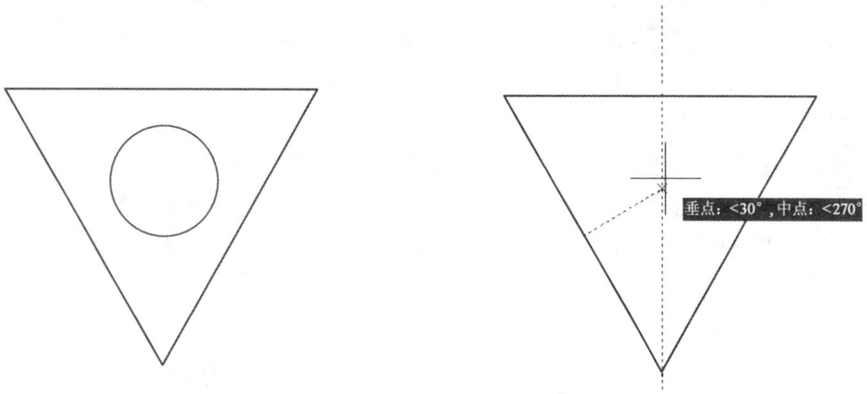

图 1-66　两条对象捕捉追踪线确定三角形中心

单击状态栏的【DYN】按钮或按快捷键 F12 可以控制动态输入功能的开关状态。

通过【草图设置】对话框或用鼠标右键单击【DYN】按钮，打开【动态输入】选项卡，如下图 1-67 所示，可设置动态输入、动态提示等选项。

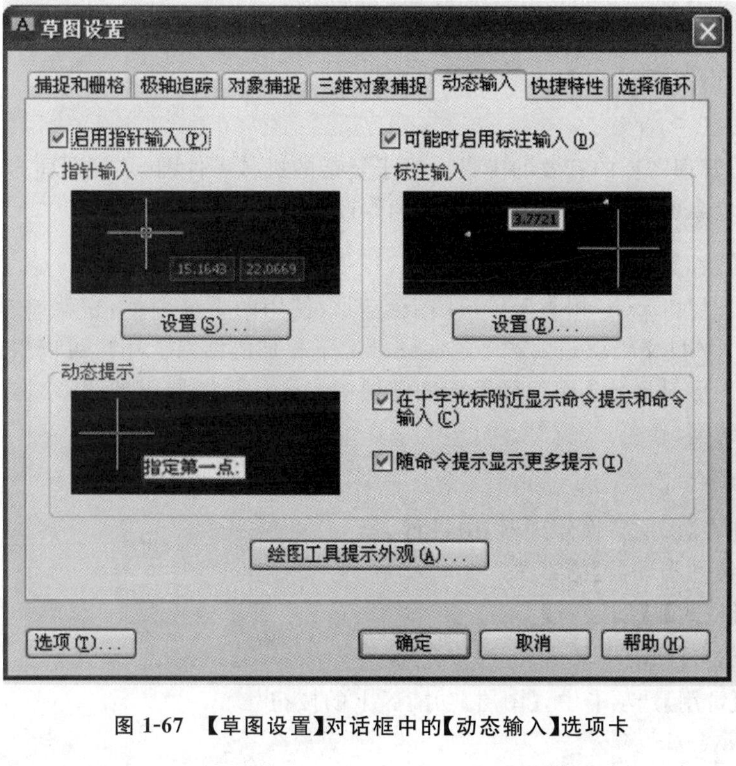

图 1-67　【草图设置】对话框中的【动态输入】选项卡

(1)【启用指针输入】复选框：选中则启用指针输入并打开动态输入；不选则关闭指针输入。启用指针输入后，可在提示栏中直接输入点的坐标，输入时按 Tab 键可在 X 坐标与 Y 坐标之间切换，如图 1-68 所示。

(2)指针输入【设置】按钮：可用于设置坐标显示格式以及何时显示工具栏提示。

(3)【可能时启用标注输入】复选框：选中则启用标注输入并启动动态输入；不选则关闭标注输入。启用标注输入后，在默认设置下，当命令提示输入下一点时，光标工具栏将显示长度和极角，可直接输入长度和极角，输入时按 Tab 键可在长度与极角输入字段之间切换，如图 1-69 所示。

(4)标注输入【设置】按钮：可用于设置工具栏提示的格式。

(5)动态提示选项组中的【在十字光标附近显示命令提示和命令输入】复选框：可用于设置是否在光标提示栏中显示命令提示。

图 1-68 启用指针输入时的动态提示

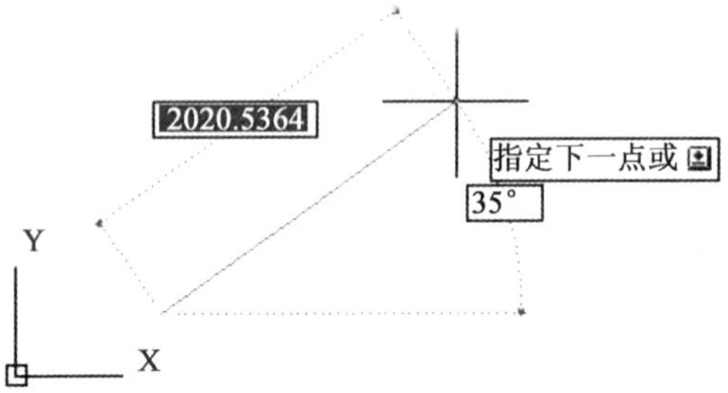

图 1-69 启用标注输入时的动态提示

五、图层的使用

图层是用户管理图样的有效的工具。对于复杂的机械零件图、装配图而言，如果合理地划分图层，则图形信息更清晰、有序，方便图形的修改、观察、打印。

1. 图层概念

AutoCAD 图屋(Layer)相当于传统图纸绘图中使用的重叠图纸，它就如同一张张透明的图纸，整个 AutoCAD 文档就是由若干透明图纸上下叠加的结果。用户可以根据不同的特征、类别或用途，将图形对象分类组织到不同的图层中。同一个图层中的图形对象具有许多相同的外观属性，如线型、颜色、线宽等。

2. 新建图层

图层的新建在【图层特性管理器】中进行。

打开【图层特性管理器】的方法。

- 菜单栏：【格式】|【图层…】
- 工具栏：单击【图层工具栏】上的按钮
- 功能区：【常用】选项卡中，【图层】功能区上的按钮
- 命令行：layer/la ↙

如图 1-70 所示【图层特性管理器】对话框。

每一个图层都有自身相对应的状态、颜色、名称、线宽、线型等属性项。正是因为这些不同的属性项，使线条在图纸上显示出不一样的效果。

在【图层特性管理器】对话框中单击新建安钮，新建图层。系统以默认【图层 1】名称新建图层。如图 1-71 所示。

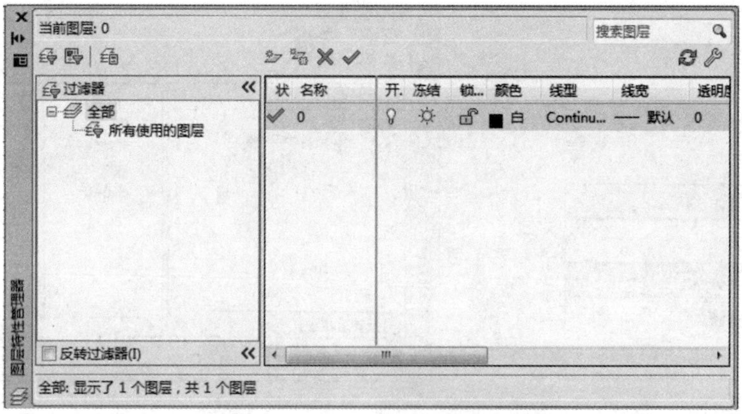

图 1-70　【图层特性管理器】对话框

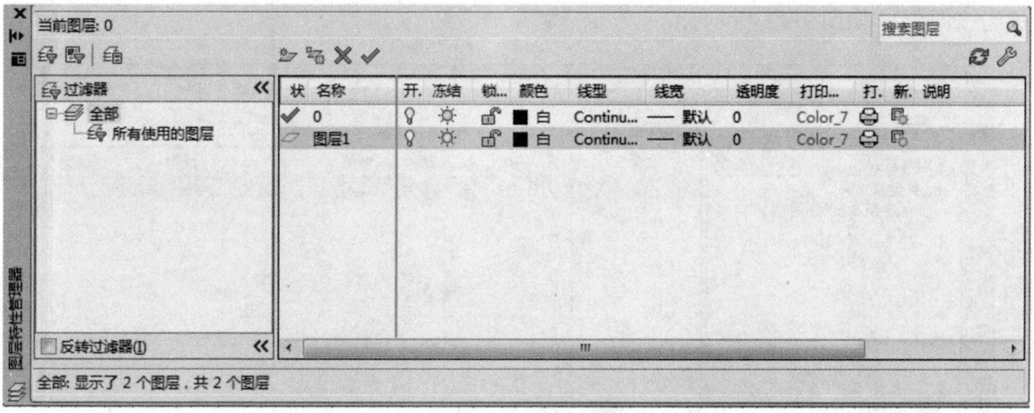

图 1-71　新建图层

3. 图层的基本操作

AutoCAD 提供了图层的切换、搜索、过滤、删除等操作，熟练掌握这些操作可以提高绘图的效率。

(1)设置当前图层。绘图时，新创建的对象将置于当前图层上。当前图层可以是默认图层(0)，也可以将其他图层设置为当前图层，即在各图层之间进行切换，随后创建的任何图形对象都与当前图层关联并采用其颜色、线型和其他特性。

快速切换当前图层的方法如下。

①在【草图与注释】工作空间，【常用】选项卡中【图层】功能区上的【图层控制】按钮，并在下拉列表中选择需要的图层即可切换为当前图层，如图 1-72 所示。

②在【图层特性管理器】窗口中设置当前图层。在【图层特性管理器】窗口中双击图层名称，使之显示为勾选状态，即设置为当前图层；或先选择图层，再单击✔按钮。如图 1-73 所示。

③选择绘图区一图形对象，再单击【图层】对话框上的【对象图层设为当前图层】按钮，则图形对象所在图层被设置为当前图层。

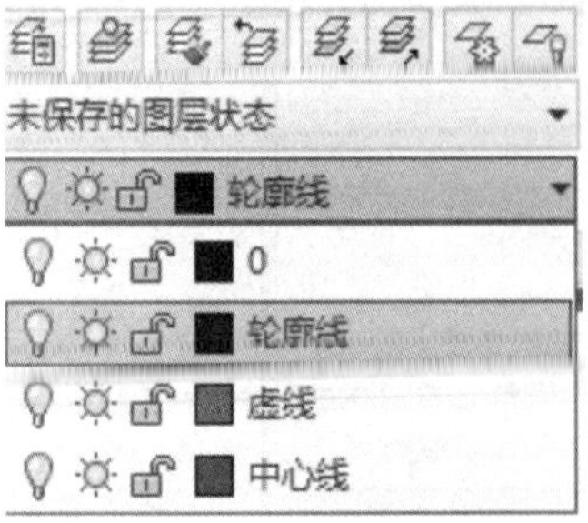

图 1-72　【图层控制】下拉列表

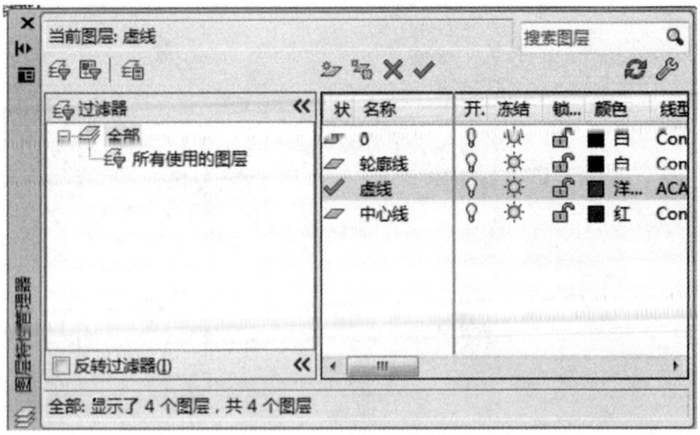

图 1-73　设置当前图层

(2)搜索图层。在【图层特性管理器】窗口右上角的搜索图层中输入图层名称，系统则自动搜索到该图层。如图 1-74 所示。

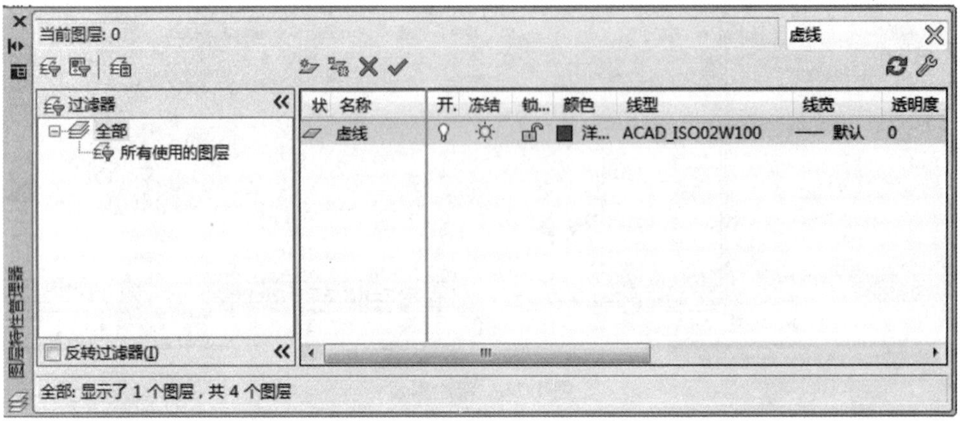

搜索前

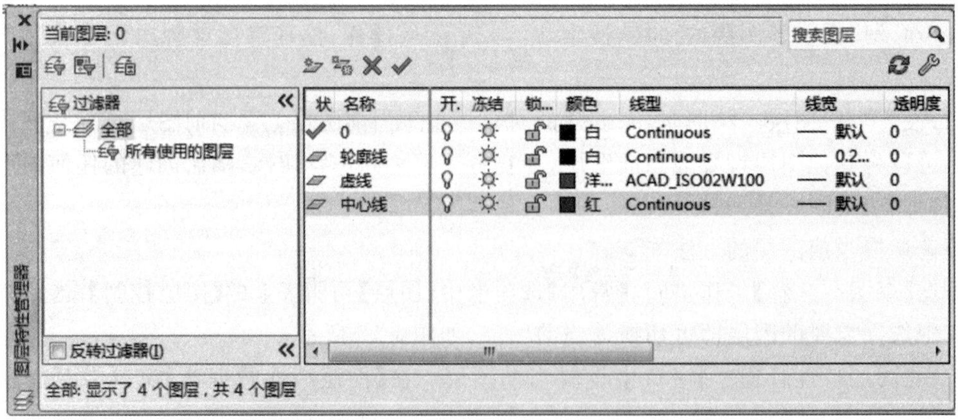

搜索后

图 1-74　按名称搜索图层效果图

(3)过滤图层。图层的过滤就是指按照图层的颜色、线型、线宽等特性,过滤出一类相同特性的图层,方便查看与选择。

案例:图层过滤

①在【图层特性管理器】窗口中单击【新建图层过滤器】按钮,弹出【图层过滤器特性】对话框,如图 1-75 所示。

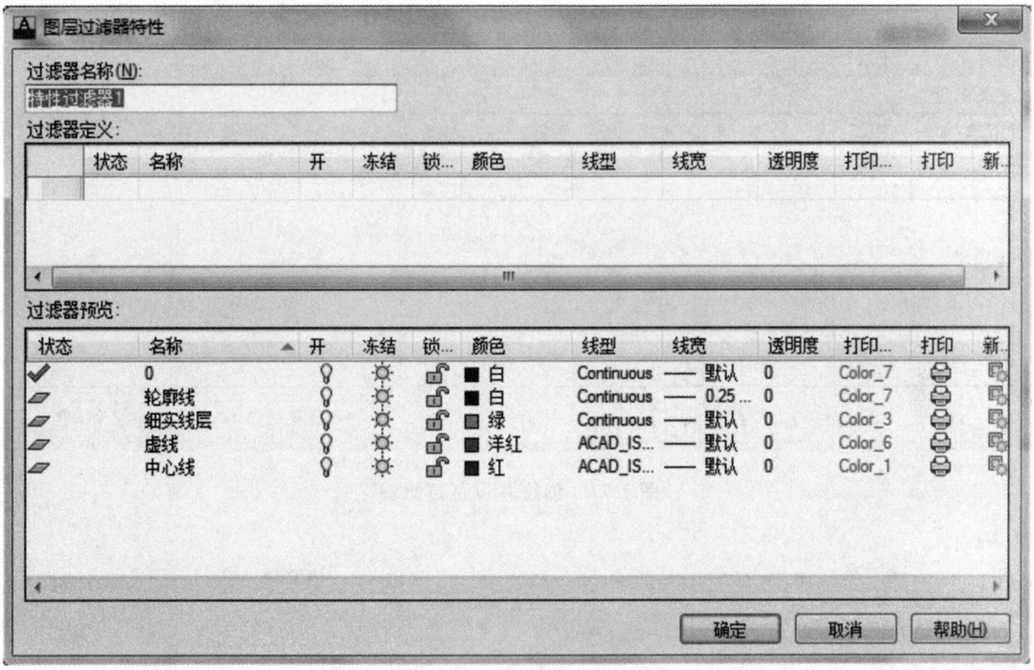

图 1-75　图层过滤器对话框

②更改【特性过滤器 1】,输入洋红,单击【过滤器定义】中图层特性【颜色】下空白处,出现方型按钮,单击该按钮,弹出【选择颜色】对话框,选索引颜色 6,如图 1-76 所示。在【过滤器预览】中可以看到滤出的图层,如图 1-77 所示。单击【确定】,返回【图层特性管理器】对话框,即可看到新建的过滤器与过滤后的图层,如图 1-78 所示。

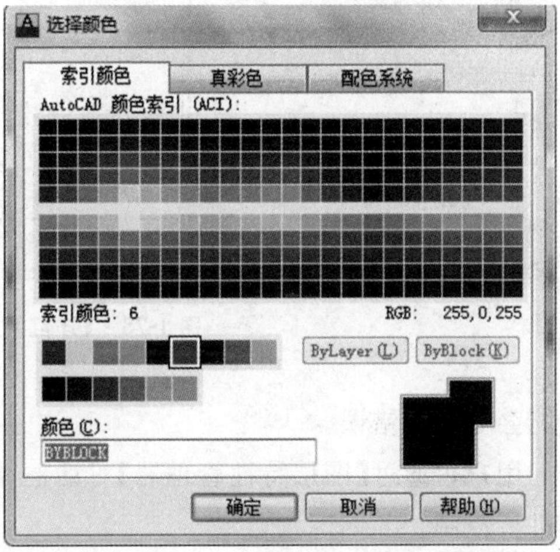

图 1-76　选择颜色对话框

(4)删除图层。在【图层特性管理器】窗口中,选定图层后,单击【删除】按钮即可删除图层。但图层 0、当前图层、包含对象的图层不能被删除。

(5)设置图层状态。每个图层都具有打开与关闭、冻结与解冻、锁定与解锁和打印与不打印等状态,通过改变图层状态,就能控制图层上对象的可见性及可编辑性。从而避免对内容复杂的图样进行编辑、绘制时,线条的杂乱不清楚

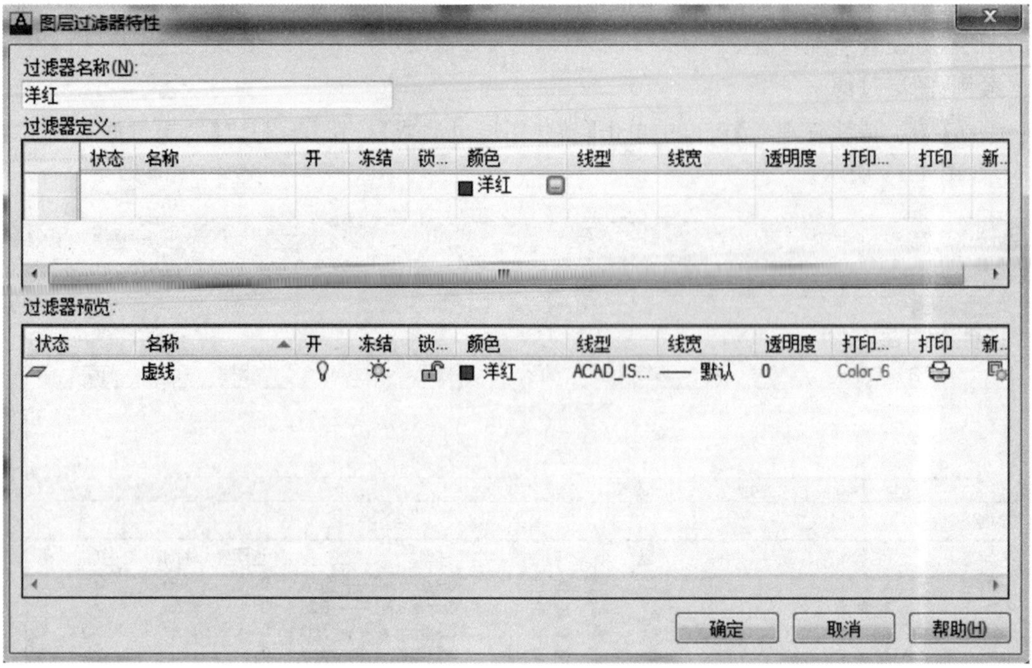

图 1-77 创建并设置过滤器

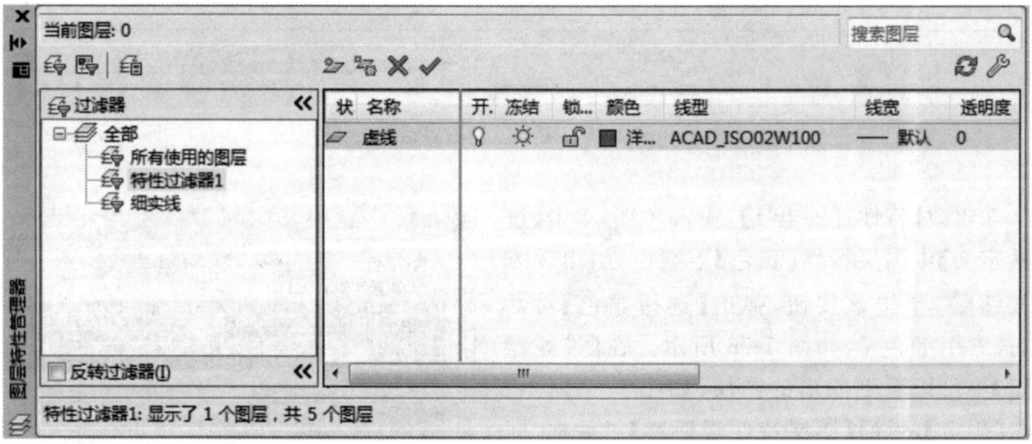

图 1-78 【洋红】过滤器图层设置后的效果

可能会导致的错误。

用户可通过【图层特性管理器】对话框、【图层】对话框上的【图层控制】下拉列表对图层状态进行控制。

以下对图层状态作简要说明。

打开/关闭：单击图标，打开或关闭某图层。打开的图层是可见的，可打印；关闭的图层是不可见的，也不能被打印。

冻结/解冻：单击图标，将冻结或解冻某一图层。解冻的图层是可见的、可打印；冻结的图层为不可见、不可打印，冻结长期不需要显示的图层，可以提高系统运行速度，减少图形刷新时间。

锁定与解锁：单击图标，将锁定或解锁某一图层。被锁定的图层是可见的，但图层上的对角不能被编辑。

打印与不打印：单击图标，设置图层是否被打印。

4. 设置图层特性

每个图层都有其相关联的颜色、线型及线宽等特性信息，用户可以通过【图层特性管理器】【特性】窗口中进行修改。

(1)下面使用【图层特性管理器】设置图层颜色、线型、线宽。操作步骤：

①打开【图层特性管理器】窗口，单击新建按钮，新建图层。将该新图层命名为"虚线"，如图 1-79 所示。

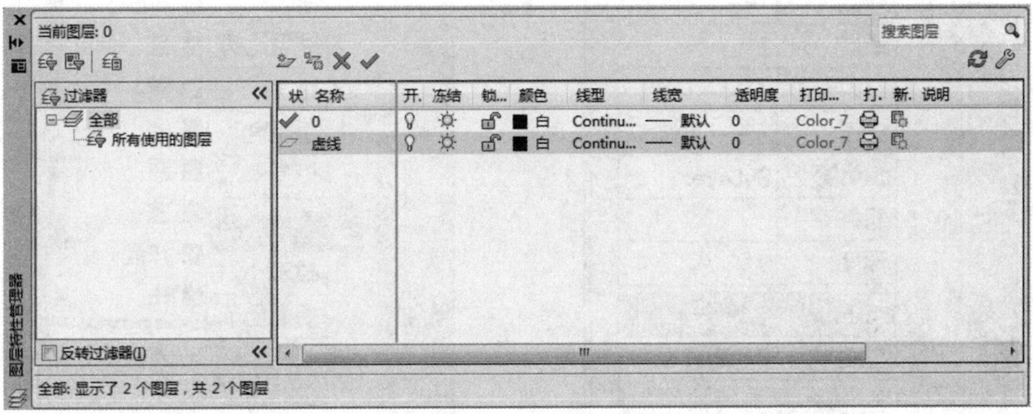

图 1-79 新建图层

②单击【颜色】属性项，弹出【选择颜色】对话框，选择【索引颜色：6】。单击【确定】按钮，返回【图层特性管理器】对话框。

③单击【线型】属性项，弹出【选择线型】对话框。在已加载的线型列表里没有所需的线型，则单击【加载】按钮，在弹出的【加载或重载线型】对话框中选择所需线型。返回【图层特性管理器】窗口。

④单击【线宽】属性项，弹出【线宽】对话框，选择所需线宽。

(2)【特性】对话框。通过【特性】对话框可以查询、修改对象的所有特性。打开【特性】对话框的方式如下。

- 菜单栏：【工具】|【选项板】|【特性】
- 工具栏：单击【标准】工具栏上的【特性】按钮
- 命令行：properties/mo ↙

● 快捷键：Ctrl+1

执行以上任意一种操作，弹出【特性】对话框，如图 1-80 所示。

在绘图区选择某图形对象，在【特性】对话框中显示该对象的类别、特性和特性值。如果同时选中多个对象，就会显示其共有的特性和特性值。在对话框中直接修改对象的特性值，如修改选择对象的颜色特性，如 1-81 所示。

【特性】对话框的功能很强大，将选中的一个对象或多个不同图层的对象全部放到某一个指定的层中，只需在【图层】特性值修改为指定层的层名即可。

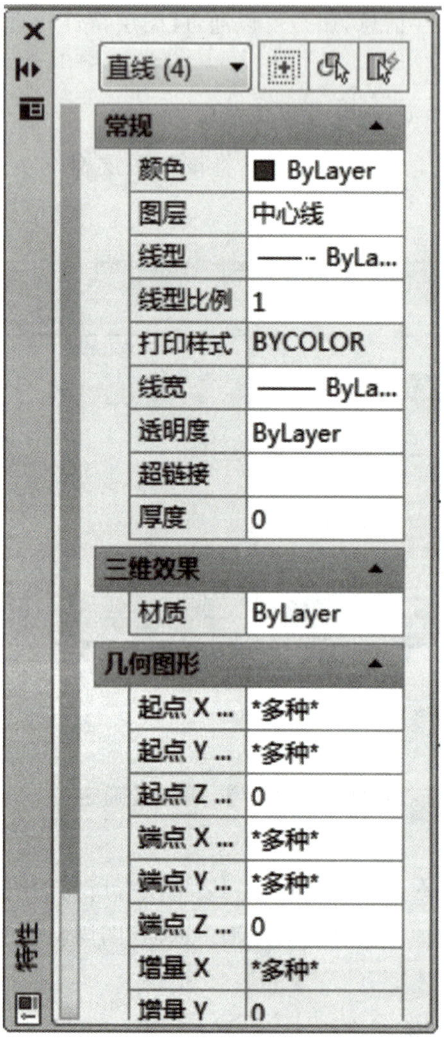

图 1-80　【特性】对话框

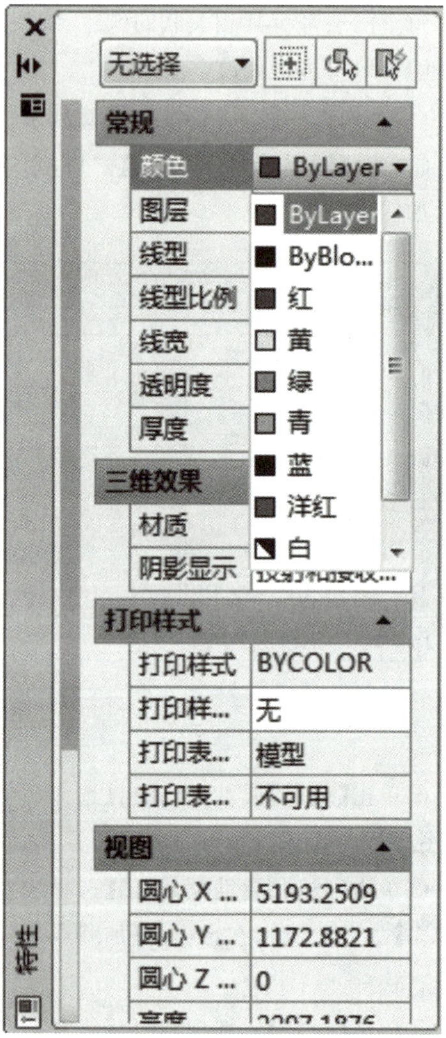

图 1-81　修改颜色特性

5. 设置线形比例

非连续线如虚线、点划线等是由短横线、空格等构成的重复图案，图案中短线长度、空格大小由线形比例控制。用户绘图时常会遇到这样一种情况：绘制出的虚线或点划线看上去是连续的一条直线，出现，这种现象的原因是线型比例设置得太大或太小。线型比例值增加时，将使非连续线中短横线及空格加长，否则，会使它们缩短。如图1-82所示。

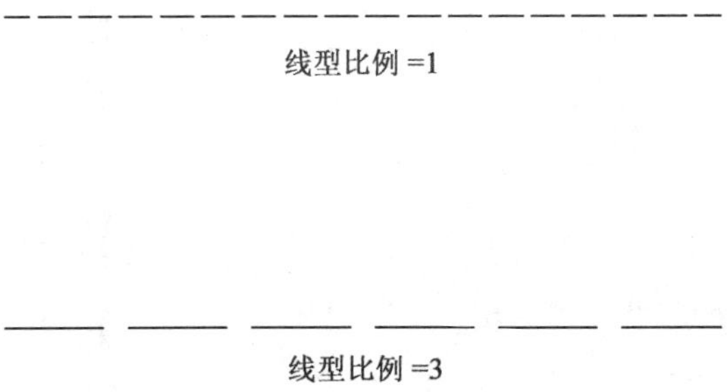

图1-82 修改非连续线的外观

设置线型比例是通过【特性】对话框中更改线型比例数值实现的，如图1-83所示。可先选择非连续线对象，修改线型比例数值。也可先设置线型比例，之后绘制的非连续线的外观受当前线型比例值控制。

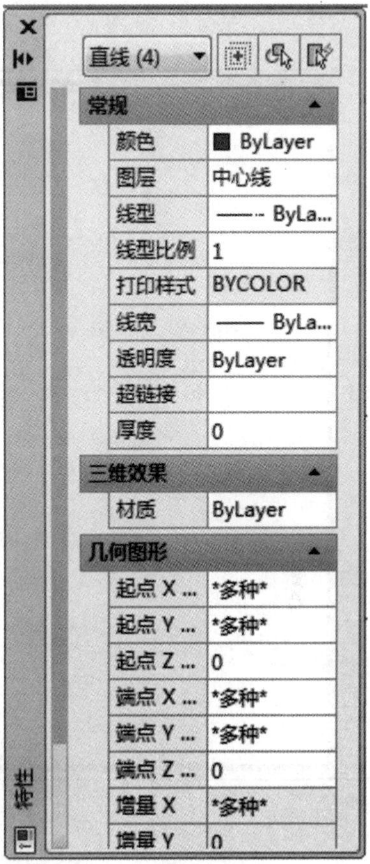

图1-83 修改线型比例

【实例解析】创建A3模板

本实例主要利用设置图形界线命令、设置图形单位命令、图层特性管理器对话框、特性对话框设置绘图的环境，然后用矩形、修剪、打断、偏移命令绘制A3图幅的边框线和标题栏。最后以图形样板文件格式保存。绘图、编辑、创建文字命令在后面内容中详细讲解，为降低难度，因此本实例创建的A3模板的标题栏中没有输入文字。如图1-84、图1-85所示。

步骤：

1.新建文件

(1)双击桌面上的AutoCAD 2013快捷图标，启动软件。

(2)关闭欢迎界面。将工作空间切换为【草图与注释】选项，如图1-86所示。

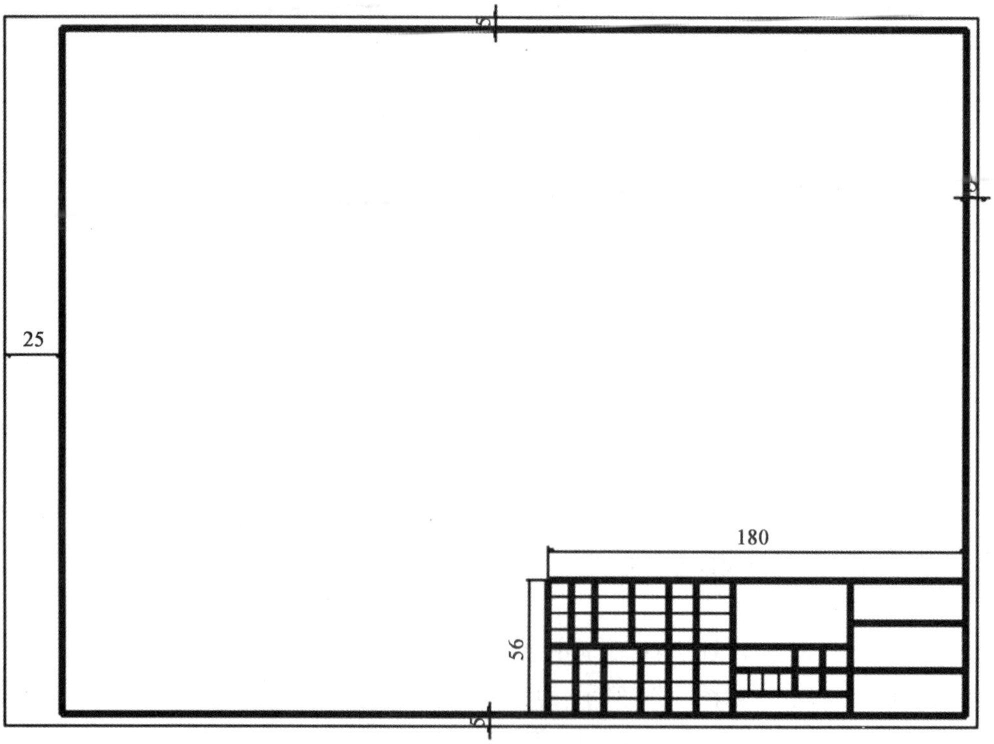

图 1-84　A3 图幅效果图

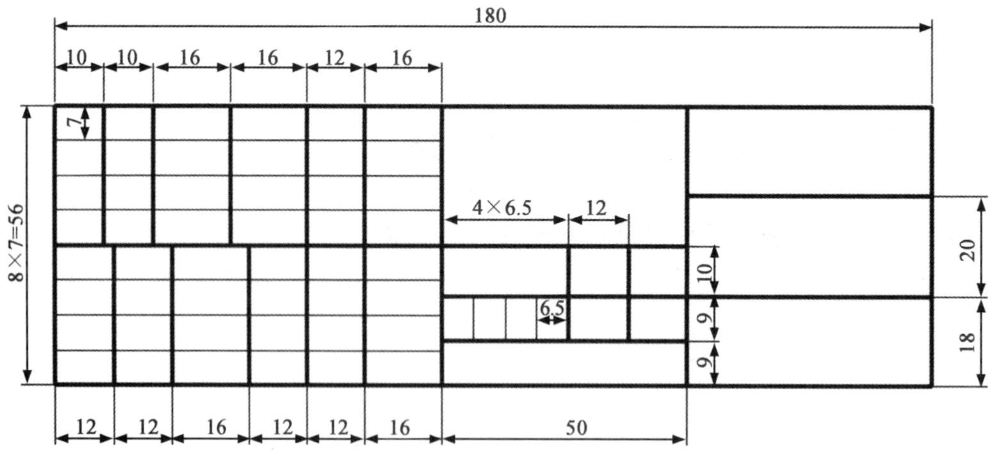

图 1-85　标题栏尺寸标注放大图

图 1-86　【草图与注释】工作空间

2. 设置绘图环境

(1)设置图形界限:键盘输入 limits,按 Enter 键。

系统默认图形界限数值为 A3 横向数据。操作时直接按回车键即可。

```
重新设置模型空间界限:
指定左下角点或 [开(ON)/关(OFF)] <0.0000,0.0000>:
指定右上角点 <420.0000,297.0000>:
```

单击状态栏栅格按钮,显示栅格;单击【视图】选项卡中【二维导航】中全部按钮,全部显示栅格。如图 1-87 所示。

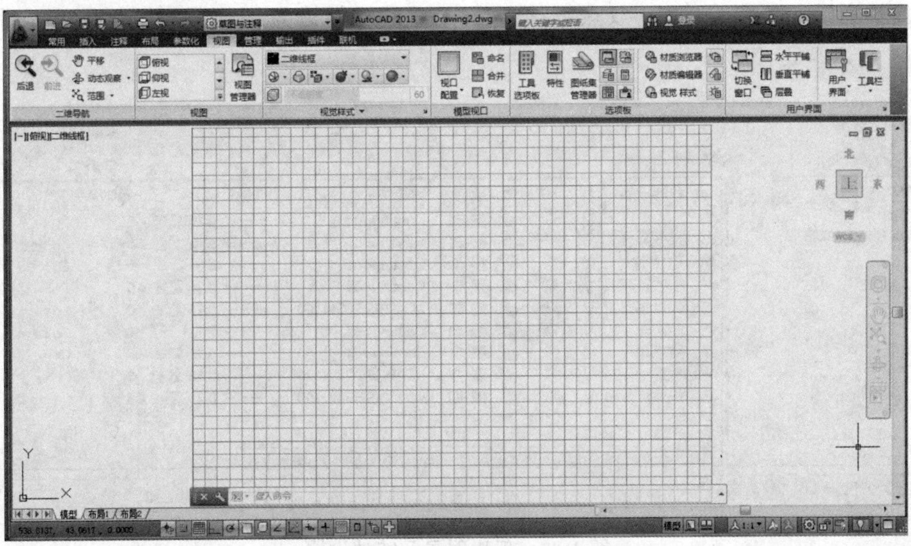

图 1-87　显示图形界限

(2)设置图形单位:键盘输入 un,按 Enter 键。如图 1-88 所示设置。

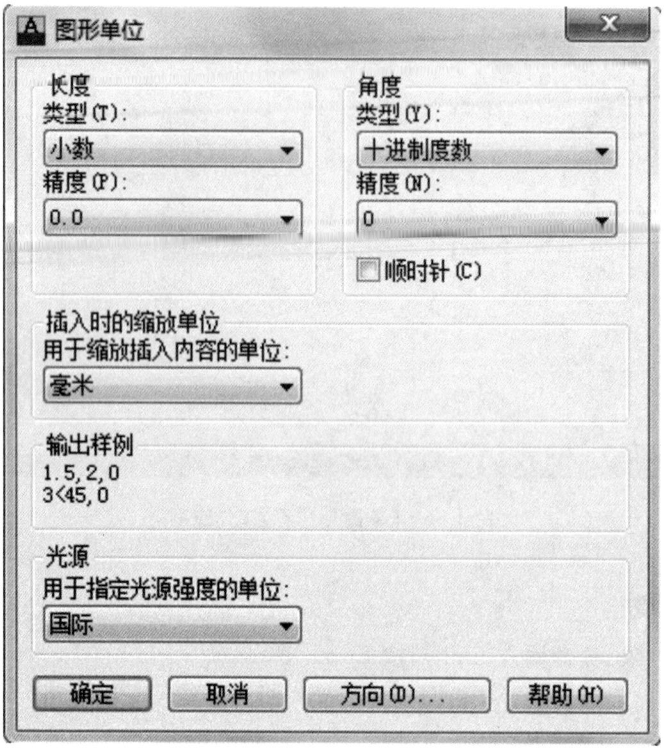

图 1-88 设置图形单位

(3)设置图层、线型、线宽及颜色。

单击【常用】选项卡【图层】功能区上的【图层特性管理器】按钮,打开【图层特性管理器】对话框。

新建轮廓线、虚线、中心线、双点划线、细实线图层,并设置图层线型、线宽、颜色特性值。如图 1-89 所示。

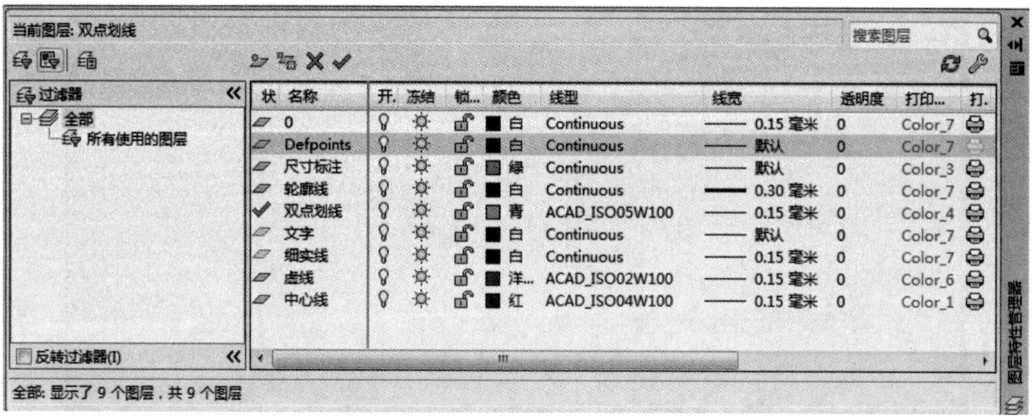

图 1-89 新建图层及特性设置

(4)设置线型比例。

快捷键Ctrl+1打开【特性】对话框，将非连续线型比例值设为0.05。

如图1-90所示。

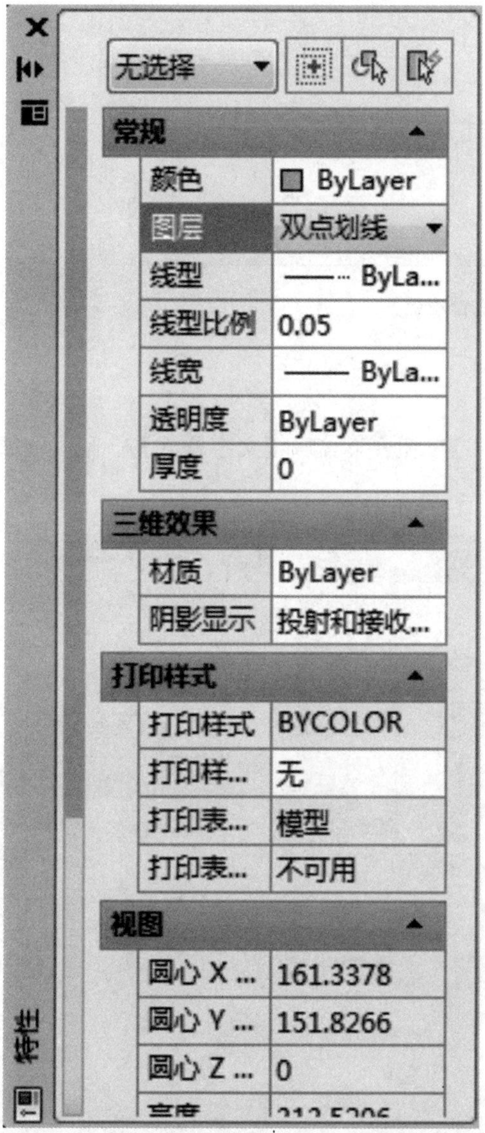

图1-90 设置线型比例

3. 设置尺寸样式

单击【常用】选项卡【注释】功能区上的【标注样式】按钮，如图1-91所示。打开【标注样式管理器】如图1-92所示。对尺寸标注样式按机械制图标准进行设置。

图1-91 打开【注释】功能区

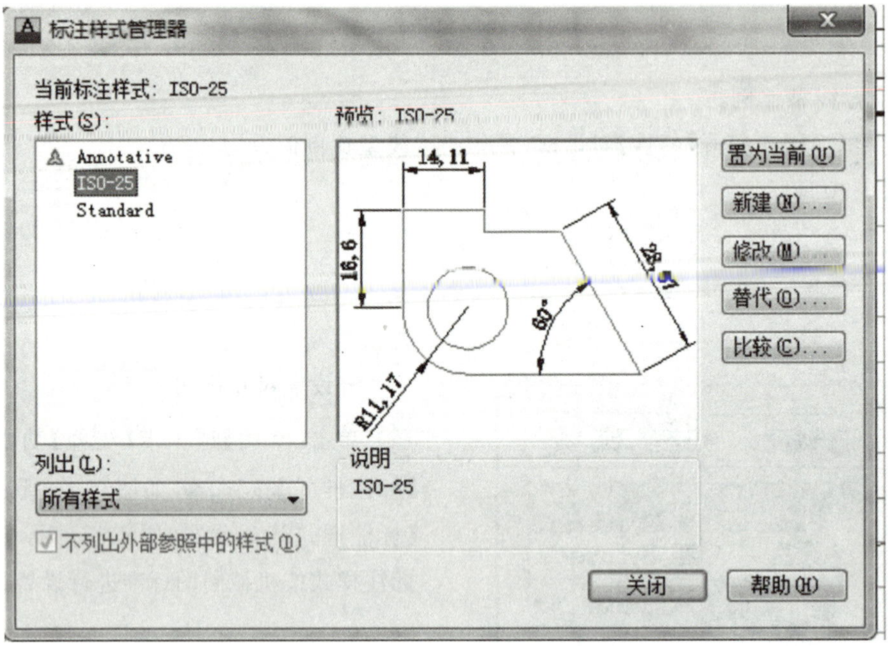

图 1-92 【标注样式管理器】

4. 文字样式设置

单击【常用】选项卡【注释】功能区上的【文字样式】按钮。打开【文字样式】对话框，如图1-93 所示。对文字样式进行设置。

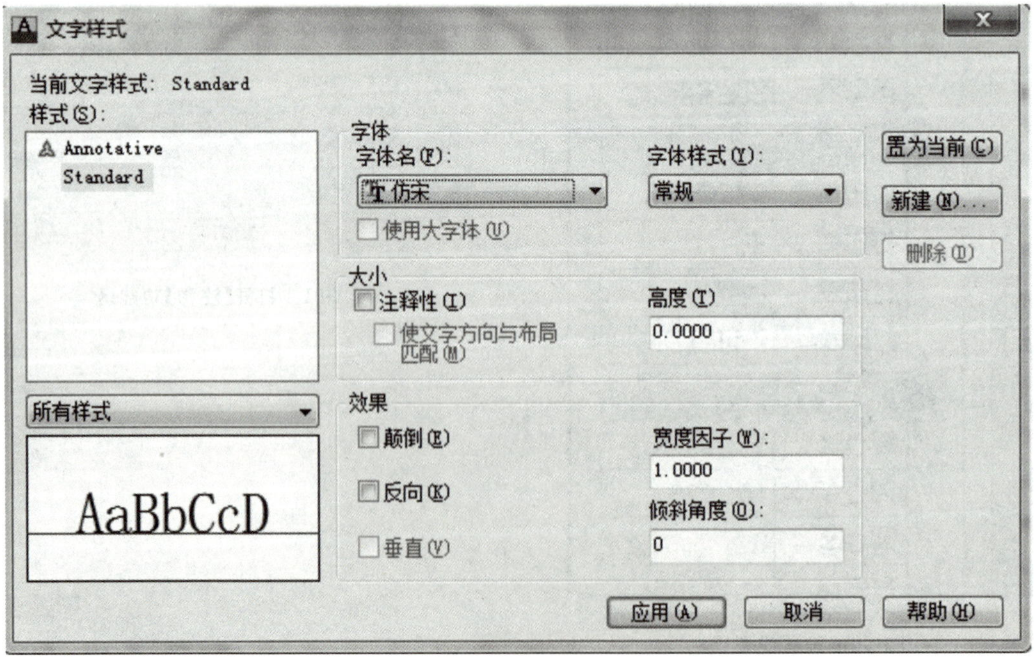

图 1-93 【文字样式】管理器

5. 绘制图框和标题栏

(1)使用矩形命令(rectang)绘制外图框。将细实线层设定为当前图层,指定矩形左下角点(0,0),右上角点为(420,297)。如图 1-94 所示。

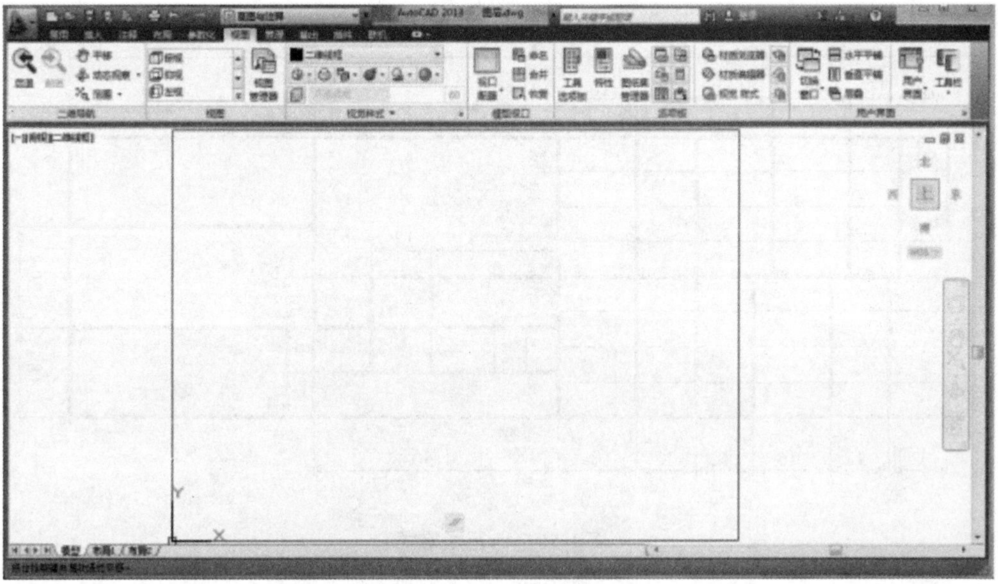

图 1-94 绘制外图框

(2)使用矩形命令(rectang)绘制内图框。当前图层切换到轮廓线层,调用矩形命令。键盘输入 FRO,系统提示确定基点,单击外框线矩形左下角点,系统提示输入内框矩形左下角点和右上角点,输入相对坐标(@25,5),(@390,287),则内框线绘制完成。如图 1-95 所示。

图 1-95 绘制内图框

(3)绘制标题栏。用矩形命令绘制 180×56 矩形,如图 1-96 所示。然后用分解按钮将标题栏矩形分解。按尺寸偏移打断于点和修剪。完成标题栏的绘制,如图 1-98 所示。

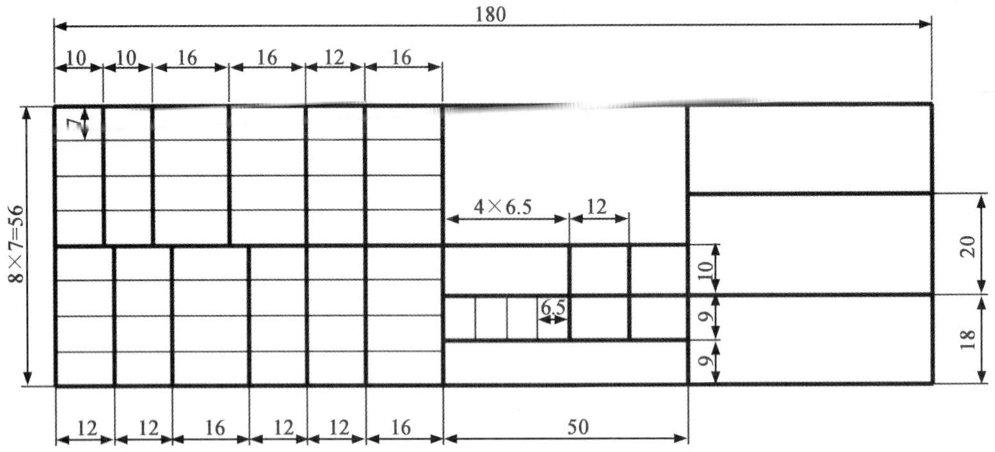

图 1-96 标题栏格式

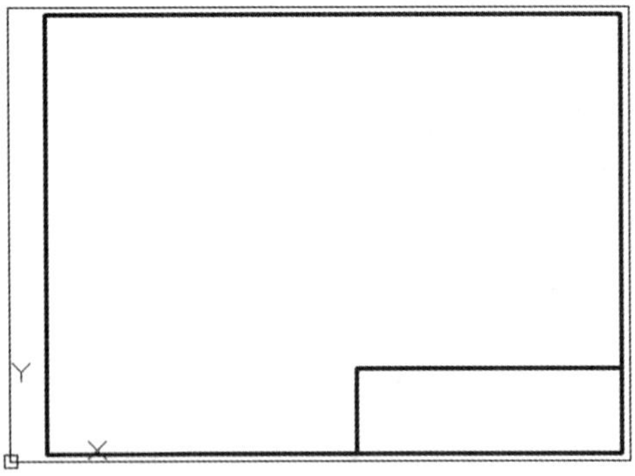

图 1-97 绘制标题栏矩形框

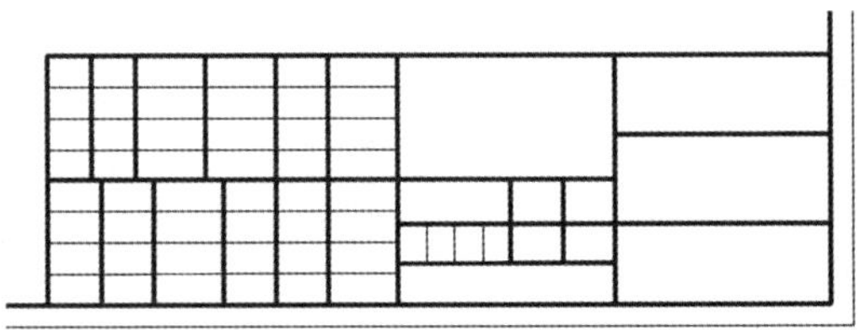

图 1-98 绘制标题栏表格

整体效果图,如图 1-99 所示。

6. 保存样板

点击快速访问按钮,选【另存为】|【图形样板】,将创建的 A3 图幅另存为图形样板,如图 1-100 所示。文件命名为 A3 模板。如图 1-101 所示。

7. 应用样板

单击按钮,新建文件,选择 A3 模板。则可应用新创建的样板文件了,如图 1-102 所示。

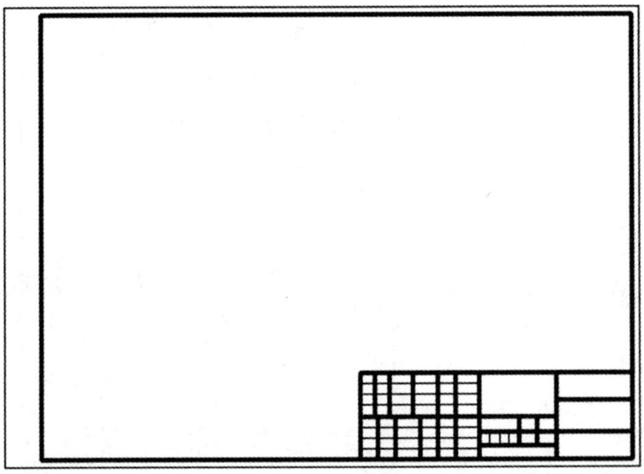

图 1-99　A3 图幅

图 1-100　选择另存为图形样板命令

图 1-101　样板文件命名

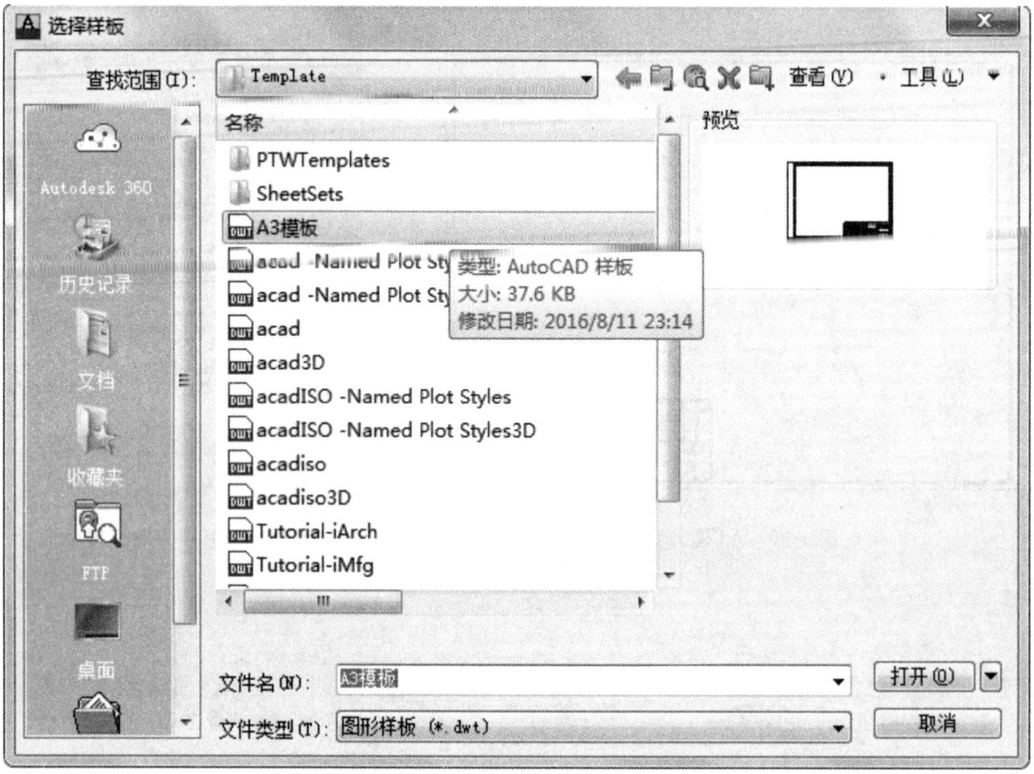

图 1-102 选择新建的"A3 模板"图形文件

课后作业

一、选择题

1. 使用快捷键(　　)可打开【特性】对话框。

A. Ctrl+9　　B. Ctrl+1　　C. Ctrl+O　　D. Ctrl+S

2. 调用设置图形界限的命令是(　　)。

A. line　　B. layer　　C. ma　　D. limits

3. 打开/关闭栅格模式用(　　)快捷键。

A. F1　　B. F8　　C. F7　　D. F10

4. 使用临时对象捕捉模式，按住(　　)键后右击，系统弹出捕捉命令菜单。

A. Shift　　B. Ctrl　　C. Alt　　D. Tab

二、操作题

创建如图 1-103 所示竖放 A4 模板，并保存为图形样板文件(.dwt)。

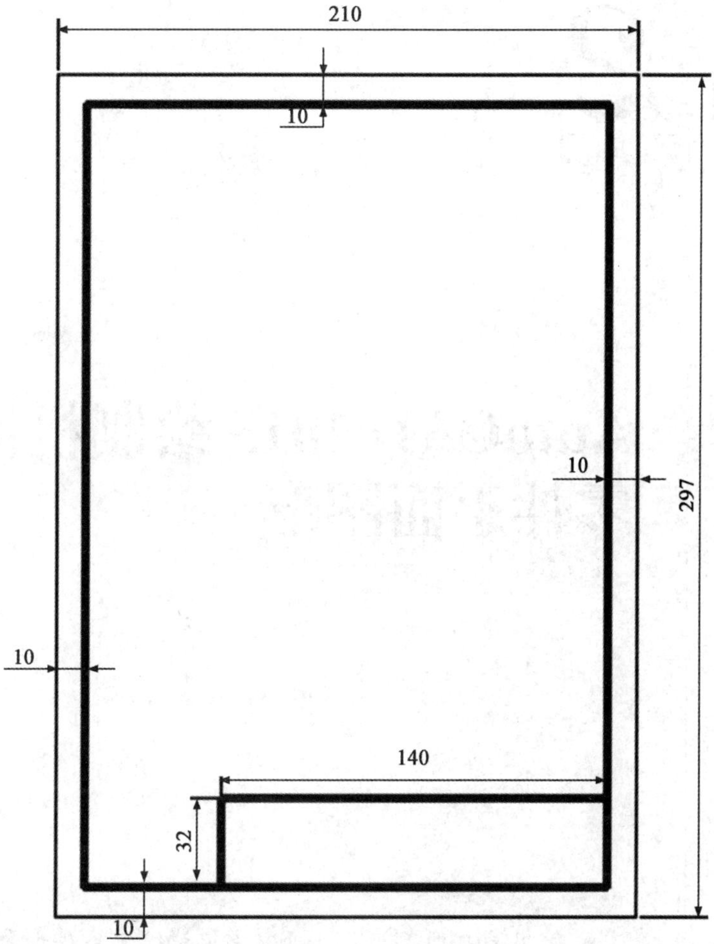

图 1-103　A4 图幅效果图

项目 2

AutoCAD 2013 绘制机械零件平面图形

使用 AutoCAD 2013 可以方便地绘制各种平面图形。绘图时，一般先对作图对象进行分析，设置合适的绘图环境，再合理选用 AutoCAD 2013 中的绘图、编辑等命令绘制图样。

本项目主要介绍 AutoCAD 2013 二维图形绘制直线、圆、圆弧、多段线等各种基本图形绘图命令，还介绍了绘制等分点、样条曲线、填充剖面图案等其他绘图命令，并用实例解析了由各种直线构成、直线和圆构成图形、复杂二维图形、均布及对称结构图形的绘制方法。

学习目标

1. 熟悉 AutoCAD 的坐标系统和坐标输入方式。
2. 初步掌握 AutoCAD 绘图命令的使用方法和技巧。
3. 掌握 AutoCAD 修改命令的使用方法和技巧。
4. 掌握复杂二维图形的绘制方法和技巧。

任务 1　由直线构成的平面图形绘制

【知识目标】

熟悉 AutoCAD 的坐标系统和坐标输入方式。

【技能目标】

能够根据实际需要，灵活运用 AutoCAD 坐标输入和直线绘图命令完成机械绘图。

【必备知识】

一、AutoCAD 2013 的坐标系统

AutoCAD 2013 有两个坐标系统：一个称为世界坐标系（WCS）的固定坐标系和另一个称为用户坐标系（UCS）的可移动坐标系。

1. 世界坐标系

世界坐标系统（WCS）是 AutoCAD 2013 的基本坐标系统，包括 X 轴、Y 轴，在三维空间中还有 Z 轴。在世界坐标系中，X 轴是水平的，Y 轴是垂直的，Z 轴垂直于 XY 组成的平面。

如图 2-1 所示，WCS 是 AutoCAD 2013 默认坐标系统，其坐标原点和方向都不会改变。

2. 用户坐标系

AutoCAD 2013 提供了可变的用户坐标系统（UCS）以方便用户绘制图形。在缺省情况下，用户坐标系统和世界坐标系统相重合，用户可在绘制过程中根据需要来定义 UCS。

创建新的 UCS，方法如下：

- 选择菜单命令【工具】|【新建 UCS】|【原点】
- 此时命令行中显示提示信息【指定新原点】
- 输入新的坐标值，或在视图中点击，即可重新定义原点位置，创建新的 UCS

此时坐标系统如图 2-2 所示，在原点位置的方块消失。

若要恢复世界坐标系统，选择菜单命令【工具】|【新建 UCS】|【世界】。

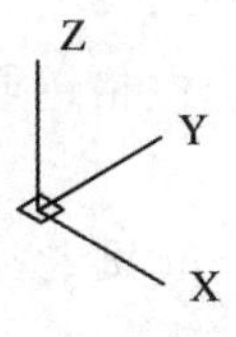

图 2-1　世界坐标系

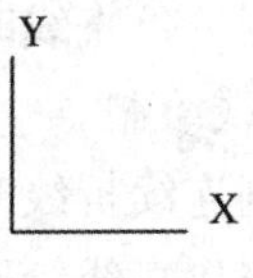

图 2-2　用户坐标系

3. 坐标输入方法

绘制图形时，如何精确地输入点的坐标是绘图的关键。二维绘图时，我们只需在 xy 平面

内指定点的位置。点坐标的表示方法有 4 种，即绝对坐标、相对坐标、绝对极坐标、相对极坐标。现分别介绍如下：

(1)绝对坐标。是相对于原点的坐标值。绝对坐标的输入格式为：(x,y)，x 表示点的 x 坐标，y 表示点的 y 坐标，两坐标值之间用"，"号分开。例如：(−50,20)

(2)相对坐标。是相对于另一个几何点的坐标值。相对坐标的输入格式为：$(@x,y)$，@ 表示相对，x 表示相对另一点 x 坐标，y 表示相对另一点 y 坐标，x 和 y 值是坐标差值。例如：(@20,30)

(3)绝对极坐标。极坐标是通过相对极点的距离和角度来定义的。绝对极坐标是以原点为极点。绝对极坐标的输入格式为：(R<α)例如：(100<30)

(4)相对极坐标。是通过相对某一点的极径和偏移角度来表示。相对极坐标是以上一操作点为极点。相对极坐标的输入格式为：(@R<α)，例如：(@100<30)

二、直线绘图命令

1. 功能

绘制一条线段或多条首尾相连的线段。

2. 命令执行方式

可以使用下列方法之一启动【直线】命令：

- 菜单栏：【绘图】|【直线】
- 工具栏：【绘图】工具栏中按钮
- 功能区：【绘图】功能区中按钮
- 键盘输入：line(l)↙

3. 操作格式与说明

操作格式：

按以上方式执行命令，命令行提示如下：

指定第一点：(输入起始点)↙

指定下一点或[放弃(U)]：(输入下一点)↙

指定下一点或[放弃(U)]：(输入下一点)↙

说明：

(1)绘制一条直线时，指定第一点，接着指定下一点，然后按 Enter 键、空格键或鼠标右键/确认完成直线绘制。

(2)绘制连续折线时，指定第一点，然后连续指定多个点，然后按 Enter 键、空格键或鼠标右键/确认完成直线绘制。

(3)绘制封闭折线时，在最后一个指定下一点或[闭合(C)]/放弃(U)]：提示后，输入字母 C，然后按 Enter 键、空格键或鼠标右键/确认。

(4)在绘制过程中，如果在指定下一点的提示后输入字母 U，然后按 Enter 键、空格键或鼠标右键/放弃可删除刚刚绘制的直线。

(5)在【指定下一点】的提示后可使用直接距离输入方式绘制直线。在命令行输入直线的长度,按 Enter 键或空格键后,沿上一点和当前光标的连线方向绘制指定长度的线段。

【实例解析】

一、利用坐标输入绘制平面图形

本实例已知点 A 的绝对坐标及图形尺寸,现用直线命令和坐标输入方法绘制图形(图 2-3)。

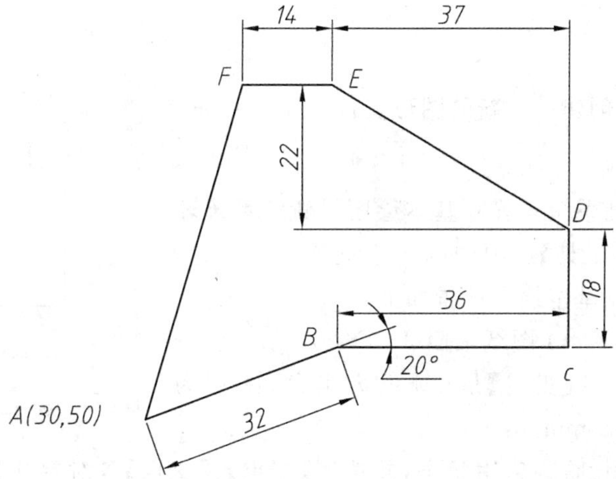

图 2-3　画线练习

步骤:

1. 创建图形文件

利用【新建】命令,创建一个新的图形文件。

2. 设置绘图环境

绘图环境设置包括系统设置和基本绘图设置。系统环境设置是根据需要对【工具】选项中的各个选项进行设置,本例中采用默认设置。基本绘图设置如下:

(1)设置图形界限为 A4 图纸幅面(210×297)。

(2)图层设置为【粗实线】层,颜色为黑色,线型为 Continuous,线宽为 0.5mm。

(3)将【对象捕捉】设置为启用状态,并选用【端点】等对象捕捉模式,将【DYN】和【极轴】设置为【开】。

3. 绘制图形

在【绘图】工具栏上单击╱工具按钮。

Line 指定第一点:30,50 ↙ //输入 A 点的绝对坐标

指定下一点或[放弃(U)]:@32<20 ↙　　//输入 B 点的相对极坐标

指定下一点或[放弃(U)]:@36,0 ↙　　//输入 C 点的相对直角坐标

指定下一点或[闭合(C)/放弃(U)]:@0,18↙ //输入 D 点的相对直角坐标
指定下一点或[闭合(C)/放弃(U)]:@−37,22↙ //输入 E 点的相对直角坐标
指定下一点或[闭合(C)/放弃(U)]:@−14,0↙ //输入 F 点的相对直角坐标
指定下一点或[闭合(C)/放弃(U)]:C↙ //输入 C,按 Enter 键,连接 A 点

二、利用直线绘图命令绘制平面图形

绘制如图 2-4 所示图形。掌握直线命令的用法,学会如何输入点的坐标,如何利用对象捕捉、极轴追踪、自动追踪等工具快速画线。

步骤:

1. 创建图形文件

利用【新建】命令,创建一个新的图形文件。

2. 设置绘图环境

绘图环境设置包括系统设置和基本绘图设置。系统环境设置是根据需要对【工具】选项中的各个选项进行设置,本例中采用默认设置。基本绘图设置如下:

(1)设置图形界限为 A4 图纸幅面(210×297)。

(2)图层设置为:【粗实线】层,颜色为黑色,线型为 Continuous,线宽为 0.5 mm。

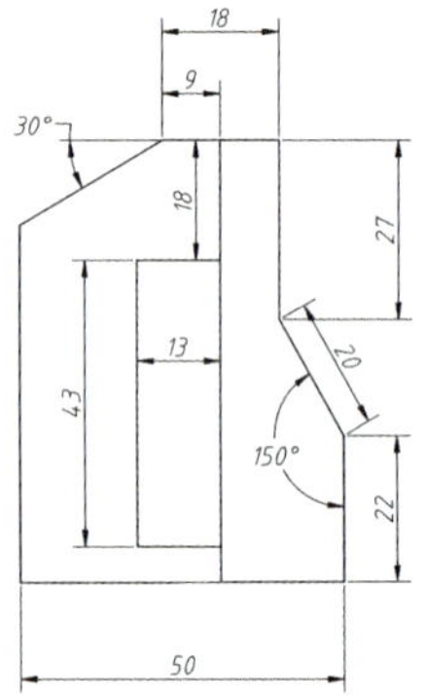

图 2-4 画线练习

(3)将【对象捕捉】设置为启用状态,并选用【端点】、【交点】等对象捕捉模式,将【DYN】和【极轴】设置为【开】,指定极轴追踪角度增量为 30°,设置沿所有极轴角进行自动追踪。

3. 绘制图形

(1)画线段 AB、BC、CD 等,在【绘图】工具栏上单击╱工具按钮。

Line 指定第一点:(单击任一点 A),↙ //单击 A 点
指定下一点或[放弃(U)]:50↙ //从 A 点向右追踪并输入追踪距离
指定下一点或[放弃(U)]:22↙ //从 B 点向上追踪并输入追踪距离
指定下一点或[闭合(C)/放弃(U)]:20↙ //从 C 点沿 120°方向追踪并输距离
指定下一点或[闭合(C)/放弃(U)]:27↙ //从 D 点向上追踪并输追踪距离
指定下一点或[闭合(C)/放弃(U)]:18↙ //从 E 点向左追踪并输追踪距离
//从 A 点向上移动光标,系统显示竖直追踪线
//当光标移动到某一位置时,系统显示 210°方向追踪
指定下一点或[闭合(C)/放弃(U)]:(单击交点 G),↙
//在两条追踪线交点处单击一点 G
指定下一点或[闭合(C)/放弃(U)]: //捕捉 A 点
指定下一点或[闭合(C)/放弃(U)]:↙ //按 Enter 键结束

结果如图 2-5 所示。

(2)画线段 HI、JK、KL 等。在【绘图】工具栏上单击╱工具按钮。

Line 指定第一点:9↙　　//从 F 点向右追踪并输追踪距离
指定下一点或[放弃(U)]:　　//从 H 点向下追踪并捕捉交点 I
指定下一点或[放弃(U)]:↙　　//按 Enter 键结束
在【绘图】工具栏上单击╱工具按钮。
Line 指定第一点:18↙　　//从 H 点向下追踪并输入追踪距离
指定下一点或[放弃(U)]:13↙　　//从 J 点向左追踪并输入追踪距离
指定下一点或[放弃(U)]:43↙　　//从 K 点向下追踪并输入追踪距离
指定下一点或[放弃(U)]:　　//从 L 点向右追踪并捕捉交点 M
指定下一点或[放弃(U)]:↙　　//按 Enter 键结束
结果如图 2-6 所示。

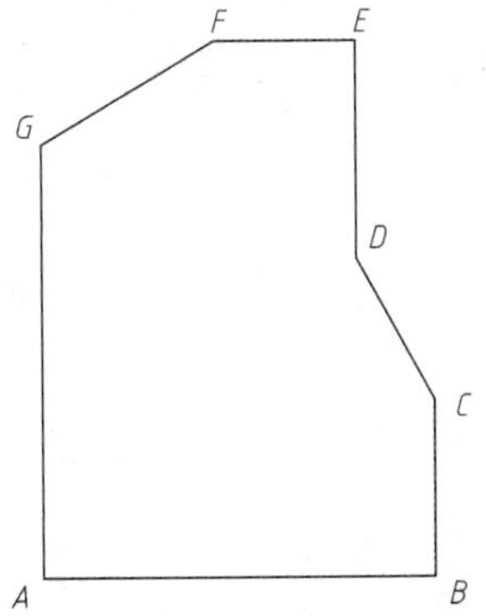

图 2-5　画闭合线框

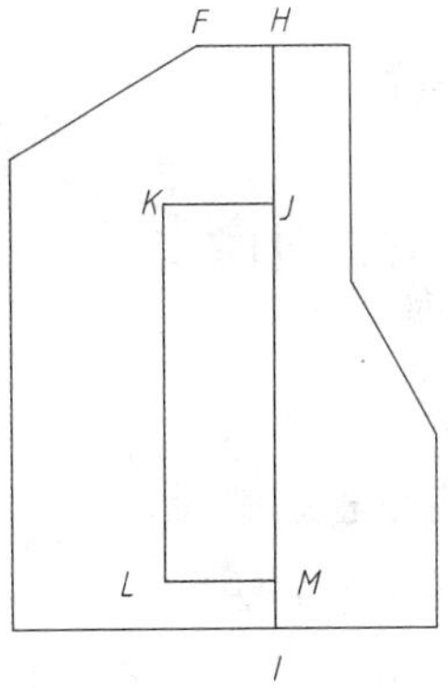

图 2-6　画线段 HI、JK、KL 等

课 后 作 业

1. 在 AutoCAD 2013 中,表示点的坐标有哪几种格式?
2. 有哪几种方法可调用 AutoCAD 2013 的直线命令?
3. 使用直线命令并结合正交模式绘制图 2-7。
4. 使用直线命令并结合极轴追踪、自动追踪功能绘制图 2-8。

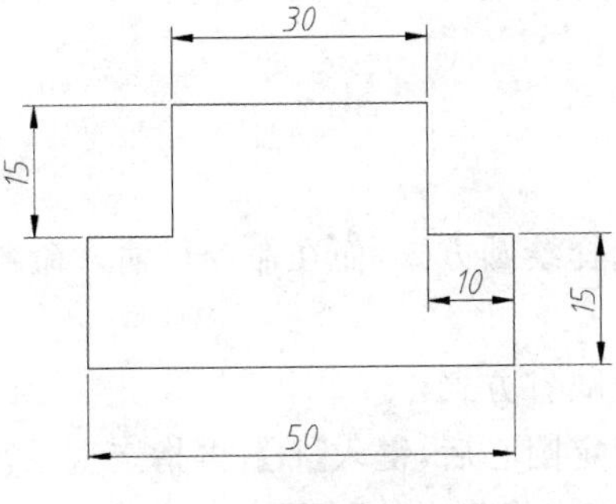

图 2-7　打开正交模式画线

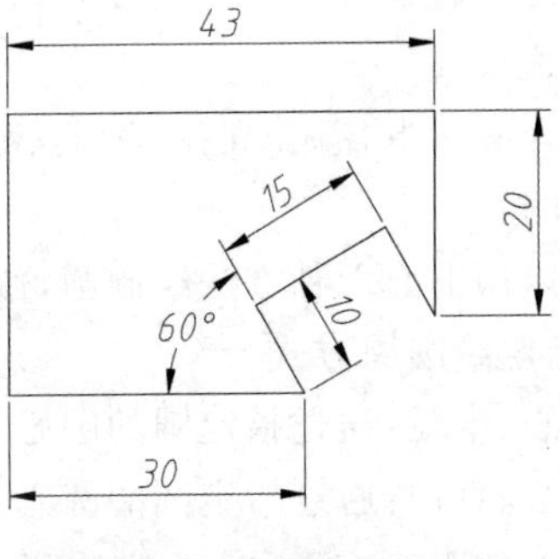

图 2-8　使用极轴追踪画线

任务2 由直线和圆要素构成的平面图形绘制

【知识目标】

初步掌握绘制圆命令的方法和技巧。掌握删除修改命令、偏移修改命令、修剪修改命令、拉长修改命令的使用方法。

【技能目标】

能够灵活运用掌握的命令绘制简单的由直线和圆构成的平面图形。

【必备知识】

一、圆绘图命令

1. 功能

在指定位置绘制圆。

2. 调用命令方法

可以使用下列方法之一启动【直线】命令：

- 菜单栏：【绘图】|【圆】
- 工具栏：绘图工具栏按钮
- 功能区：【绘图】功能区中按钮
- 命令行：circle(C)↙

3. 操作格式与说明

操作格式：

按以上方式执行命令，命令行提示如下：

指定圆的圆心或[三点(3P)/两点(2P)/切点、切点、半径(T)]：(输入圆心位置，即执行缺省选项)↙

指定圆的半径或[直径(D)]：(输入半径)↙

说明：

可以用下面六种方法绘制圆，使用菜单可直接选择绘圆方式，而在命令行输入命令绘制圆时，需指定绘圆周方式。

圆心、半径：通过指定圆的圆心和半径绘制圆，为缺省方式。

圆心、直径：通过指定圆的圆心和直径绘制圆，指定圆心后，键入【D】，再指定直径。

两点(2P)：通过指定两个点，并以两点之间的距离为直径来绘制圆。

三点(3P)：通过指定三个点绘制圆。

相切、相切、半径：以指定的值为半径，绘制一个与两个对象相切的圆。

相切、相切、相切：通过依次指定与圆相切的三个对象来绘制圆。

二、删除修改命令

1. 功能

在绘图窗口中删除对象。

2. 调用命令方法：

- 菜单栏：【修改】|【删除】
- 工具栏：修改工具栏按钮
- 功能区：【修改】功能区中按钮
- 命令行：erase(e)↙

3. 操作格式与说明

操作格式：

按以上方式执行命令，命令行提示如下：

选择对象：(拾取对象)↙

选择对象：↙

说明：

执行【删除】命令后，用户要选择删除的对象，然后按 Enter 键或空格键结束对象选择，同时删除已选择的对象。

如果在【选项】对话框的【选择】选项卡中，选中【选择集模式】选项区域中的【先选择后执行】复选框，也可以先选择对象，然后执行【删除】命令，将其删除。

三、偏移修改命令

1. 功能

生成与原有对象平行或同心的新对象。

2. 调用命令方法

- 菜单栏：【修改】|【偏移】
- 工具栏：修改工具栏按钮
- 功能区：【修改】功能区中按钮
- 命令行：offset(O)↙

3. 操作格式与说明

操作格式：

按以上方式执行命令，命令行提示如下：

当前设置：删除源＝否　图层＝源　OFFSETGAPTYPE＝0

指定偏移距离或[通过(T)/删除(E)/图层(L)]：(输入偏移距离)↙

选择要偏移的对象，或[退出(E)/放弃(U)]：(拾取对象)

指定要偏移的那一侧上的点，或[退出(E)/多个(M)/放弃(U)]：(拾取点)

指定要偏移的那一侧上的点，或[退出(E)/多个(M)/放弃(U)]：↙

说明：

(1)如果指定偏移距离，则选择要偏移对象，然后指定偏移方向，以复制出对象。

(2)如果在命令行输入 T，再选择要偏移对象，然后指定一个点，这时复制出的对象将通过该点。

(3)通过指定偏移距离的方式来复制对象时，距离值必须大于 0。

四、修剪修改命令

1. 功能

以某一对象为剪切边修剪其他对象。

2. 调用命令方法

- 工具栏：修改工具栏 -/-- 按钮
- 菜单栏：【修改】|【修剪】
- 功能区：【修改】功能区中 -/-- 修剪 按钮
- 命令行：trim(tr)↙

3. 操作格式与说明

操作格式：

按以上方式执行命令，命令行提示如下：

选择剪切边...

选择对象或＜全部选择＞：(拾取对象)

选择对象：按 Enter 键确定

选择要修剪对象，或按住 Shift 键选择要延伸的对象，或[栏选(F)/窗交(C)/投影(P)/边(E)/删除(R)/放弃(U)]：(拾取要剪掉的部分)

选择要修剪对象，或按住 Shift 键选择要延伸的对象，或[栏选(F)/窗交(C)/投影(P)/边(E)/删除(R)/放弃(U)]：按 Enter 键结束

说明：

可以作为剪切边的对象有直线、圆弧、圆、椭圆或椭圆弧、多段线、样条曲线、构造线、射线及文字等，剪切边也可以同时作为被剪切对象。

五、打断修改命令

1. 功能

部分删除对象或把对象分隔成两部分。

2. 调用命令方法

- 工具栏：修改工具栏 [□] 按钮

- 菜单栏:【修改】|【打断】
- 功能区:【修改】功能区中 按钮
- 命令行:break ↙

3. 操作格式与说明

按以上方式执行命令,命令行提示如下:

选择对象:(拾取对象)

指定第二个打断点或[第一点(F)]:输入 F ↙

指定第二个打断点或[第一点(F)]:(拾取第一点)

指定第二个打断点:(拾取第二点)

说明:

默认状态下,以选择对象时的拾取点作为第一个断点,如果需要重新确定第一个断点,键盘输入 F。

六、拉长修改命令

1. 功能

修改线段或圆弧的长度。

2. 调用命令方法

- 菜单栏:【修改】|【拉长】
- 功能区:【修改】功能区中 按钮
- 命令行:lengthen ↙

3. 操作格式与说明

操作格式:

按以上方式执行命令,命令行提示如下:

选择对象或[增量(DE)/百分数(P)/全部(T)/动态(DY)]:(拾取对象)

说明:

增量(DE):以增量方式修改直线或圆弧的长度。

百分数(P):以相对于原长度或角度的百分数来修改直线的长度或圆弧的长度。

全部(T):以给定直线新的总长度或圆弧的新包含角度来改变长度。

动态(DY):用户通过鼠标动态地改变圆弧或直线的长度。

七、延伸修改命令

1. 功能

延长指定对象,使其与另一对象相交或从外观上相交。

2. 执行命令的方式

- 菜单栏:【修改】|【延伸】

- 工具栏:修改工具栏
- 功能区:【修改】功能区中 延伸 按钮
- 命令行:extend(ex)↙

【实例解析】绘制简单的平面图形

如图 2-9 所示,绘制密封垫的一个视图。

步骤:

1. 新建文件并设置绘图环境

(1)新建文件,并设置 A4 图幅。

(2)图层设置为:【粗实线】层,颜色为黑色,线型为 Continuous,线宽为 0.5mm;【点划线】层,颜色为红色,线型为 CENTER,线宽为 0.25 mm。

(3)将【对象捕捉】设置为启用状态,并选用【端点】【交点】【圆心】等对象捕捉模式,将【DYN】和【极轴】设置为【开】,设置沿所有极轴角进行自动追踪。

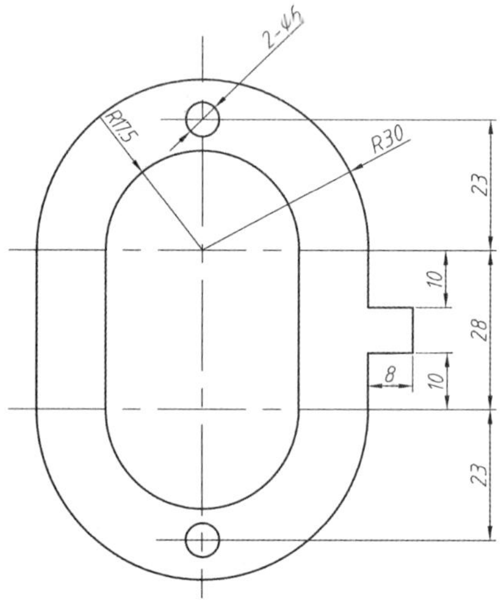

图 2-9 密封垫

2. 绘制作图基准线

(1)将【点划线】层设置为当前图层

(2)在【绘图】工具栏上单击工具按钮

Line 指定第一点:(单击任一点 A),↙ //单击一点 A

指定下一点或[放弃(U)]:@70,0 ↙ //向右追踪并输入下一点 B 相对坐标

指定下一点或[放弃(U)]:↙ //按 Enter 键结束,画出水平中心线 AB

(3)按 Enter 键重复执行直线命令。

Line 指定第一点:(捕捉 A 点和垂直极轴,输 28)↙ //确定端点 C

指定下一点或[放弃(U)]:(向右移动鼠标捕捉到水平极轴,再捕捉右端点 B 和垂直极轴,得两极轴交点 D) //单击左键确定端点 D

指定下一点或[放弃(U)]:↙ //按 Enter 键结束,画出水平中心线 CD

如图 2-10 所示完成绘制水平中心线。

(4)按 Enter 键重复执行直线命令。

Line 指定第一点:(捕捉到直线 AB 中点 E,向下移动鼠标到合适位置,并捕捉到垂直极轴,单击左键)//确定直线第一点 F

Line 指定第一点:(向上捕捉垂直极轴到合适位置,单击左键) // 确定直线第二点 G

指定下一点或[放弃(U)]:↙ //按 Enter 键结束

如图 2-11 绘制垂直中心线。

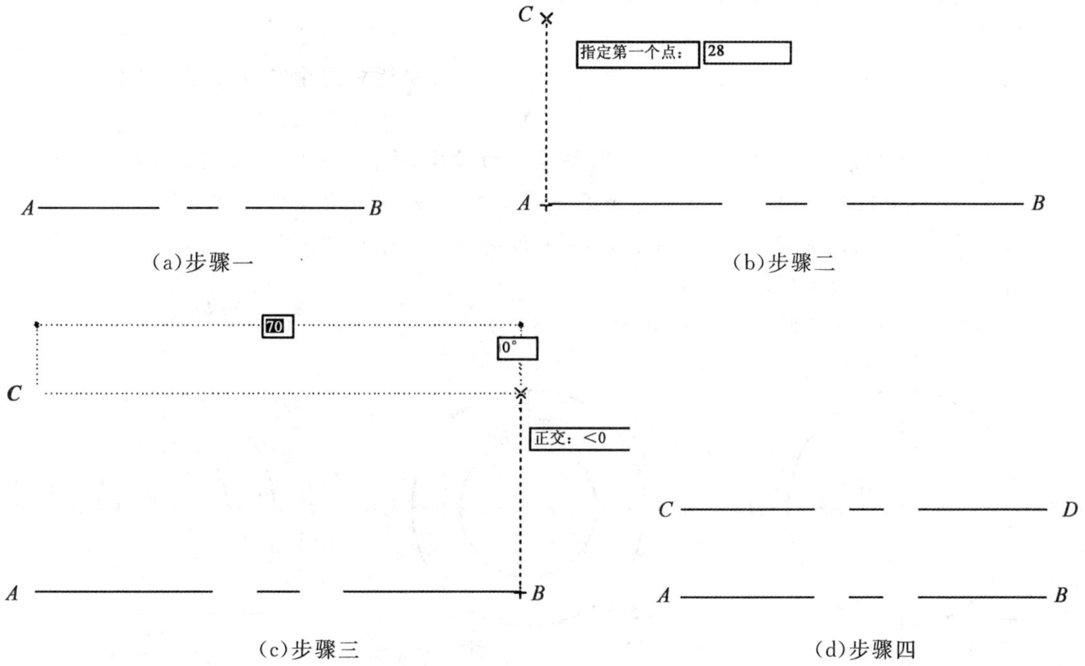

图 2-10 画水平中心线

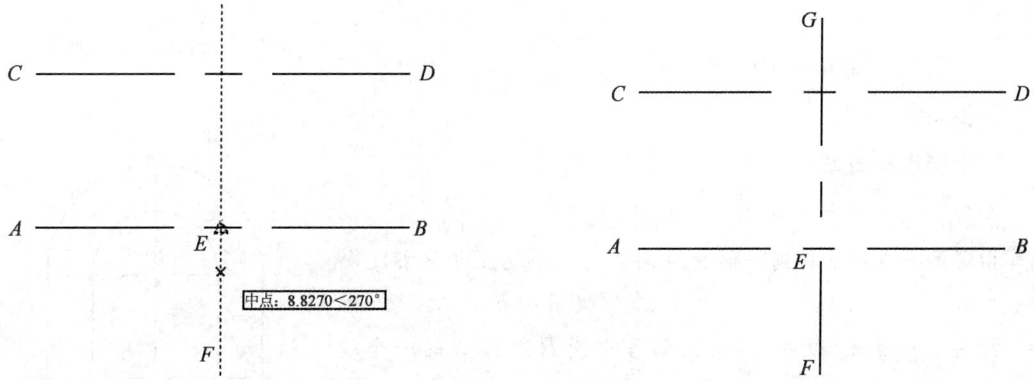

图 2-11 画垂直中心线

3. 绘制一侧 *R*30、*R*17.5 圆弧

(1)将【粗实线】层设置为当前图层。

(2)在【绘图】工具栏上单击⊙工具按钮。

指定圆的圆心或[三点(3P)/两点(2P)/相切、相切、半径(T)]:(捕捉圆心 O_1 并单击)

//确定圆心

指定圆的半径或[直径(D)]:30↙ // 输入半径,绘制出 *R*30 的圆

按 Enter 键重复执行圆命令，绘制出 *R*17.5 的圆。

(3)在【修改】工具栏上单击工具按钮。

选择剪切边...

选择对象或<全部选择>:找到 1 个 //选中用于修剪的界线 CD

选择对象:按 Enter 键确定

选择要修剪对象,或按住 Shift 键选择要延伸的对象,或[栏选(F)/窗交(C)/投影(P)/边(E)/删除(R)/放弃(U)]:(选中 3 个圆下半部分) //拾取要剪掉的部分

选择要修剪对象,或按住 Shift 键选择要延伸的对象,或[栏选(F)/窗交(C)/投影(P)/边(E)/删除(R)/放弃(U)]:按 Enter 键结束

结果如图 2-12 所示绘制上部圆弧过程。

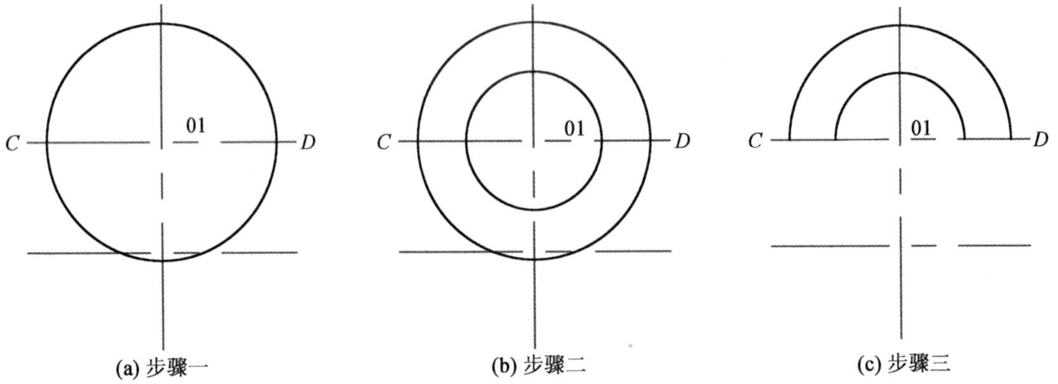

图 2-12 画上部圆弧

4. 绘制另一侧 *R*30、*R*17.5 圆弧

与步骤 3 相同。

5. 绘制连接直线

在【绘图】工具栏上单击工具按钮。

指定第一点:(捕捉到一侧 R30 圆弧的一个端点并单击)↙ //捕捉第一点

指定下一点或[放弃]:(捕捉到另一侧 R30 圆弧的一个端点并单击)↙ //捕捉第二点

指定下一点或[放弃]:↙ //按 Enter 键确定

同理,连接另 3 条直线,结果如图 2-13 所示。

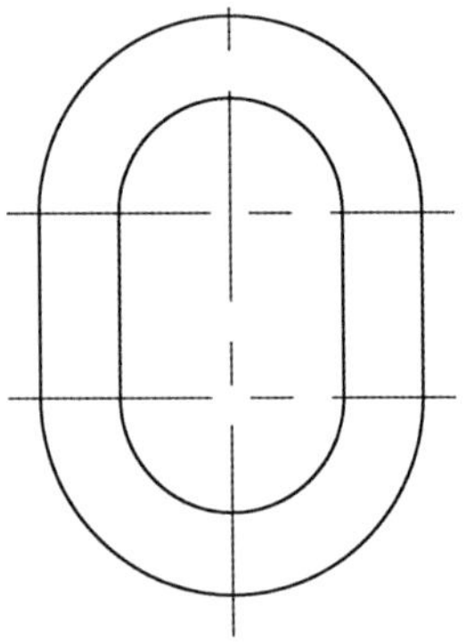

图 2-13 画连接直线

6. 绘制 2 个 φ6 圆

(1)将【点划线】层设置为当前图层,用直线命令绘制 2 个 φ6 孔的水平中心线。

Line 指定第一点:(捕捉圆弧 R30 中心和垂直极轴,输 23)↙ //确定 φ6 圆中心

指定下一点或[放弃(U)]:(向右移动鼠标捕捉到合适位置,单击)

//确定 ϕ6 圆中心线右端点

指定下一点或[放弃(U)]:(向左移动鼠标捕捉到合适位置,单击)

// 确定 ϕ6 圆中心线左端点

指定下一点或[放弃(U)]:↙ //按 Enter 键结束,画出 ϕ6 圆水平中心线

同理,绘出另一个 ϕ6 圆的水平中心线。

(2)将【粗实线】层设置为当前图层,绘制 2 个 ϕ6 圆。

在【绘图】工具栏上单击工具按钮。

指定圆的圆心或[三点(3P)/两点(2P)/相切、相切、半径(T)]:(捕捉到圆心位置,单击)↙

//确定 ϕ6 圆中心

指定圆的半径或[直径(D)]:3 ↙ // 确定 ϕ6 圆半径

按 Enter 键重复执行圆命令,绘制出另一个 ϕ6 圆。

7.绘制右端中间小四方凸块

(1)单击修改工具栏工具按钮。

当前设置:删除源=否 图层=源 OFFSETGAPTYPE=0

指定偏移距离或[通过(T)/删除(E)/图层(L)]:(10)↙ // 输入偏移距离 10

选择要偏移的对象,或[退出(E)/放弃(U)]:(拾取最上边中心线)

指定要偏移的那一侧上的点,或[退出(E)/多个(M)/放弃(U)]:(在最上边中心线下点一点)↙

绘制直线 EF

同理,将最下边中心线向上偏移 10。

绘制直线 GH。

结果如图 2-14(a)所示。

(2)在【修改】工具栏上单击工具按钮。

选择对象:选直线↙

指定第二个打断点或[第一点(F)]:F ↙ // 输入 *F*

指定第二个打断点或[第一点(F)]:点右端交点 *F* 点

指定第二个打断点:点 *F* 点下方交点 *H* 点

结果如图 2-14(b)所示。

(3)单击修改工具栏工具按钮

当前设置:删除源=否 图层=源 OFFSETGAPTYPE=0

指定偏移距离或[通过(T)/删除(E)/图层(L)]:(20.5)↙

// 输入偏移距离 20.5

选择要偏移的对象,或[退出(E)/放弃(U)]:(拾取与里面圆弧相连的垂直线)

指定要偏移的那一侧上的点,或[退出(E)/多个(M)/放弃(U)]:(在垂直线右侧点一点)↙

结果如图 2-14(c)所示。

(4)单击【修改】工具栏工具按钮。

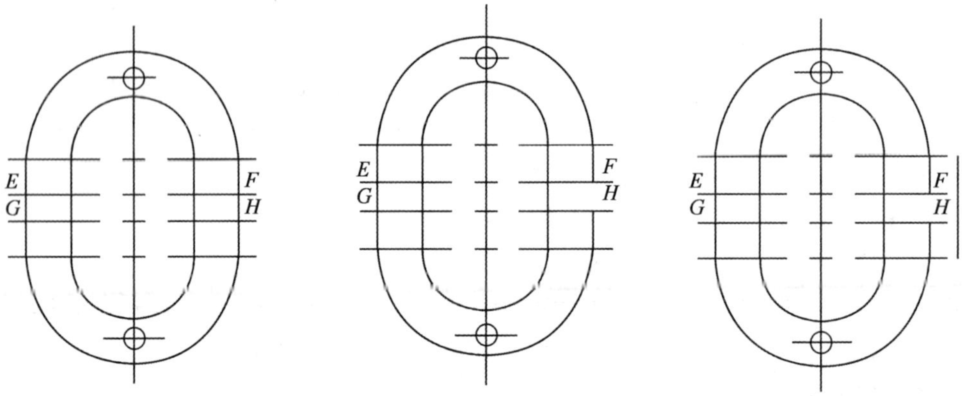

(a) 步骤一　　(b) 步骤二　　(c) 步骤三

图 2-14　画小四方凸块各连接线

选择对象或[增量(DE)/百分数(P)/全部(T)/动态(DY)]:DY　　// 输入 DY

选择要修改对象或[放弃(U)]:选择 EF 线

指定新端点:选择与右端垂直线相交垂足,点击

将 EF 线拉长(或用延伸命令延伸)至最右端垂直线。同理,将 *GH* 线拉长(或用延伸命令延伸)至最右端垂直线。结果如图 2-15(a)所示。

(5)在工具栏上单击 工具按钮。

将小四方凸块多余线条修剪,并将小四方凸块上下两条水平线由点划线变换为粗实线。

完成此图,结果如图 2-15(b)所示。

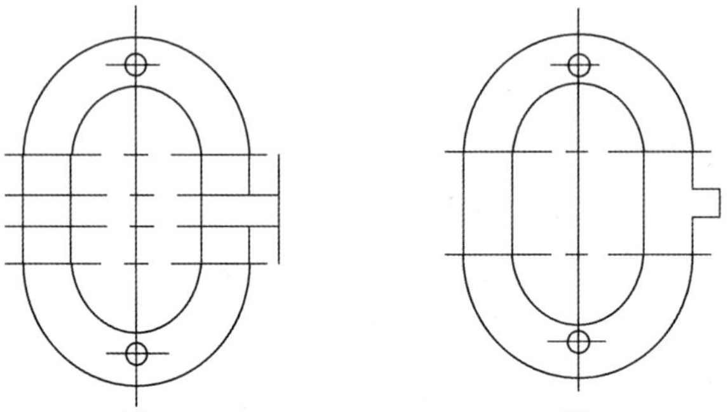

(a)　　(b)

图 2-15　修整四方凸块各线

课后作业

1. 有哪几种方法可调用 AutoCAD 2013 的圆命令?

2. 使用直线和圆、修剪命令绘制底座(图 2-16)。

3. 使用直线和圆命令绘制图 2-17 所示轴端挡圈。

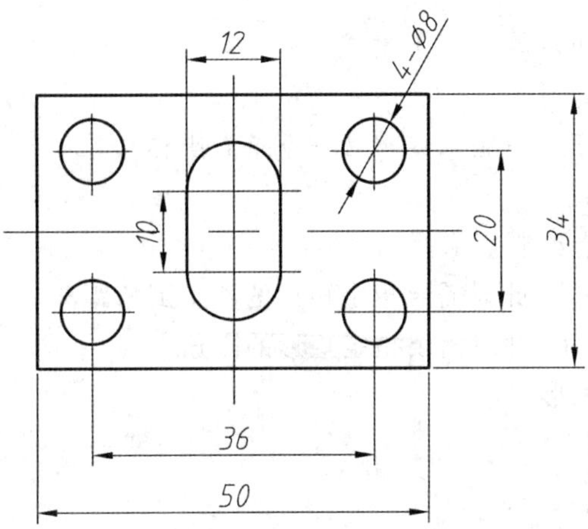

图 2-16　底座

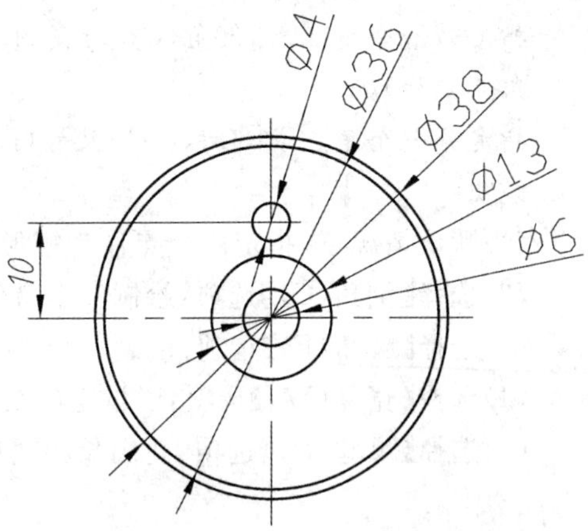

图 2-17　轴端挡圈

任务 3　复杂二维图形绘制

【知识目标】

初步掌握绘制矩形、正多边形、多段线、圆弧、圆环、椭圆、椭圆弧命令的方法和技巧。掌握复制修改命令、分解修改命令的使用方法。

【技能目标】

能够灵活运用掌握的命令绘制复杂二维图形。

【必备知识】

一、绘制矩形

1. 功能

用于绘制矩形。

2. 调用命令方法

- 工具栏:绘图工具栏按钮
- 菜单栏:【绘图】|【矩形】
- 功能区:【绘图】功能区中按钮
- 命令行:rectang ↙

3. 操作格式与说明

操作格式:

按以上方式执行命令,命令行提示如下:

指定第一个角点或[倒角(C)/标高(E)/圆角(F)/厚度(T)/宽度(W)]:(输入矩形第一个角点坐标)↙

指定另一个角点或[面积(A)/尺寸(D)/旋转(R)]:(输入矩形另一个角点坐标)↙

说明:

(1)默认情况下,指定两个点作为矩形的对角点绘制矩形。

(2)选择【倒角(C)】选项:绘制一个带倒角的矩形,此时需要指定矩形的两个倒角距离。

(3)选择【圆角(F)】选项:绘制一个带圆角的矩形,此时需要指定矩形的圆角半径。

(4)选择【宽度(W)】选项:以设定的线宽绘制矩形。

(5)选择【尺寸(D)】选项:使用长和宽创建矩形。

二、绘制正多边形

1. 功能

用于绘制正多边形。

2. 调用命令方法:

- 菜单栏:【绘图】|【正多边形】
- 工具栏:绘图工具栏按钮
- 功能区:【绘图】功能区中按钮
- 命令行:polygon(pol)↙

3. 操作格式与说明

操作格式:

按以上方式执行命令,命令行提示如下:

输入侧面数<缺省值>:(输入正多边形的边数)↙

指定正多边形的中心点或[边(E)]:(输入正多边形的中心点)↙

输入选项[内接于圆(I)/外切于圆(C)]<缺省值>:(输入圆与正多边形的关系)↙

指定圆的半径:(输入圆的半径)↙

说明:

(1)指定正多边形的中心点后,选择【内接于圆(I)】选项,表示绘制的多边形内接于假想的圆,选择【外切于圆(C)】选项,表示绘制的多边形外切于假想的圆。

(2)选择【边(E)】选项,通过指定第一条边的两个端点来定义正多边形。

三、绘制多段线

1. 功能

绘制由多段直线或圆弧组成的一个组合体,它们既可以一起编辑,也可以分别编辑,还可以具有不同的宽度。

2. 调用命令方法：

- 菜单栏：【绘图】|【多段线】
- 工具栏：绘图工具栏
- 功能区：【绘图】功能区中按钮
- 命令行：pline(pl)↙

3. 操作格式与说明

操作格式：

按以上方式执行命令，命令行提示如下：

指定起点：(输入起始点)↙

指定下一点或[圆弧(A)/半宽(H)/长度(L)/放弃(U)/宽度(W)]：(输入下一点或输入选项)↙

指定下一点或[圆弧(A)/闭合(C)/半宽(H)/长度(L)/放弃(U)/宽度(W)]：(继续指定下一点或输入选项)↙

说明：

默认情况下，指定了多段线另一端点的位置后，将从上一点到该点绘制一段多段线。

圆弧(A)：用于将绘制直线的方式切换到绘制圆弧的方式。

半宽(H)：用于设置多段线的半宽度。其中，用户可分别指定起点半宽和端点半宽。

长度(L)：将以指定长度沿着上一段直线的方向绘制直线段。如果上一段是圆弧，则圆弧端点的切线方向为直线方向。

放弃(U)：用于删除多段线上的上一段直线段或圆弧段。

宽度(W)：用于设置多段线的宽度，用户可分别指定起点宽度和端点宽度。

闭合(C)：当在绘图窗口中指定了多段线的第二点后，命令行选项将有【闭合(C)】选项。该选项使用直线或圆弧封闭多段线并结束命令。

四、绘制圆弧

1. 功能

根据已知参数，使用多种方法绘制圆弧。

2. 调用命令方法

- 菜单栏：【绘图】|【圆弧】
- 工具栏：绘图工具栏按钮
- 功能区：【绘图】功能区中按钮
- 命令行：arc(a)↙

3. 操作格式与说明

操作格式：

按以上方式执行命令，命令行提示如下：

指定圆弧的起点或[圆心(C)]:(输入起始点)↙

指定圆弧的第二个点或[圆心(C)/端点(E)]:(输入圆弧的第二点)↙

指定圆弧的端点:(输入圆弧的终止端点)↙

说明:

在 AutoCAD 2013 中,可以用 10 种方法绘制圆弧。

默认情况下,通过给定的三个点绘制圆弧,应依次指定圆弧的起点、弧上一点和端点。

起点、圆心、端点:通过依次指定圆弧的起点、圆心和端点绘制圆弧。

起点、圆心、角度:通过依次指定圆弧的起点、圆心和圆弧的圆心角绘制圆弧。

起点、圆心、长度:通过依次指定圆弧的起点、圆心和圆弧的弦长,逆时针绘制圆弧。

起点、端点、角度:通过依次指定圆弧的起点、端点和圆弧的包含角绘制圆弧。

起点、端点、方向:通过依次指定圆弧的起点、端点和圆弧起点的切线方向绘制圆弧。

起点、端点、半径:通过依次指定圆弧的起点、端点和半径绘制圆弧。

圆心、起点、端点:通过依次指定圆弧的圆心、起点和端点绘制圆弧。

圆心、起点、角度:通过依次指定圆弧的圆心、起点和圆弧的圆心角绘制圆弧。

圆心、起点、长度:通过依次指定圆弧的圆心、起点和圆弧的弦长绘制圆弧。

五、绘制圆环

1. 功能

根据已知条件,使用多种方法绘制多个实心或空心的圆环。

2. 调用命令方法

- 菜单栏:【绘图】|【圆环】
- 功能区:【绘图】功能区中按钮
- 命令行:donut(do)↙

3. 操作格式与说明

操作格式:

按以上方式执行命令,命令行提示如下:

指定圆环的内径＜缺省值＞:(输入圆环的内径)↙

指定圆环的外径＜缺省值＞:(输入圆环的外径)↙

指定圆环的中心点或＜退出＞:(输入圆环的中心点)↙

指定圆环的中心点或＜退出＞:↙

说明:

(1)在绘制完一个圆环后,【指定圆环的中心点或＜退出＞】的提示会重复出现,直到按 Enter 键、空格键或单击鼠标右键结束命令。

(2)如果内径不为零,则绘出空心圆环,如果内径为零,则按外径大小绘出实心圆。

(3)利用【fillmode】变量设置圆环是否填充。Fillmode=0,表示不填充对象。Fillmode=1,表示填充对象。

六、绘制椭圆

1. 功能

根据已知参数,使用多种方法绘制椭圆。

2. 调用命令方法

- 菜单栏:【绘图】|【椭圆】
- 工具栏:绘图工具栏按钮
- 功能区:【绘图】功能区中按钮
- 命令行:ellipse(el)↙

3. 操作格式与说明

操作格式:

按以上方式执行命令,命令行提示如下:

指定椭圆的轴端点或[圆弧(A)/中心点(C)]:(输入椭圆轴的第一个端点)↙

指定轴的另一个端点:(输入椭圆轴的第二个端点)↙

指定另一条半轴长度或[旋转(R)]:(指定另一轴的半轴长度)↙

说明:

绘制椭圆的选项有以下几种:

圆心:通过指定椭圆中心、一个轴端点和另一个轴的半轴长度绘制椭圆。

轴、端点:通过指定一个轴的两个端点和另一个轴的半轴长度绘制椭圆。

圆弧(A):在菜单栏中选择【绘图】|【椭圆】|【圆弧】可以绘制椭圆弧。

此外,旋转(R):通过绕第一条轴旋转来绘制椭圆,旋转角度是另一条半轴绕椭圆中心旋转的角度值。输入角度值越大,椭圆的离心率越大,输入 0 则定义一个圆。

七、绘制椭圆弧

1. 功能

与圆弧的绘制方法相似,但椭圆弧有自己的绘制按钮。

2. 调用命令方法:

- 菜单栏:【绘图】|【椭圆】|【圆弧】
- 工具栏:绘图工具栏按钮
- 功能区:【绘图】功能区中按钮
- 命令行:输入 ellipse↙,再输入 a↙

3. 操作格式与说明

操作格式:

按以上方式执行命令,命令行提示如下:

指定椭圆的轴端点或[中心点(C)]:(输入椭圆轴的第一个端点 1)↙

指定轴的另一个端点：(输入椭圆轴的第二个端点2)↙

指定另一条半轴长度或[旋转(R)]：(指定另一轴的半轴长度，指定端点3)↙

指定起点角度或[参数(P)]：(输入起点角度，指定端点4)↙

指定终点角度或[参数(P)/包含角度(I)]：(输入终点角度，指定端点5)↙

说明：

如果选择【包含角度(I)】，应当输入230，即端点4和端点5之间的夹角角度。如图2-18所示。起始点位置是指定的第一个端点，终止角度是起始点至终止点之间的夹角角度。

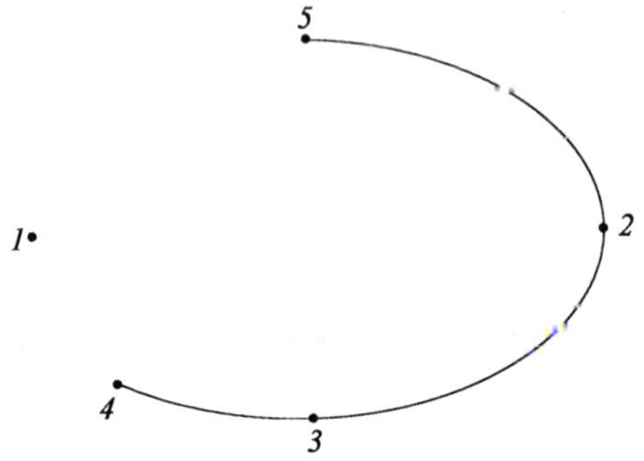

图 2-18 绘制椭圆弧

八、复制修改命令

1. 功能

生成一个或多个副本，并放置到指定位置。

2. 调用命令方法：

- 菜单栏：【修改】|【复制】
- 工具栏：修改工具栏按钮
- 功能区：【修改】功能区中 复制 按钮
- 命令行：copy ↙

3. 操作格式与说明

操作格式：

按以上方式执行命令，命令行提示如下：

选择对象：(选择要复制的对象)↙

指定基点或[位移(D)模式(O)]：(输入复制的基点)↙

指定第二点或[阵列(A)退出(E)放弃(U)]：(输入第二点)↙

说明：

执行该命令后，首先需要选择对象，然后指定位移的基点和位移矢量(相对于基点的方向和大小)。

如果指定两个点，AutoCAD使用第一个点作为基点并相对于该基点放置单个副本。指定的两个点定义了一个位移矢量，它确定选定对象的移动距离和移动方向。

九、分解修改命令

1. 功能

将由多个对象组成的组合对象分解开，可以使用户对单个实体对象进行编辑。

2. 调用命令方法：

- 菜单栏：【修改】|【分解】
- 工具栏：修改工具栏按钮
- 功能区：【修改】功能区中按钮
- 命令行：explode ↙

3. 操作格式与说明

操作格式：

按以上方式执行命令，命令行提示如下：

选择对象：(拾取对象)↙

说明：

矩形、块、多段线、尺寸和图案填充等对象，由多个对象组成的组合对象，如果用户要对单个成员进行编辑，就需要先将其分解开。

【实例解析】

一、绘制复杂平面图形

绘制图 2-19 所示复杂平面图形。

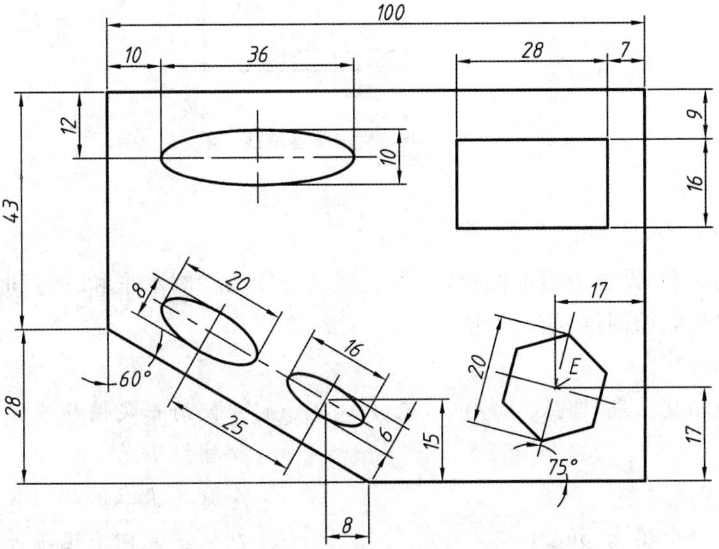

图 2-19　绘制复杂平面图形

步骤：

1. 新建文件并设置绘图环境

(1)新建文件，并设置 A4 图幅。

(2)图层设置为:【粗实线】层,颜色为黑色,线型为 Continuous,线宽为 0.5 mm;【点划线】层,颜色为红色,线型为 CENTER,线宽为 0.25 mm。

(3)将【对象捕捉】设置为启用状态,并选用【端点】【交点】【圆心】等对象捕捉模式,将【DYN】和【极轴】设置为【开】,指定极轴追踪角度增量为 30°,设置沿所有极轴角进行自动追踪。

2. 将【粗实线】层设置为当前图层,绘制直线 *AB*、*BC*、*CD*、*DE*

命令:Line 指定第一点:(单击任一点 A),↙　　//单击 *A* 点
指定下一点或[放弃(U)]:71 ↙　　//从 *A* 点向上追踪并输入追踪距离
指定下一点或[放弃(U)]:100 ↙　　//从 *B* 点向左追踪并输入追踪距离
指定下一点或[闭合(C)/放弃(U)]:43 ↙　　//从 *C* 点向下追踪并输入追踪距离
指定下一点或[闭合(C)/放弃(U)]　　//从 *D* 点沿 330°方向追踪
指定下一点或[闭合(C)/放弃(U)]　　//以 *A* 点为追踪参考点确定 *E* 点
指定下一点或[闭合(C)/放弃(U)]　　//捕捉 *A* 点
指定下一点或[闭合(C)/放弃(U)]:↙　　//按 Enter 键结束

结果如图 2-20 所示。

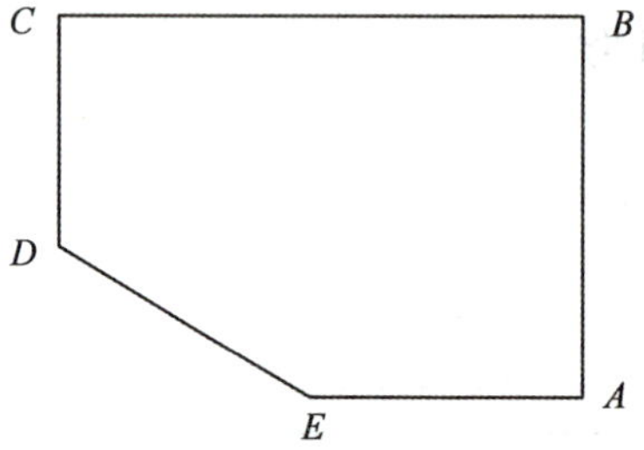

图 2-20　画作图基准线

3. 绘制椭圆 *F*、*G*、*H*,如图 2-21 所示

(1)将【点划线】层设置为当前图层,利用直线命令作出椭圆水平和垂直和水平中心线。将【粗实线】层设置为当前图层,绘制椭圆 *F*。

命令:ellipse ↙
指定椭圆的轴端点或[圆弧(A)/中心点(C)]:from　//使用正交偏移捕捉
基点:　　//捕捉 *I* 点
〈偏移〉:@10,12　　//输入 *J* 点的相对坐标
指定轴的另一个端点:36 ↙　　//从 *J* 点向右追踪并输入追踪距离
指定另一条半轴长度或[旋转(R)]:5 ↙　　//输入另一半轴的长度

(2)将【点划线】层设置为当前图层,利用直线命令作出椭圆中心线。将【粗实线】层设置为当前图层,绘制椭圆 H。

命令:ellipse ↙
指定椭圆的轴端点或[圆弧(A)/中心点(C)]:C ↙　//使用【中心点(C)】选项
指定椭圆的中心点:from　　//使用正交偏移捕捉

基点：　　//捕捉 K 点

〈偏移〉：@－8，15　　//输入 L 点的相对坐标

指定轴的另一个端点：8↙　　//从 L 点沿 150°方向追踪并输入追踪距离

指定另一条半轴长度或[旋转(R)]：3↙　　//输入另一半轴的长度

(3)将【点划线】层设置为当前图层，利用直线或偏移命令作出椭圆中心线。将【粗实线】层设置为当前图层，绘制椭圆 G。

命令：ellipse↙

指定椭圆的轴端点或[圆弧(A)/中心点(C)]：C↙　　//使用【中心点(C)】选项

指定椭圆的中心点：25↙　　//从 L 点沿 150°方向追踪并输入追踪距离

指定轴的另一个端点：10↙　　//从 M 点沿 150°方向追踪并输入追踪距离

指定另一条半轴长度或[旋转(R)]：4↙　　//输入另一半轴的长度

结果如图 2-21 所示。

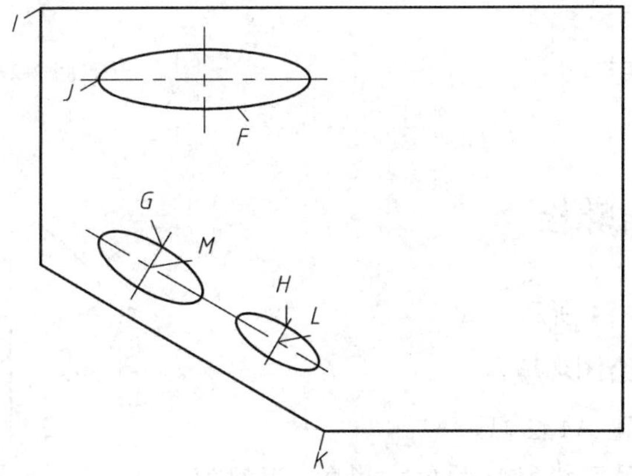

图 2-21　画椭圆

4. 绘制矩形

命令：rectang↙

指定第一个角点或[倒角(C)/标高(E)/圆角(F)/厚度(T)/宽度(W)]：from

　　//使用正交偏移捕捉

基点：　　//捕捉 A 点

〈偏移〉：@－7，－9↙　　//输入 B 点的相对坐标

指定另一个角点或[面积(A)/尺寸(D)/旋转(R)]：@－28，－16↙

　　//输入 C 点的相对坐标

结果如图 2-22 所示。

5. 绘制正六边形

键盘输入：polygon↙

输入侧面数<5>:6 ↙　　//输入多边形的边数

指定正多边形的中心点或[边(E)]:from　　//使用正交偏移捕捉

基点:　　//捕捉 A 点

〈偏移〉:@−17,17 ↙　　//输入 E 点的相对坐标

输入选项[内接于圆(I)/外切于圆(C)] <I>:　　//用内接于圆的方式画多边形

指定圆的半径:@10<75　　//输入多边形顶点的相对坐标

再将【点划线】层设置为当前图层,利用直线命令和对象捕捉功能补作出正六边形中心线。结果如图 2-23 所示。

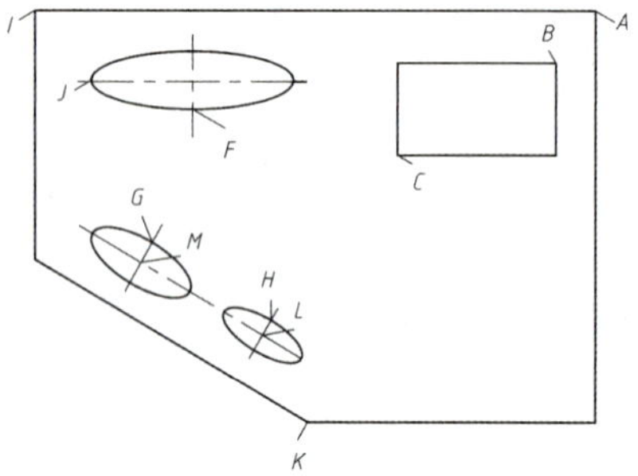

图 2-22　画矩形

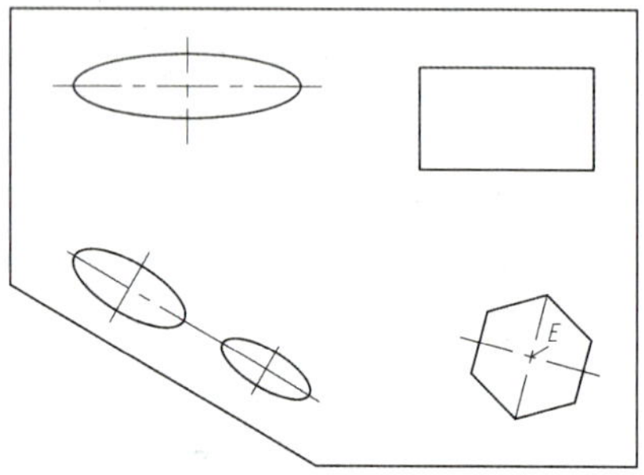

图 2-23　画正六边形

二、绘制内六角螺栓

不标注尺寸,如图 2-24 所示。

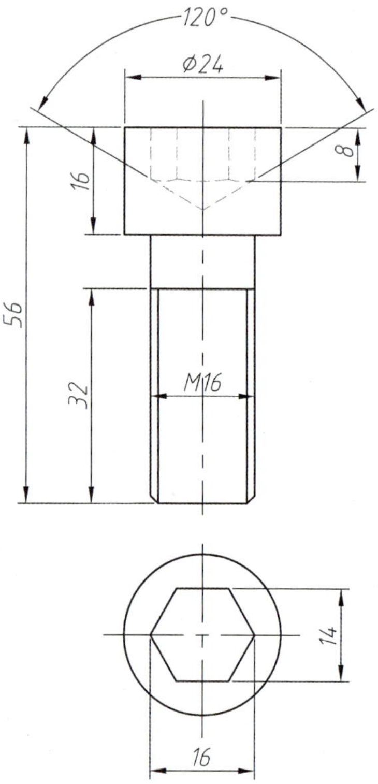

图 2-24　内六角螺栓

1. 新建文件并设置绘图环境

(1)新建文件,并设置 A4 图幅。

(2)图层设置为:【粗实线】层,颜色为黑色,线型为 Continuous,线宽为 0.5mm;【点划线】层,颜色为红色,线型为 CENTER,线宽为 0.25 mm;【虚线】层,颜色为紫色,线型为 DASHED2,线宽为 0.25mm。

(3)将【对象捕捉】设置为启用状态,并选用【端点】【中点】【交点】【圆心】【垂足】等对象捕捉模式,将【DYN】和【极轴】设置为【开】,指定极轴追踪角度增量为 30°,设置沿所有极轴角进行自动追踪。

2. 先画俯视图

(1)切换到【点划线】层,绘制俯视图作图基准线:水平中心线和垂直中心线。

(2)切换到【粗实线】层,利用【圆】命令,绘制 ϕ24 圆。

(3)利用【正多边形】命令,绘制正六棱柱。

命令:polygon ↙

输入侧面数<缺省值>:6 ↙　　//输入多边形的边数

指定正多边形的中心点或[边(E)]:捕捉正多边形的中心点↙　　//捕捉中心点

输入选项[内接于圆(I)/外切于圆(C)] <缺省值>:I ↙　　//用内接于圆的方式画多边形

指定圆的半径:8 ↙　　//输入圆的半径

结果如图 2-25 所示。

3. 画主视图

(1)切换到【点划线】层,绘制主视图作图基准线:垂直中心线。

(2)切换到【粗实线】层,绘制俯视图 ϕ24 圆在主视图中投影,高度 16 的圆柱体。

(3)切换到【虚线】层,绘制正六棱柱的主视图,正六棱柱深度为 8。

(4)绘制正六棱柱侧面与 120°锥孔的双曲线截交线,中间按 $R24$ 的圆弧画,两边按三点画圆弧方式画圆弧。

(5)绘制 120°锥孔,用【构造线】命令、剪切命令绘制。

(6)切换到【粗实线】层,用直线命令、偏移命令绘制螺纹大径、螺纹上部终止线。

(7)用倒角命令或直线命令、修剪命令绘制螺纹倒角。

(8)切换到【细实线】层,用直线命令绘制螺纹小径。结果如图 2-26 所示。

图 2-25　画六角螺栓俯视图

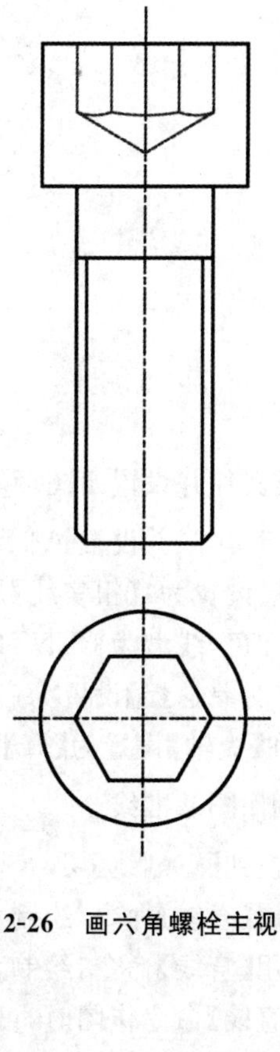

图 2-26　画六角螺栓主视图

三、绘制吊钩

如图 2-27 所示为吊钩平面轮廓图，试完成图形轮廓的绘制，不标注尺寸。

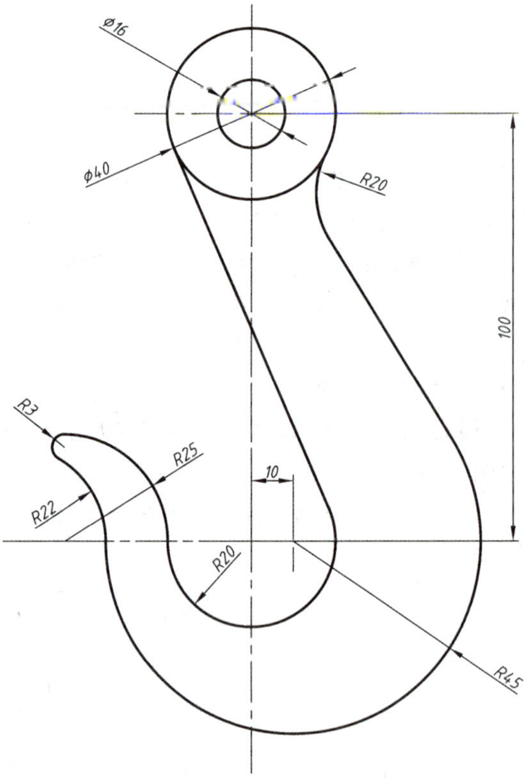

图 2-27　吊钩

步骤：

1. 新建文件并设置绘图环境

(1)新建文件，并设置 A4 图幅。

(2)图层设置为：【粗实线】层，颜色为黑色，线型为 Continuous，线宽为 0.5 mm；【点划线】层，颜色为红色，线型为 CENTER，线宽为 0.25 mm。

(3)将【对象捕捉】设置为启用状态，并选用【端点】【中点】【交点】【圆心】等对象捕捉模式，将【DYN】和【极轴】设置为【开】，设置沿所有极轴角进行自动追踪。

2. 绘制作图基准线

(1)切换到【点划线】层。

(2)利用【直线】命令，绘制水平中心线 1，长度 120。

(3)利用【直线】命令，绘制水平中心线 2，长度 120，与中心线 1 的距离为 100，如图 2-28 所示。利用【直线】命令作图时，可利用对象捕捉追踪功能，当捕捉到中心线 1 的端点时，垂直向上移动鼠标，在对象捕捉追踪的虚线亮起时输入 100，确定中心线 2 的端点。中心线 2 也可利用中心线 1,用【复制】或【偏移】的方法向上复制得到,复制或偏移距离为 100。

3. 绘制已知线段

(1)切换到【粗实线】图层。

(2)利用【圆】命令,分别捕捉到交点 A、B、C,绘制 ϕ16、ϕ40 和 $R20$、$R45$ 4 个圆,如图 2-29 所示:

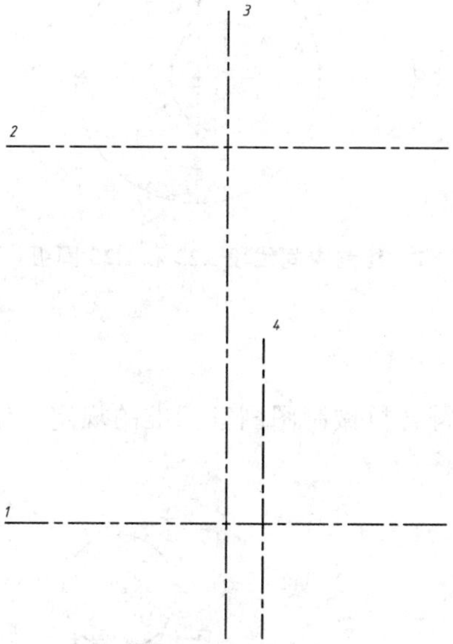

图 2-28　绘制作图基准线

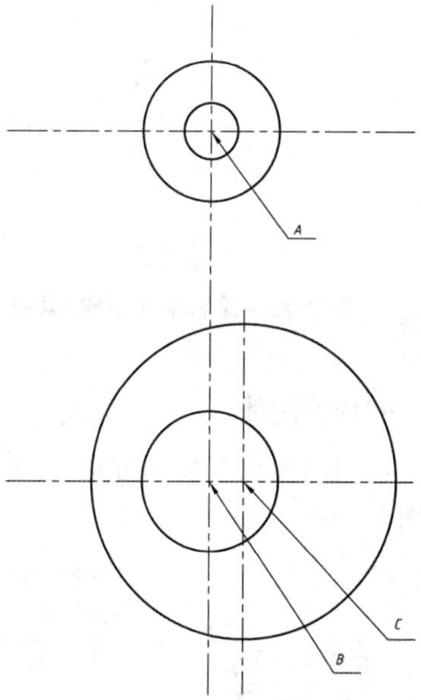

图 2-29　绘制已知线段

4. 绘制中间线段

(1)绘制连接直线。利用【直线】命令,捕捉到圆心 A 确定直线的第 1 点,捕捉到 $R45$ 的切点确定直线的第 2 点,如图 2-30 所示,作出直线 5。利用【直线】命令,分别捕捉到 ϕ40 和 $R20$ 圆的切点确定直线的端点,作出直线 6。

(2)绘制钩尖 $R22$ 和 $R25$ 的圆弧。这 2 个圆弧分别与 $R45$ 和 $R20$ 圆相切,且圆心在中心线上。利用【圆】命令,捕捉到 $R45$ 圆与中心线的交点 D,利用对象捕捉追踪功能,向左移动鼠标,当对象捕捉追踪虚线亮起时输入 22,确定 $R22$ 圆的圆心位置,输入半径 22 画出 $R22$ 圆。采用同样的方法,捕捉到交点 E,输入 25 确定圆心位置,输入半径 25 绘制 $R25$ 圆,如图 2-31 所示。

(3)利用【修剪】命令,将多余的线条修剪掉,如图 2-32 所示:

5. 绘制连接线段

(1)绘制钩环 ϕ40 圆和连接直线的过渡圆弧 $R20$。

利用【圆角】命令,注意将修剪模式设置为【不修剪】,绘制过渡圆弧 $R20$。

(2)利用【圆角】命令,绘制钩尖部分 $R3$ 圆弧。在激活【圆角】命令后,同样要注意修剪模式,此时应将修剪模式设置为【修剪】。

(3)利用【修剪】命令,将图中待修剪的线条修剪掉,结果如图 2-33 所示:

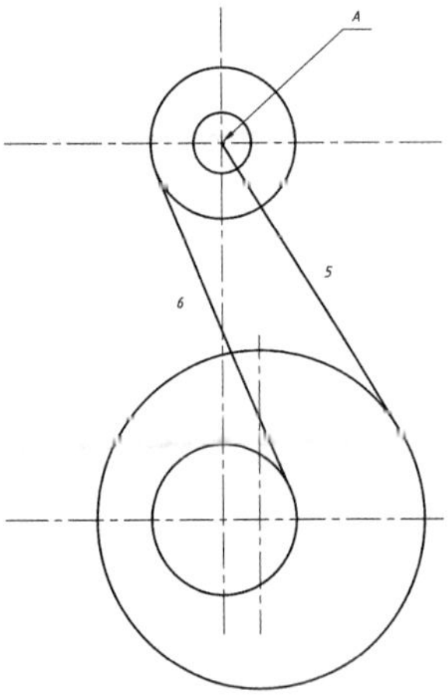

图 2-30　绘制中间线段|直线

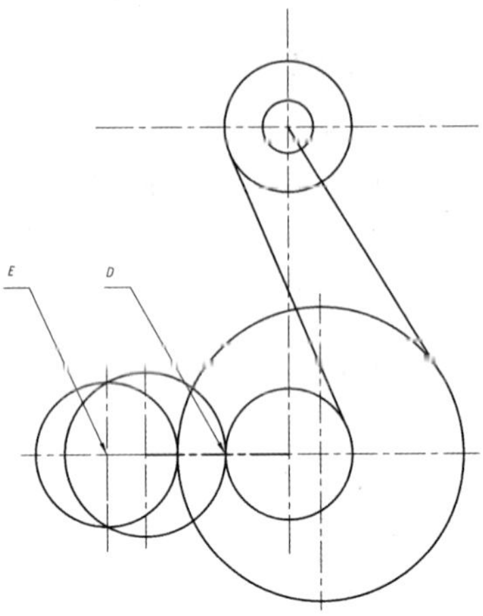

图 2-31　绘制中间线段 *R*22 和 *R*25 圆弧

6. 修整图线

利用用夹点编辑的方法，调整中心线的长度，使图形符合机械制图国家标准的规定。结果如图 2-34 所示：

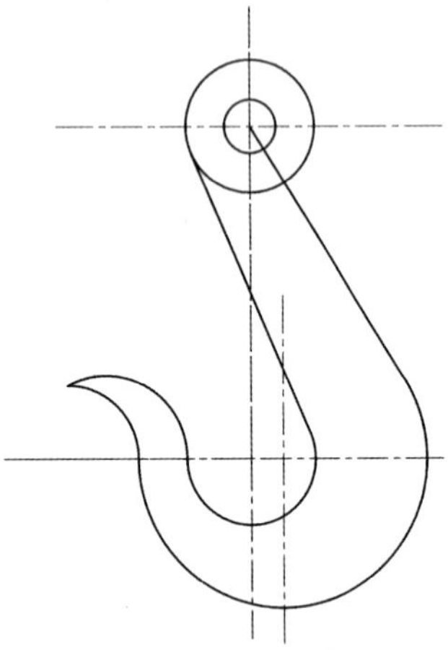

图 2-32　修剪多余线条

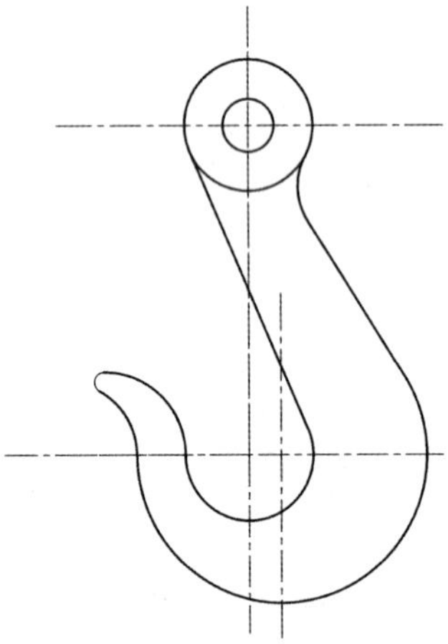

图 2-33　绘制连接圆弧 *R*20 和 *R*3

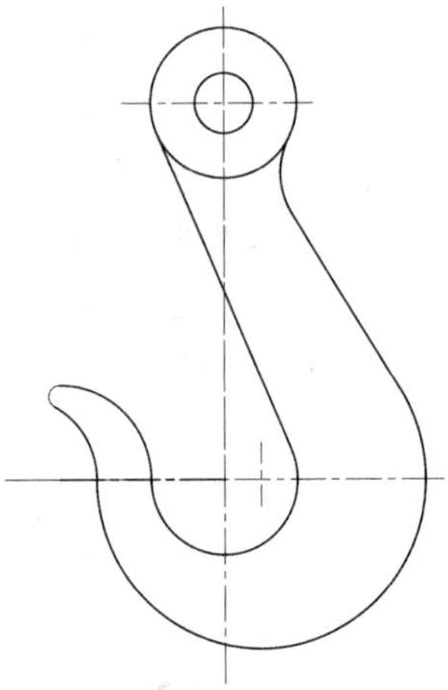

图 2-34　修整图线

课 后 作 业

一、简答题

1. 画矩形的方法有哪几种？
2. 画正多边形的方法有哪几种？
3. 画椭圆的方法有哪几种？

二、绘图题

1. 绘制如图 2-35 所示的图形。

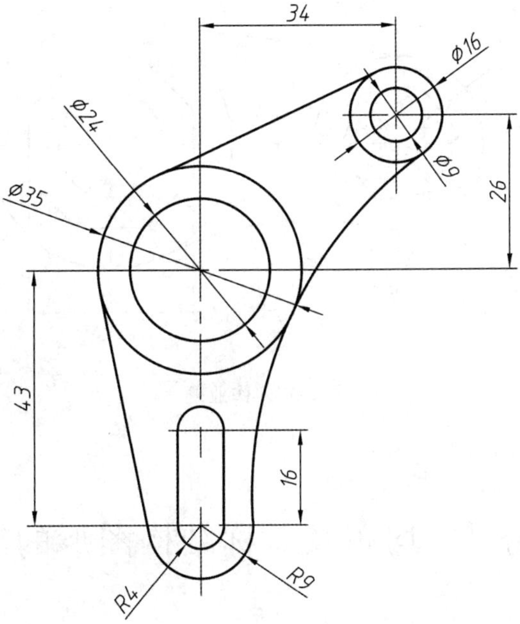

图 2-35　作业题四

2. 绘制如图 2-36 所示的图形。

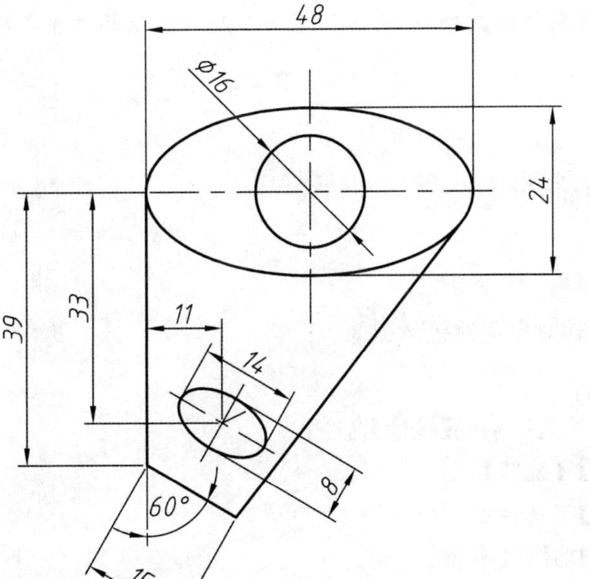

图 2-36　作业题五

3.绘制如图 2-37 所示的图形。

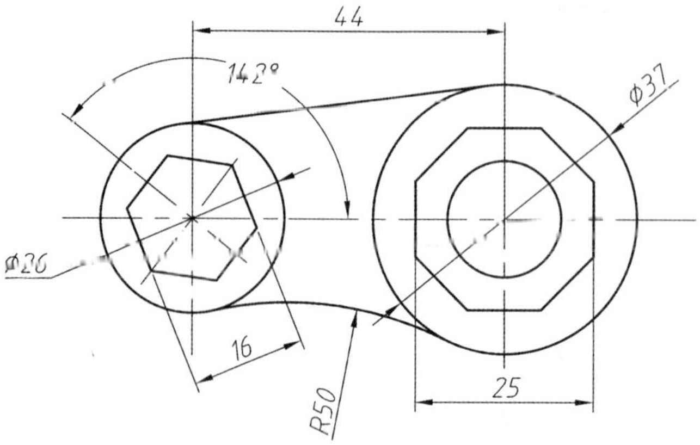

图 2-37 作业题六

任务 4 均布及对称结构图形的绘制

【知识目标】

学会使用镜像、阵列、移动、旋转、缩放、延伸修改命令。

【技能目标】

能够利用镜像、阵列等修改命令,快速绘制均布及对称结构类平面图形。

【必备知识】

一、镜像修改命令

1.功能

绕轴(镜像线)翻转对象创建镜像图像。

2.命令执行方式

可以使用下列方法之一启动【镜像】命令:

- 菜单栏:【修改】|【镜像】
- 工具栏:【修改】工具栏
- 功能区:【修改】功能区 镜像 按钮
- 命令行:mirror ↙

3.操作格式

操作格式:

按以上方式执行命令，命令行提示如下：

选择对象：(选择要镜像的对象)

指定镜像线的第一点：(指定镜像直线的第一点)

指定镜像线的第二点：(指定镜像直线的第二点)

要删除源对象吗？[是(Y)/否(N)]＜N＞：(↙或者输入【N】保留原始对象，或者输入【Y】将其删除)

二、阵列修改命令

创建以阵列模式排列的对象的副本。有三种类型的阵列：

(一)矩形阵列

1. 功能

将选中对象副本分布到行和列的矩形组合。

2. 命令执行方式

可以使用下列方法之一启动【矩形阵列】命令：

- 菜单栏：【修改】|【阵列】|【矩形阵列】
- 工具栏：【修改】工具栏中按钮
- 功能区：【修改】功能区阵列按钮
- 命令行：arrayrect ↙

3. 操作格式与说明

操作格式：

按以上方式执行命令，命令行提示如下：

选择对象：(选择要排列的对象，将显示默认的矩形阵列)↙

选择夹点以编辑阵列或[关联(AS)/基点(B)/计数(COU)/间距(S)/列数(COL)/行数(R)/层数(L)/退出(X)]＜退出＞：(在阵列预览中，拖动夹点以调整间距以及行数和列数)

说明：

(1)选择夹点以编辑阵列。在使用矩形命令选择对象后，会形成一个默认的初始阵列，上有基点夹点、行和列的夹点。单击夹点，使其成为热点(选中状态)，再移动光标，可对阵列进行编辑。

使基点夹点成为热点，移动光标可移动整个阵列的位置。

使行(列)间距夹点成为热点，上下(左右)移动光标可动态调整整个阵列的行(列)间距。也可从命令行输入具体行(列)间距值：

指定行(列)之间的距离：[输入行(列)间距值]↙

使行(列)数夹点成为热点，上下(左右)移动光标可动态调整整个阵列的行(列)数。也可从命令行输入具体行(列)数：

指定行(列)数：[输入行(列)数值]↙

使整个阵列右上角的行列数夹点成为热点，上下移动光标可动态调整整个阵列的行数，左右移动光标可动态调整整个阵列的列数，斜向移动光标可同时调整行和列，单击后调整结束。若要使行、列数相等，可从键盘键入数值：

指定行数和列数：[输入行(=列)的数值↙，整个阵列的行数和列数都为输入的数值]

(2)关联(AS)。该选项是确定阵列后的各项目是关联起来成为一个整体，还是各自独立。选择该选项后命令行提示：

创建关联阵列 [是(Y)/否(N)] <是>：(单击选项或键入关键字↙，或者直接↙执行缺省选项)

选择【是】，阵列后的各项目关联在一起成为一个整体，可通过编辑特性和源对象在整个阵列中快速传递更改。选择【否】，阵列后的项目各自独立，更改一个项目不影响其他项目。

(3)基点(B)。该选项重新定义阵列基点和基点夹点的位置。

(4)计数(COU)。该选项指定矩形阵列的行数和列数。

(5)间距(S)。该选项指定行间距和列间距。

(6)列数(COL)、行数(R)。该选项指定阵列的行数和列数。

(7)层数(L)。指定三维阵列时阵列的层数和层间距。二维绘图时该选项无用。

(8)退出(X)。结束矩形阵列命令。按 ESC 键也可退出阵列命令。

(二)路径阵列

1. 功能

在路径阵列中，项目将均匀地沿路径或部分路径分布。路径可以是直线、多段线、三维多段线、样条曲线、螺旋、圆弧、圆或椭圆。

使用路径阵列的最简单的方法是先创建它们，然后使用功能区上的工具或【特性】窗口来进行调整。

2. 命令执行方式

可以使用下列方法之一启动【路径阵列】命令：

- 工具栏：【修改】工具栏中按钮
- 菜单栏：【修改】|【路径阵列】
- 功能区：【修改】功能区 路径阵列 按钮
- 命令行：arraypath ↙

3. 操作格式与说明

操作格式：

按以上方式执行命令，命令行提示如下：

选择对象：(选择要排列的对象)↙

选择路径曲线：(选择某个对象，例如直线、多段线、三维多段线、样条曲线、螺旋、圆弧、圆或椭圆，作为阵列的路径)

选择夹点以编辑阵列或 [关联(AS)/方法(M)/基点(B)/切向(T)/项目(I)/行(R)/层(L)/对齐项目(A)/Z 方向(Z)/退出(X)] <退出>：(指定沿路径分布对象的方法)

说明：

(1)选择夹点以编辑阵列。在选择路径曲线后会形成一个默认的初始阵列，上有基点夹点、项目夹点和项数夹点。单击夹点，使其成为热点，再移动光标，可对阵列进行编辑。

使基点夹点成为热点，移动光标可动态改变整个阵列的行数，此时提示：

指定行数：(输入行数↙，或者移动光标到出现合适的行数时单击)

指定行数后，如果行数为两行，将出现行数夹点，如果行数≥3，还将出现行间距夹点，行间距指垂直于曲线方向两项目的相同位置点之间的距离。

单击行数夹点，将再次出现【指定行数：】的提示，操作同前。单击行间距夹点，将出现提示：

指定行之间的距离：(输入行间距↙，或者移动光标到行间距合适时单击)

一旦出现行数夹点及行间距夹点，如果再单击基点夹点，将会出现【指定层数：】的提示，这是指定三维绘图时在 Z 方向阵列的层数。所以在二维绘图时不起作用。

使项目夹点成为热点，移动光标可动态改变项目间距，从而改变项目数。项目间距是曲线上两项目的相同位置点之间的曲线长度，此时提示：

指定项目间的距离：(输入距离值↙，或者移动光标到合适的距离时单击)

(2)关联(AS)。该选项是确定阵列后的各项目是关联起来成为一个整体，还是各自独立。选择该选项后命令行提示：

创建关联阵列 [是(Y)/否(N)] ＜是＞：(单击选项或键入关键字↙，或者直接↙执行缺省选项)

选择【是】，阵列后的各项目关联在一起成为一个整体，可通过编辑特性和源对象在整个阵列中快速传递更改。选择【否】，阵列后的项目各自独立，更改一个项目不影响其他项目。

(3)方法(M)。该选项确定沿路径曲线如何分布项目。接下来提示：

输入路径方法 [定数等分(D)/定距等分(M)] ＜(当前方法)＞：

选择定数等分(D)，则指定数量的项目沿路径的总长度均匀分布。

选择定距等分(M)，则是以固定的间距沿路径分布项目。

(4)基点(B)。该选项重新定义阵列基点和基点夹点的位置。

(5)切向(T)。确定阵列中的第一个项目与路径的起始方向如何对齐，进而影响阵列后的其他项目与路径的对齐方向。接下来提示：

指定切向矢量的第一个点或 [法线(N)]：(输入一点，法线(N)选项在二维绘图中无效)

指定切向矢量的第二个点：(输入第二点)

输入两点后，两点确定的切向矢量即与路径起点的切线方向平行。

(6)项目(I)。默认情况下，阵列后的项目填充整条路径。选择该选项是根据【方法(M)】的设置，指定项目数或项目间距。

①如果【方法(M)】设置的是【定距等分】则提示：

指定沿路径的项目之间的距离或 [表达式(E)] ＜(当前项目间距)＞：(键入项目间距↙，或者直接↙默认当前项目间距)

最大项目数 = (项目数当前值)

指定项目数或 [填写完整路径(F)/表达式(E)] ＜(项目数当前值)＞：(键入项目数↙，或者单击选项或键入选项关键字↙，或者直接↙默认当前项目数)

键入项目数↙后，阵列即刻变化。如果项目间距较小，项目数少，可能只阵列路径的一部

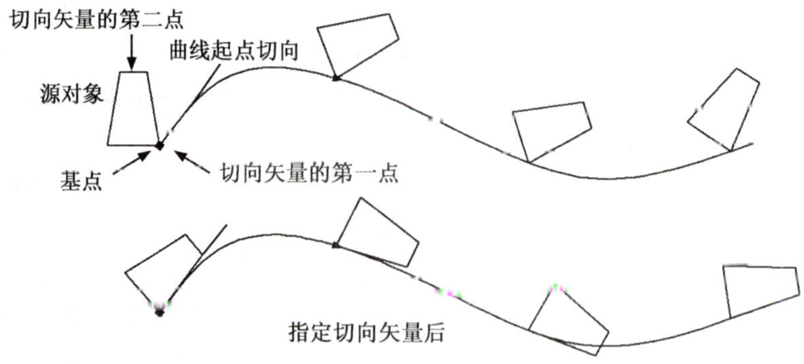

图 2-38　路径阵列切向效果

分。如果选择填写完整路径(F)，则是在当前项目间距下，自动调整项目数，对整条路径进行阵列。

②如果【方法(M)】设置的是【定数等分】则提示：

输入沿路径的项目数或［表达式(E)］<(项目数当前值)>：(键入项目数↙，或者单击选项或键入选项关键字↙，或者直接↙默认当前项目数)

键入项目数↙，将沿整条路径均匀分布项目。

(7)行(R)。该选项指定阵列的行数、行间距以及行之间的增量标高(每个后续行在Z方向增高或降低的高度，二维绘图时无效)，接下来提示：

输入行数或［表达式(E)］<(当前值)>：(键入行数↙，或者单击选项或键入选项关键字↙，或者直接↙默认当前的行数)

指定行数之间的距离或［总计(T)/表达式(E)］<(当前值)>：(键入行间距↙，或者单击选项或键入选项关键字↙，或者直接↙默认当前的行间距)

如果选择总计(T)，则指定从开始行的项目到结束行项目上相同位置点的总距离，命令行提示：

输入起点和端点 行数 之间的总距离<(当前值)>：(键入行间总距离)

指定行数之间的标高增量或［表达式(E)］<(当前值)>：(键入增量标高↙，或者单击选项或键入选项关键字↙，或者直接↙默认当前的增量标高)

(8)层(L)。指定三维阵列时阵列的层数和层间距。二维绘图时该选项无用。

(9)对齐项目(A)。确定是否基于第一个项目将阵列后的每一个项目与路径的切向对齐。

(10)Z方向(Z)。确定是保持项目的原始Z方向还是沿三维倾斜项目，在二维绘图时可以不用管它。

(11)退出(X)。结束路径阵列命令，按ESC键也可退出阵列命令。

(三)环形阵列

1. 功能

围绕中心点将图形对象在圆周上或圆弧上均匀复制多个。

2. 命令执行方式

可以使用下列方法之一启动【路径阵列】命令：

- 菜单栏:【修改】|【环形阵列】
- 工具栏:【修改】工具栏中按钮
- 功能区:【修改】功能区 环形阵列 按钮
- 命令行:arraypolar ↙

3. 操作格式与说明

操作格式:

按以上方式执行命令,命令行提示如下:

选择对象:(选择要排列的对象)

指定阵列的中心点或 [基点(B)/旋转轴(A)]:(指定中心点)

选择基点(B),则提示:

指定基点或 [关键点(K)] <质心>:[输入新的基点,或者单击关键点(K)或键入 K ↙,或者直接↙基点不变,在源对象的质心]

如果输入新的基点,基点夹点和项目夹点将处于新位置。

如果选择关键点(K),接下来提示:

指定源对象上的关键点作为基点:(在源对象上拾取一点)

选择夹点以编辑阵列或 [关联(AS)/基点(B)/项目(I)/项目间角度(A)/填充角度(F)/行(ROW)/层(L)/旋转项目(ROT)/退出(X)] <退出>:(显示预览阵列,选择夹点以编辑阵列,或者单击一选项或键入关键字↙,或者直接↙接受当前阵列)

(1)选择夹点以编辑阵列。在选择路径曲线后会形成一个默认的初始阵列,上有基点夹点、中心夹点和项数夹点。单击夹点,使其成为热点,再移动光标,可对阵列进行编辑。

①使中心夹点成为热点,移动光标可动态移动整个阵列的位置,此时提示:

指定目标点:(输入一个点)

②使基点夹点成为热点,移动光标可动态改变整个阵列的半径,此时提示:

指定半径:(输入半径值↙,或者单击输入一点)

③使项目夹点成为热点,沿圆弧方向移动光标可动态改变项目间的夹角。此时提示:

指定项目间的角度:(输入角度值↙,或者沿移动光标到合适的角度时单击)

④使项目总数夹点成为热点,沿圆弧方向移动光标可动态改变项目总数。此时提示:

指定项目数:(输入项目总数↙,或者沿移动光标到合适的总数时单击)

(2)关联(AS)。该选项是确定阵列后的各项目是关联起来成为一个整体,还是各自独立。选择该选项后命令行提示:

创建关联阵列 [是(Y)/否(N)] <是>:(单击选项或键入关键字↙,或者直接↙)

选择【是】,阵列后的各项目关联在一起成为一个整体,可通过编辑特性和源对象在整个阵列中快速传递更改。选择【否】,阵列后的项目各自独立,更改一个项目不影响其他项目。

(3)基点(B)。该选项重新定义阵列基点和基点夹点的位置。

(4)项目(I)。这是用数值或表达式指定阵列中的项目数。接下来提示:

输入阵列中的项目数或 [表达式(E)] <(当前值)>:[键入项目数↙,或单击表达式(E)选项或键入 E ↙,或者直接↙默认当前项目数]

键入项目数↙后,阵列即刻动态变化。

如果选择表达式(E),是基于数学公式或方程式导出项目数,接下来提示:

输入表达式<(当前值)>:(键入数学公式或方程式,或者直接↙默认当前项目数)

(5)项目间角度(A)。这是用数值或表达式指定项目间夹角。接下来提示:

指定项目间的角度或[表达式(EX)]<(当前值)>:(键入项目间的角度值↙,或单击表达式(EX)选项或键入 EX↙,或者直接↙默认当前项目间夹角)

如果选择表达式(E),是基于数学公式或方程式导出项目间夹角,接下来提示:

输入表达式<(当前值)>:(键入数学公式或方程式,或者直接↙默认当前项目间夹角)

(6)填充角度(F)。这是用数值或表达式指定阵列中第一个和最后一个项目之间的总填充角度。接下来提示:

指定填充角度(+=逆时针、-=顺时针)或[表达式(EX)]<(当前值)>:(键入总填充角度值↙,或单击表达式(EX)选项或键入 EX↙,或者直接↙默认当前总填充角度)

如果选择表达式(E),是基于数学公式或方程式导出总填充角度,接下来提示:

输入表达式<(当前值)>:(键入数学公式或方程式,或者直接↙默认当前总填充角度)

(7)行(ROW)。该选项指定阵列的行数、行间距以及行之间的增量标高(每个后续行在 Z 方向增高或降低的高度,二维绘图时无效),接下来提示:

输入行数或[表达式(E)]<(当前值)>:[键入行数↙,或者单击表达式(E)选项或键入 E↙,或者直接↙默认当前的行数]

指定行数之间的距离或[总计(T)/表达式(E)]<(当前值)>:(键入行间距↙,或者单击选项或键入选项关键字↙,或者直接↙默认当前的行间距)

如果选择总计(T),则指定从开始行的项目到结束行项目上相同位置点的总距离,命令行提示:

输入起点和端点行数之间的总距离<(当前值)>:(键入行间总距离)

指定行数之间的标高增量或[表达式(E)]<(当前值)>:(键入增量标高↙,或者单击选项或键入选项关键字↙,或者直接↙默认当前的增量标高)

表达式(E)是基于数学公式或方程式导出行数、行间距或增量标高,接下来提示:

输入表达式<(当前值)>:(键入数学公式或方程式,或者直接↙默认当前行数、行间距或增量标高)

(8)层(L)。指定三维阵列时阵列的层数和层间距。二维绘图时该选项无用。

(9)旋转项目(ROT)。确定在阵列时是否每一个项目旋转,接下来提示:

是否旋转阵列项目?[是(Y)/否(N)]<(当前设置)>:[单击是(Y)或键入 Y↙旋转,单击否(N)或键入 N↙不旋转,直接↙默认当前设置]

(10)退出(X)。结束路径阵列命令,按 ESC 键也可退出阵列命令。

三、移动修改命令

1. 功能

将选定的对象移动指定的距离和角度。

2. 命令执行方式

可以使用下列方法之一启动【移动】命令:

- 菜单栏:【修改】|【移动】
- 工具栏:【修改】工具栏中按钮
- 功能区:【修改】功能区 移动 按钮
- 命令行:move ↙

3. 操作格式与说明

操作格式:

按以上方式执行命令,命令行提示如下:

选择对象:(选择被移动对象)

选择对象:(提示重复出现,直到↙结束)

指定基点或 [位移(D)] <位移>:[输入一点作为基点,或者选择位移(D)选项,或者直接↙以原点作为基点]

说明:

(1)指定基点。分为三种操作方式:

①指定基点、目标点的移动。这是最常用的方式,指定基点后,再指定移动的目标点,把选中的对象从基点的相对位置移动到目标点的相对位置。输入一点作为基点后,命令行提示:

指定第二个点或 <使用第一个点作为位移>:(输入一点作为移动的目标点)

②使用第一个点作为位移。在命令行提示:

【指定第二个点或 <使用第一个点作为位移>:】时直接↙,基点的直角坐标值(x,y),分别作为被移动对象在横向和纵向的移动距离

③指定基点、距离的移动。指定基点后,移动光标,使光标橡皮筋的方向为对象移动的方向,然后在命令行输入数值作为移动的距离。适用于对方向和距离已知的移动。

(2)位移。该选项与方式 2)较为相似,命令行提示:

指定位移 <默认 x 位移, 默认 y 位移, 默认 z 位移>:(以点的直角坐标值的形式输入 x,y,z 的移动距离)

四、旋转修改命令

1. 功能

将选定的对象旋转。

2. 命令执行方式

可以使用下列方法之一启动【旋转】命令:

- 菜单栏:【修改】|【旋转】
- 工具栏:【修改】工具栏中按钮
- 功能区:【修改】功能区 旋转 按钮
- 命令行:rotate ↙

3. 操作格式与说明

操作格式:

按以上方式执行命令，命令行提示如下：

选择对象：(选择被旋转对象，直到↙结束)

指定基点：(输入一点作为旋转轴心)

指定旋转角度，或［复制(C)/参照(R)］＜(当前角度)＞：(输入旋转角度，或者单击一个选项或键入关键字↙)

说明：

(1)指定旋转角度。从命令行旋转角度值，角度为正值，对象按逆时针旋转，角度为负值，对象按顺时针旋转。旋转角度也可以通过鼠标动态输入。

(2)复制(C)。源对象保持不变，把源对象的一个副本旋转一个角度进行复制(图 2-39)。

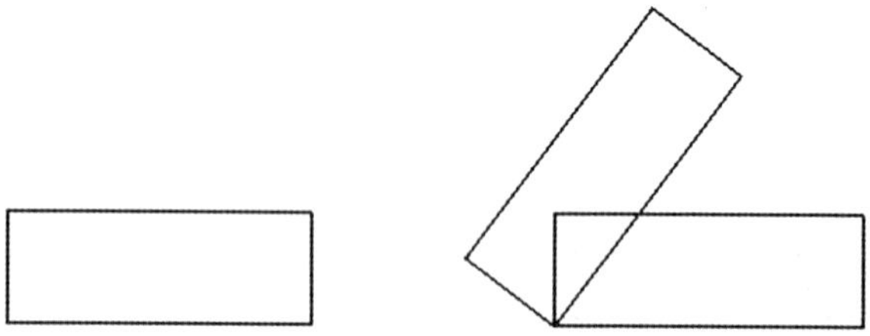

图 2-39 旋转复制选项

(3)参照(R)。指定参照角度为起始角度，指定新角度为目标角度。对象实际的旋转角度 = 新角度 － 参考角度。

参考角度和新角度都可以使用【从命令行】和【光标指定两点】两种输入方法：

①从命令行参考角度和新角度。选择参照(R)选项后，命令行提示：

指定参照角 ＜(当前角度)＞：(输入一个参考角度)

指定新角度或［点(P)］＜(当前角度)＞：(输入一个新角度，或者移动光标以橡皮筋角度为新角度动态调整输入)

②由光标指定两点来确定参考角度和新角度。对命令行的提示如下操作：

指定参照角 ＜(当前角度)＞：(用光标输入一点)

指定第二点：(用光标输入第二点，两点连线与水平向右方向的夹角为参照角度)

指定新角度或［点(P)］＜(当前角度)＞：［选择点(P)或键入 P↙，接下来提示指定两点，两点连线与水平向右方向的夹角为新角度］

五、缩放修改命令

1. 功能

相对于动作所指定的基点缩放选定的对象。

2. 命令执行方式

可以使用下列方法之一启动【缩放】命令：

- 菜单栏：【修改】|【缩放】

- 工具栏:【修改】工具栏中按钮
- 功能区:【修改】功能区 缩放 按钮
- 命令行:scale ↙

3. 操作格式与说明

操作格式:

按以上方式执行命令,命令行提示如下:

选择对象:(选择被缩放对象,直到↙结束)

指定基点:(输入一点作为缩放基点)

指定比例因子或［复制(C)/参照(R)］:(键入比例值,或者单击选项或键入关键字↙)

说明:

(1)键入比例值。比例值小于 1,将源对象缩小;比例值大于 1 是放大。也可以移动光标,以橡皮筋的长度为比例值。

(2)复制(C)。源对象保持不变,再按比例缩放复制源对象的一个副本。

(3)参照(R)。指定参照长度为起始长度,指定新长度为目标长度。对象实际的缩放 = 新长度 / 参考长度。

参考长度和新长度都可以使用【从命令行】和【光标指定两点】两种输入方法:

①从命令行参考长度和新长度。选择参照(R)选项后,命令行提示:

指定参照长度 <(当前长度)>:(输入一个参照长度)

指定新长度或［点(P)］<(当前长度)>:(输入一个新长度,或者移动光标以橡皮筋长度为新长度动态调整输入)

②由光标指定两点来确定参考长度和新长度。对命令行的提示如下操作:

指定参照角 <(当前长度)>:(用光标输入一点)

指定第二点:(用光标输入第二点,两点连线长度为参照长度)

指定新长度或［点(P)］<(当前长度)>:［选择点(P)或键入 P↙,接下来提示指定两点,两点连线长度为新长度］

六、延伸修改命令

1. 功能

将选中的对象延伸到指定的边界。

2. 命令执行方式

可以使用下列方法之一启动【延伸】命令:

- 菜单栏:【修改】|【延伸】
- 工具栏:【修改】工具栏中按钮
- 功能区:【修改】功能区 延伸 按钮
- 命令行:extend ↙

3. 操作格式与说明

操作格式:

按以上方式执行命令，命令行提示如下：

选择对象或 <全部选择>：(选择对象作为延伸边界，或者↙选择所有对象作为延伸边界，有效的边界对象可以是各类直线或曲线，以及文字等。)

选择要延伸的对象，或按住 Shift 键选择要修剪的对象，或[栏选(F)/窗交(C)/投影(P)/边(E)/放弃(U)]：

说明：

(1)选择要延伸的对象。这是默认选项。每选中一个被延伸的对象，其立即延长至边界。可继续延伸另外的对象，直到↙结束命令。

> 注意：①以被延伸对象的重点为界，光标应选择其靠近延伸边界的一侧。②被延伸对象也可作为延伸边界，所以在选择边界时，可不分是延伸边界还是被延伸对象。

(2)按住 Shift 键选择要修剪的对象。按住 Shift 键，则把命令的延伸模式暂时转换为修剪模式，即把延伸边界作为剪切边，而被延伸对象作为被修剪对象。

(3)栏选(F)。用栏选的方式选择多个被延伸的对象。选择后命令行提示：

指定第一个栏选点：(输入一点)

指定下一个栏选点或[放弃(U)]：(输入一点)

栏选点输入结束↙，被栏选线经过的对象被延伸。

(4)窗交(C)。用交叉窗口方式选择多个被延伸的对象。选择后命令行提示：

指定第一个角点：(输入一点)

指定对角点：(输入一点)

对角点输入后，窗口内的及与窗口边界相交的对象被延伸。

(5)边(E)。有些被延伸对象可能与延伸边界不相交，但如果把延伸边界延伸，被延伸对象就与其相交。选择该选项后，命令行提示：

输入隐含边延伸模式[延伸(E)/不延伸(N)]<不延伸>：(选择一种延伸模式后返回)

①延伸(E)：如果延伸边界延长以后能与被延伸对象相交，被延伸对象可延伸。

②不延伸(N)：只延伸真正与延伸边相交的被延伸对象，不相交则不延伸。

(6)放弃(U)。用于取消最近的一次延伸。

【实例解析】绘制对称结构雪花图形

以图 2-40 所示均布及对称结构雪花图形为例，介绍镜像、阵列、缩放等修改命令的应用。

实例分析：该雪花图形整体为环形均布结构，每片花瓣为对称结构，由于无法从已知尺寸中计算出雪花外接正六边形的参数尺寸，故而先绘制一片花瓣，再用环形阵列绘制雪花的相似图形，最后用缩放命令参照选项将雪花缩放到合适尺寸(图 2-41)。

具体绘图步骤如下：

(1)打开极轴追踪、对象捕捉和对象追踪，设【增量角】为【30】，单击[直线]命令后，水平向右移动光标，出现水平追踪线后，输入距离 100，绘制水平长 100 mm 直线作为雪花主干。

(2)单击【直线】命令，移动光标捕捉 A 点(不单击)，端点标记亮显后，水平向右移动光标，出现水平追踪线后，输入距离 25，开始直线起点，向右上方移动光标，出现 60°极轴追踪线后，

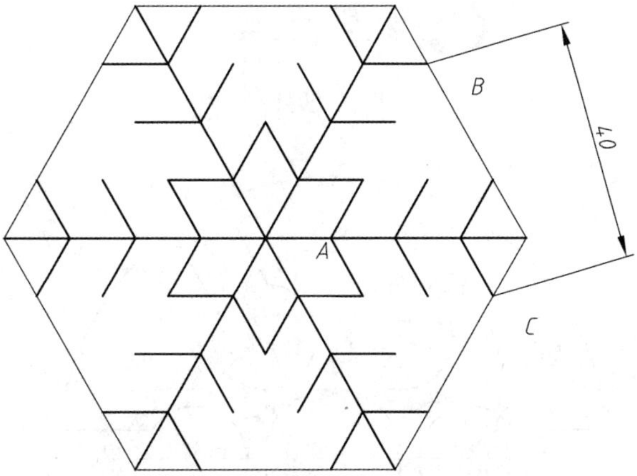

图 2-40　均布及对称结构【雪花】实例

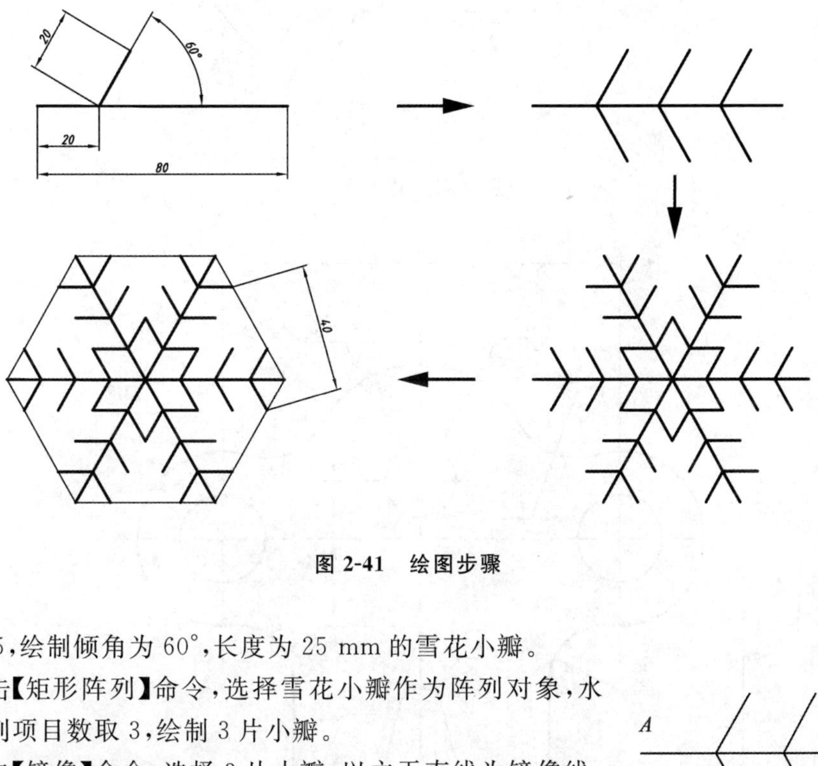

图 2-41　绘图步骤

输入距离 25，绘制倾角为 60°，长度为 25 mm 的雪花小瓣。

(3)单击【矩形阵列】命令，选择雪花小瓣作为阵列对象，水平向右，阵列项目数取 3，绘制 3 片小瓣。

(4)单击【镜像】命令，选择 3 片小瓣，以主干直线为镜像线，绘制主干另一边 3 片小瓣，得到一片雪花瓣(图 2-42)。

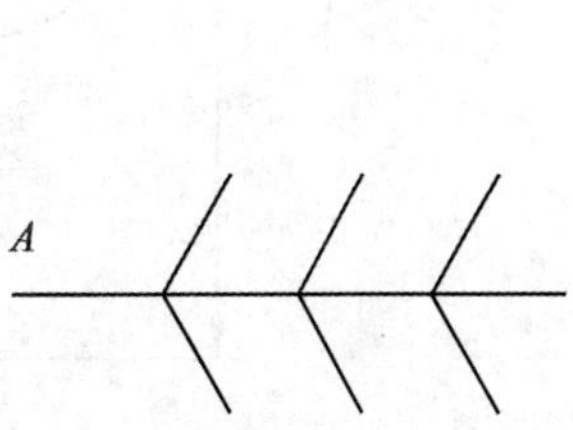

图 2-42　一片雪花瓣图形

(5)使用【环形阵列】命令，选择一片雪花瓣为阵列对象，以 A 点阵列中心点，项目数量 6，填充角度 360°，生成雪花形状图形。

(6)使用【缩放】命令，选择雪花相似图形为缩放对象，执行参照选项，参照长度取 B、C 两点间距离，输入参照长度 40，完成绘制。

课后作业

抄画图 2-43、图 2-44 所示图形,并保存,不标注尺寸。

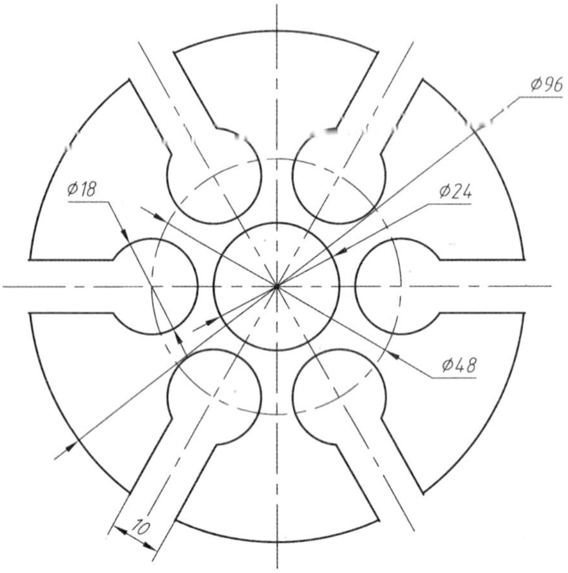

图 2-43 作业题一

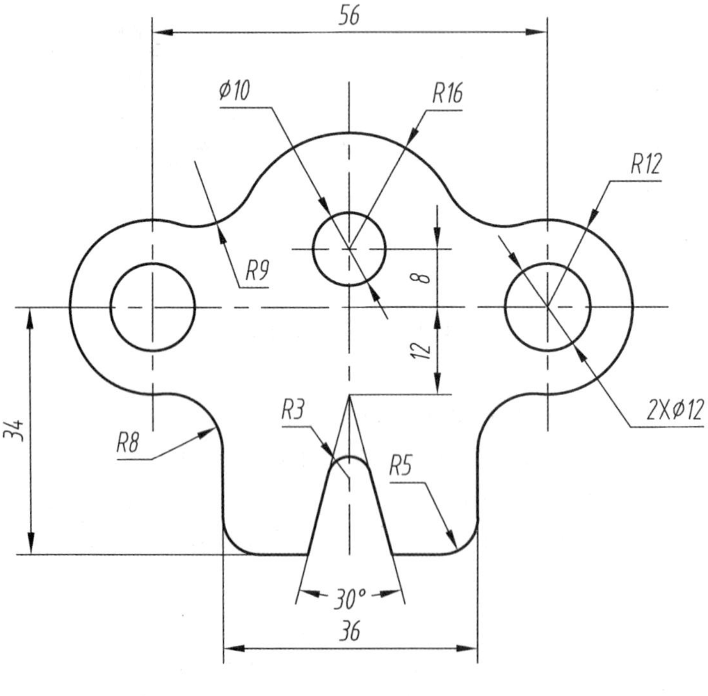

图 2-44 作业题二

任务 5　绘制等分点、样条曲线及填充剖面图案

【知识目标】

学会使用等分点、样条曲线及填充剖面图案命令。

【技能目标】

能够利用等分点、样条曲线及填充剖面图案命令，快速绘制带有局部剖视类平面图形。

【必备知识】

一、点对象绘图命令

点的主要用途是作为对象捕捉的参考点。绘制点时，点的位置可以通过鼠标单击直接确定，也可以通过输入点的坐标值来确定。使用点之前应先设置点的样式和大小。

(一)点样式设置

1. 功能

设置点对象的外观样式。

2. 命令执行方式

可以使用下列方法之一启动【点样式设置】命令：

- 菜单栏：【格式】|【点样式】
- 功能区：【实用工具】功能区 点样式... 按钮
- 命令行：ddptype ↙

3. 操作格式

操作格式：

按以上方式执行命令，打开点样式对话框。

(1)图形选择框：有 20 种点样式供用户选择，默认模式为一个小圆点(第一种)。

(2)【点大小】文本框：用来设置点的大小。

(3)【相对于屏幕设定大小】：按屏幕尺寸的百分比设定点的显示大小。当进行缩放时，点的显示大小并不改变。

(4)【按绝对单位设定大小】：按【点大小】下指定的实际单位设定点显示的大小。进行缩放时，显示的点大小随之改变。

(二)单点的绘制

1. 功能

创建一个点对象。

2. 命令执行方式

可以使用下列方法之一启动【单点】命令：

- 菜单栏：【绘图】|【点】|【单点】
- 命令行：point ↙（可能执行【单点】命令或者【多点】命令，由前次使用点命令方式而定，上一次的绘制方式是下一次的默认方式。）

3. 操作格式

操作格式：

按以上方式执行命令，命令行提示如下：

指定点：（直接用鼠标在屏幕上单击指定点，或者输入点坐标绘制一个点对象之后命令结束。）

（三）多点的绘制

1. 功能

创建一系列点对象。

2. 命令执行方式

可以使用下列方法之一启动【多点】命令：

- 菜单栏：【绘图】|【点】|【多点】
- 工具栏：【绘图】工具栏中 ▫ 按钮
- 功能区：【绘图】功能区 · 按钮
- 命令行：point ↙（可能执行【单点】命令或者【多点】命令，由前次使用点命令方式而定，上一次的绘制方式是下一次的默认方式。）

3. 操作格式与说明

操作格式：

按以上方式执行命令，命令行提示如下：

指定点：（总是出现，可以连续绘制多个点，结束命令可按 Esc 键。）

说明：

命令行输入 point 执行最近一次点命令方式，默认为单点命令。

（四）定数等分

1. 功能

绘制等分点时将一段线对象（直线、多段线、样条曲线、圆、圆弧、椭圆、矩形、多边形）等分成几段，按当前设定的点样式绘制出各等分点位置。

2. 命令执行方式

可以使用下列方法之一启动【定数等分】命令：

- 菜单栏：【绘图】|【点】|【定数等分】
- 功能区：【绘图】功能区 按钮

● 命令行：divide ↙

3. 操作格式与说明

操作格式：

按以上方式执行命令，命令行提示如下：

选择要定数等分的对象：(选择一线段对象)

输入线段数目或 [块(B)]：[输入从 2～32 767 之间的值或单击块(B)或输入 b]

输入线段数目后，沿选定对象等间距放置点对象(图 2-45)。

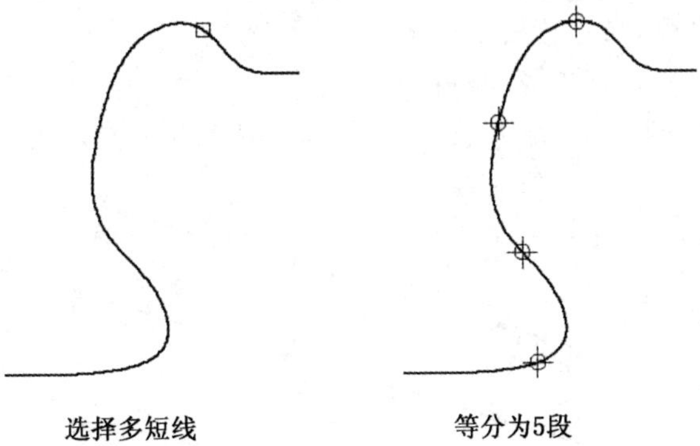

图 2-45　线段定数等分

说明：

若选中[块(B)]选项，则以用户自定义的块作为等分的标记，沿选定对象等间距放置块。命令行将提示：

输入要插入的块名：

是否对齐块和对象？[是(Y)/否(N)]<Y>：

输入线段数目：

下例显示一条圆弧被一个块定数等分为五段，此块是由一个垂直的椭圆组成的(2-46)。

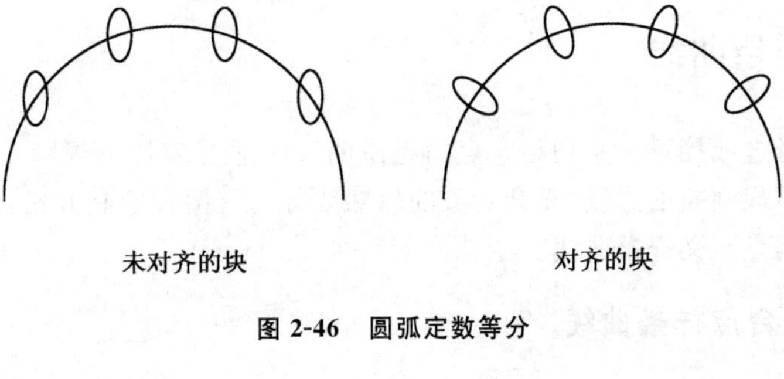

图 2-46　圆弧定数等分

(五)定距等分

1. 功能

设定一段长度，按此长度在线段对象(直线、多段线、样条曲线、圆、圆弧、椭圆、矩形、多边形)上绘制等分点，但最后一段不一定是等分(图 2-47)。

2. 命令执行方式

可以使用下列方法之一启动【定距等分】命令：

- 菜单栏：【绘图】|【点】|【定距等分】
- 功能区：【绘图】功能区 按钮
- 命令行：measure ↙

3. 操作格式与说明

操作格式：

按以上方式执行命令，命令行提示如下：

选择要定距等分的对象：(选择一线段对象)↙

指定线段长度或［块(B)］：(输入长度↙，沿选定对象等间距放置点对象)

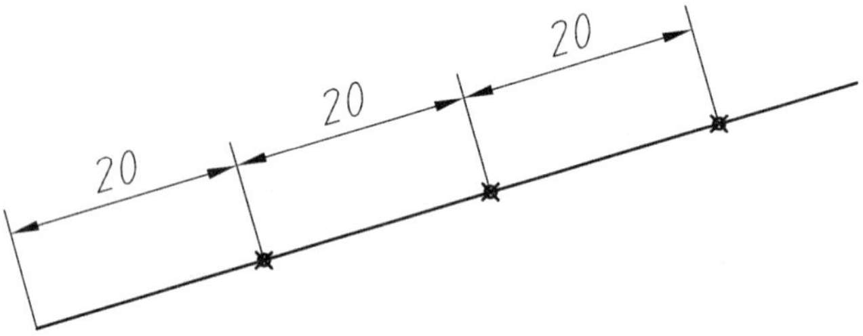

图 2-47　定距等分

说明：

若选中［块(B)］选项，则以用户自定义的块作为等分的标记，沿选定对象等间距放置块。

命令行将显示：

输入要插入的块名：

是否对齐块和对象？［是(Y)/否(N)］<Y>：(对齐含义见定数等分部分说明)

输入线段长度：

二、绘制样条曲线

样条曲线是经过或接近一系列给定点的光滑曲线。适合表达不规则变化曲率的曲线，如局部剖视图中的不规则断面界线、复杂对象的轮廓线等。有两种绘制方式：使用拟合点定义样条曲线和使用控制点定义样条曲线。

(一)绘制拟合点样条曲线

1. 功能

输入拟合点绘制样条曲线。

2. 命令执行方式

可以使用下列方法之一启动【拟合点样条曲线】命令：

- 菜单栏：【绘图】|【样条曲线】|【拟合点】

- 工具栏：【绘图】工具栏中按钮
- 功能区：【绘图】功能区按钮
- 命令行：spline ↙（可能执行【拟合点样条曲线】命令或者【绘制控制点样条曲线】命令，由前次使用样条曲线绘制方式而定，上一次的绘制方式是下一次的默认方式。）

3. 操作格式与说明

操作格式：

按以上方式执行命令，命令行提示如下：

当前设置：方式＝拟合 节点＝弦

指定第一个点或［方式(M)/节点(K)/对象(O)］：(输入一点，或者单击一个选项，或者键入一个关键字↙)

【指定第一个点】是首选项，若对接下来的每一个提示都输入点，即形成拟合点样条曲线。接下来提示：

输入下一个点或［起点切向(T)/公差(L)］：(输入一点，或者单击一个选项，或者键入一个关键字↙)

输入下一个点或［端点相切(T)/公差(L)/放弃(U)］：(输入一点，或者单击一个选项，或者键入一个关键字↙)

输入下一个点或［端点相切(T)/公差(L)/放弃(U)/闭合(C)］：

说明：

在上述操作过程中，各相关选项的意义是：

(1)起点切向(T)。指定样条曲线起点的切线方向，选中该项后提示：

指定起点切向：(定义起始点切线方向)

起点和终点的切线方向可以从键盘键入角度，也可用鼠标输入一点，光标橡皮筋的方向为切线方向，也可直接↙，取默认切线方向。

(2)公差(L)。反映曲线与指定拟合点的偏离程度，选中该项后提示：

指定拟合公差＜0.0000＞：(键入公差值↙，或直接↙取当前默认值)

接下来回到主提示。公差越小，样条曲线越靠近拟合点，公差为 0 时，样条曲线通过拟合点，这也是默认的情况。除起点和终点外，公差值适用于适用拟合点。图 2-48 所示分别是公差为 0 和 3 的样条曲线。

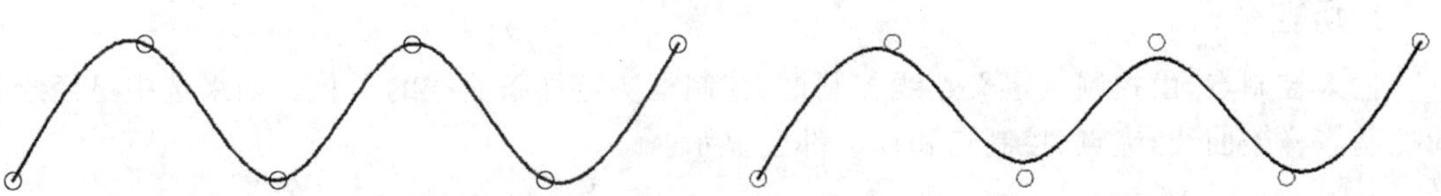

(a) 公差为0　　　(b) 公差为3

图 2-48　不同拟合公差的样条曲线

(3)端点相切(T)。指定样条曲线端点的切线方向，选中该项后提示：

指定端点切向：(定义起始点切线方向)

端点切线方向可以从键盘键入角度，也可用鼠标输入一点，光标橡皮筋的方向为切线方向，也可直接↙，取默认切线方向。

(4)放弃(U)。撤销最后一个指定点，放弃最近绘制的一段曲线。

(5)闭合(C)。通过第一个指定点和最后一个指定点，形成闭合样条曲线。闭合的样条曲线保持曲率的连续性。

选择其他选项的操作：

选择节点(K)后，命令行提示：

输入节点参数化「弦(C)/平方根(S)/统一(U)] <当前方法>：(选择一种计算方法，用来确定样条曲线中连续拟合点之间的零部件曲线如何过渡。)

弦(或弦长方法)。均匀隔开连接每个零部件曲线的节点，使每个关联的拟合点对之间的距离成正比。例如，图2-49中的实线曲线。

平方根(或向心方法)。均匀隔开连接每个零部件曲线的节点，使每个关联的拟合点对之间的距离的平方根成正比。此方法通常会产生更【柔和】的曲线。例如，图2-49中的点划线曲线。

统一(或等间距分布方法)。均匀隔开每个零部件曲线的节点，使其相等，而不管拟合点的间距如何。此方法通常可生成泛光化拟合点的曲线。例如，图2-49中的虚线曲线。

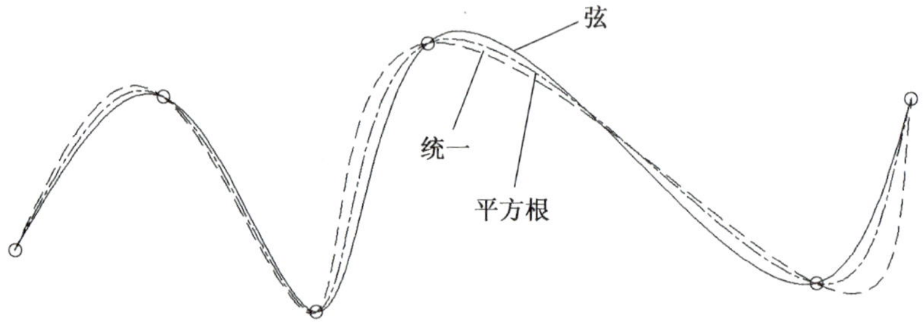

图2-49 三种计算方法绘制的样条曲线

选择对象(O)后，命令行提示：

选择多段线：(选择一条多段线，以选择的多段线夹点作为控制点，将该多段线转换成样条曲线)

(二)绘制控制点样条曲线

1. 功能

输入控制点，由控制点定义点线控制框，控制框决定样条曲线的形状。如果选中已经绘制的控制点样条曲线，夹点、控制点和线框都会显示。

2. 命令执行方式

可以使用下列方法之一启动【样条曲线】命令：

- 菜单栏：【绘图】|【样条曲线】|【控制点】
- 工具栏：【绘图】工具栏中~按钮
- 功能区：【绘图】功能区按钮
- 命令行：spline↙(可能执行【拟合点样条曲线】命令或者【绘制控制点样条曲线】命令，由前次使用样条曲线绘制方式而定，上一次的绘制方式是下一次的默认方式。)

3. 操作格式与说明

操作格式：

按以上方式执行命令，命令行提示如下：

当前设置：方式＝控制点　阶数＝3

指定第一个点或［方式(M)/阶数(D)/对象(O)］：(输入一点，或者单击一个选项，或者键入一个关键字↙)

【指定第一个点】是首选项，若对接下来的每一个提示都输入点，即形成控制点样条曲线。接下来提示：

输入下一个点：(输入一点)

输入下一个点或［放弃(U)］：(输入一点，或单击放弃(U)或键入 U ↙)

输入下一个点或［闭合(C)/放弃(U)］：(输入一点，或者单击一个选项，或者键入一个关键字↙)

说明：

在上述操作过程中，闭合(C)和放弃(U)的意思与绘制拟合样条曲线一样。

选择其他选项的操作：

选择阶数(D)后，命令行提示：

输入样条曲线阶数 <3>：(设置生成的样条曲线多项式的阶数。选择此选项可以创建 1～10 阶的样条曲线)

选择对象(O)后，命令行提示：

选择多段线：(选择一条多段线，以选择的多段线夹点作为控制点，将该多段线转换成样条曲线)

三、填充剖面图案

1. 功能

图案填充就是用某种图案充满指定的图形区域，填充时区域边界必须可见且封闭。边界可以是直线、圆、圆弧、多段线或其他对象。填充后的图案被当做一个整体对待，可以被分解为独立对象。

2. 命令执行方式

可以使用下列方法之一启动【图案填充】命令：

- 菜单栏：【绘图】|【图案填充】
- 工具栏：【绘图】工具栏中按钮
- 功能区：【绘图】功能区按钮
- 命令行：hatch ↙

3. 操作格式与说明

操作格式：

按以上方式执行命令，打开【图案填充和渐变色】对话框，如图 2-50 所示。

图 2-50 【图案填充和渐变色】对话框

操作说明：

使用【图案填充和渐变色】对话框可以选择填充图案的类型和图案，设置图案的角度、缩放比例、边界参数等。

(1)【图案填充】选项卡，各选项用来确定填充时所使用的图案及其相关参数的设置，各选项含义如下。

①【类型和图案】栏：用于设置填充图案的类型、图案及颜色。

类型：下拉列表：在该下拉列表框选择填充图案的类型。包括【预定义】【用户定义】和【自定义】3 种类型。【预定义】使用 AutoCAD 标准图案文件(ACAD. PAT 文件)中的图案来填充，是最常使用的图案；【用户定义】使用当前线形临时定义图案来填充；【自定义】选用 ACAD. PAT 图案文件或其他图案文件(. pat 文件)中的图案来填充。

图案：该下拉列表框只有在选择了【预定义】类型时可用，用于确定标准图案文件中的填充图案。单击下拉三角按钮，弹出下拉列表，用户可以从中选取以名形式显示的系统预定义好的填充图案，最近使用过的图案名称出现在列表的顶部，选中的图案，在【样例】框内会显示该图案。用户也可以单击右边的[...]按钮，弹出【填充图案选项板】对话框，单击某一选项卡，从预览图片区中迅速查看已有的填充图案，再单击某个图片，选中所需填充图案。

颜色：用于设置填充图案的颜色与背景色。填充图案的颜色可以选择具体的颜色，也可以指定为【Bylayer】【Byblock】【使用当前项】中的一种；背景色可以是具体的颜色，也可以通过选择【无】来关闭背景色。

样例：此框显示在【图案】选项选中图案的预览图，用户可以单击该图案打开【填充图案选项板】对话框。

自定义图案：此下拉列表框是从用户自己定义的图案文件中选取填充图案。该选项只有在【类型】下拉列表框中选择了【自定义】选项后才可用。

②【角度和比例】栏：用于设置填充图案的角度及显示比例。

角度：此下拉列表框用于确定填充图案的旋转角度。每种图案在定义时的初始角度为零，例如输入 90°可改变剖面线斜线方向。

比例：此下拉列表框用于确定填充图案的比例值。每种图案在定义时的初始比例为 1，例如输入大于 1 或者小于 1 的比例可改变剖面线疏密度。

双向：此复选框只有在【类型】下拉列表框中选用【用户定义】选项时才可用。用于确定用户临时定义的填充线是一组平行线，还是相互垂直的两组平行线。

相对于图纸空间：此复选框确定是否相对于图纸空间单位确定填充图案的比例值。选择此选项，可以按照适合于版面布局的比例方便地显示填充图案。该选项仅适用于图形版面编排。

间距：此选项只有当在【类型】下拉列表框中选用【用户定义】选项时才可以使用。用于指定线之间的间距，使用时，只要在【间距】文本框内输入值即可。

ISO 笔宽：此下拉列表框告诉用户根据所选择的笔宽确定与 ISO 有关的图案比例。只有选择了已定义的 ISO 填充图案后，才可以确定它的内容。

③【图案填充原点】选项组：用于确定填充图案时图案生成的起始位置。某些填充图案（如砖块图案）在填充时，起始位置不同，得到的填充效果也不同。在默认情况下，所有的图案填充原点都对应于当前的 UCS 原点。在实际应用中可以根据需要选择【指定的原点】选项及其下一级的选项来重新指定原点。

(2)【渐变色】选项卡，渐变色是指从一种颜色到另一种颜色的平滑过渡。渐变色可产生光照效果，可以为图形添加视觉效果。选择该选项卡后可以看到如图 2-51 所示各选项。

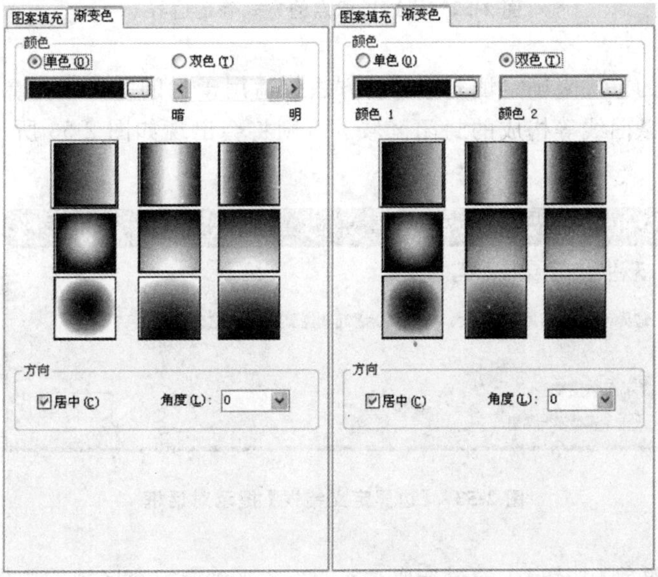

图 2-51　【渐变色】选项卡

①【颜色】选项组:用于设置填充的颜色。

【单色】单选按钮:选中此单选按钮,系统用单色对所选择的对象进行渐变填充。其下的显示框显示了用户所选择的真彩色,可单击右边的[...]按钮,打开【选择颜色】对话框选择所需要的颜色。同时在右侧调节明暗控制滑块,用于设置明暗变化程度。

【双色】单选按钮:选中此单选按钮,系统用双色对所选择的对象进行渐变填充。填充颜色从颜色1(左边显示框所显示的颜色)渐变到颜色2(右边显示框所显示的颜色)。颜色1与颜色2的选取与单色选取方法相同。

【渐变方式】样板:系统提供了9种渐变方式,包括线形、球形、抛物线形等方式,用户可根据需要选择一种方式作为渐变色填充的方式。

②【方向】选项组:用于设置渐变色的位置与角度。

【居中】复选框:该复选框决定渐变色填充是否居中。

【角度】下拉列表框:在该列表框中可以输入和选择角度,此角度为渐变色倾斜的角度。

(3)【边界】选项组。该选项组用来确定图案填充与渐变色填充的区域边界。

①【添加:拾取点】按钮:通过用鼠标拾取点的方式自动确定填充区域的边界。单击该按钮,系统返回编辑区,用鼠标在要填充的区域内任意点取一点,系统会自动确定出包围该点的封闭填充边界,同时边界以高亮显示,效果如图2-52所示。

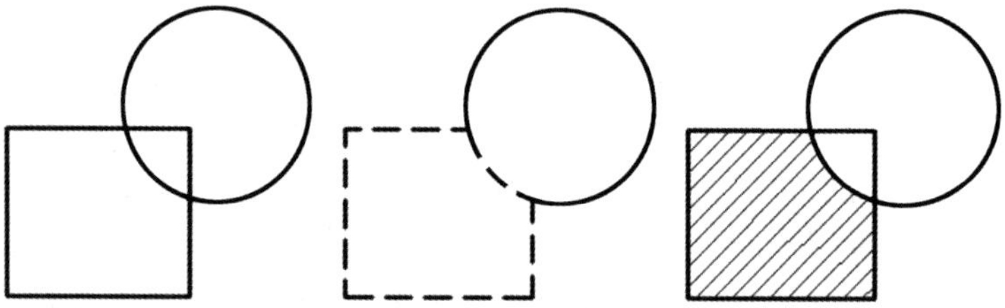

拾取一点　　确定的填充边界　　填充结果

图 2-52　通过拾取点的方式确定边界

这种用拾取点的方式来确定填充边界的方法仅适用于封闭的图形对象,或是由线、圆、圆弧、二维多段线、样条曲线等构成的封闭区域。否则将会出现如图2-53所示的对话框而无法确定填充边界。

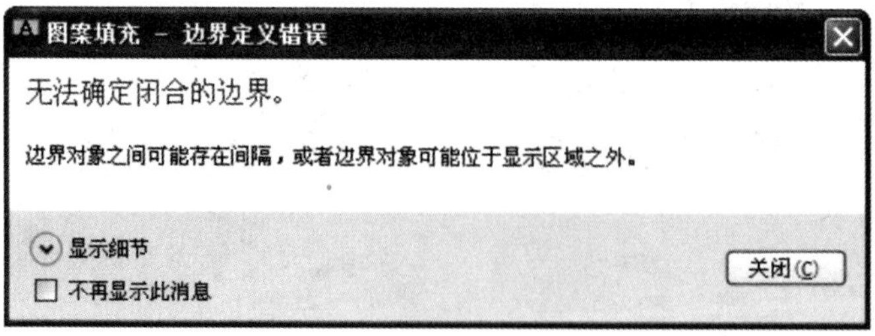

图 2-53　【边界定义错误】提示对话框

②【添加:选择对象】按钮:通过选取对象的方式来确定填充区域的边界。单击该按钮,系统返回编辑区,选择所需要的对象,被选中对象的轮廓线作为填充区域的边界,同时这些边界以

高亮度显示，所选对象轮廓线构成的边界可以是不封闭的。但是不封闭边界的填充与封闭边界的填充是有区别的。不封闭边界的填充是一种不完全的填充，效果如图 2-54 和图 2-55 所示。

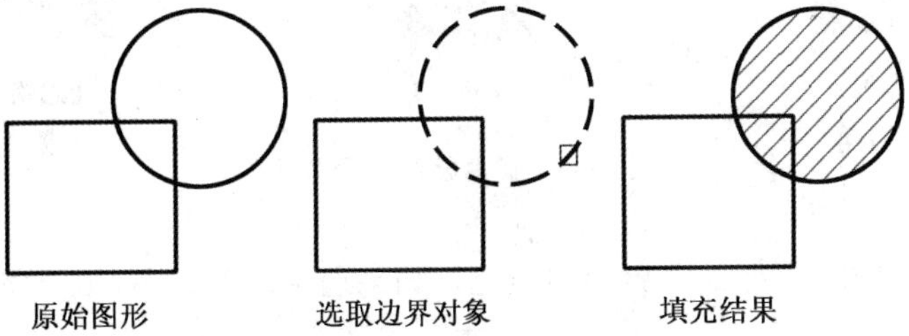

图 2-54　通过选择对象的方式确定边界

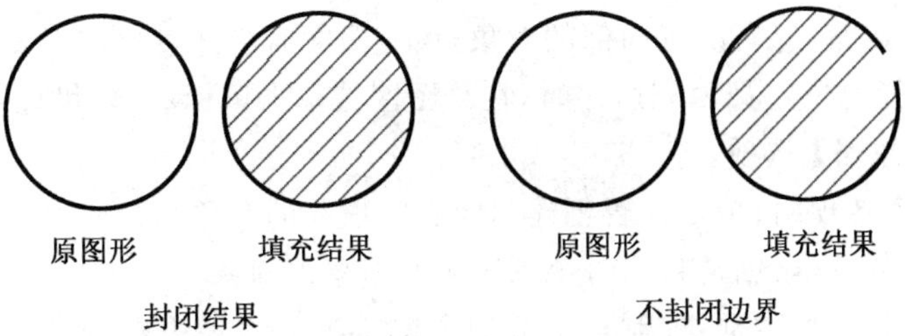

图 2-55　封闭边界与不封闭边界的填充

以下 3 个按钮只有在编辑图案填充对象时可用，选中一个填充图案，从右键弹出菜单中选择图案填充编辑器...选项，或者执行[菜单:【修改】→【对象】→【图案填充】]。

③【删除边界】按钮:从定义的边界中删除部分或全部边界。

④【重新创建边界】按钮:围绕选定的图案填充或填充对象创建面域或多段线。

⑤【查看选择集】按钮:查看填充区域的边界。

(4)【选项】选项组。该选项组用来设置填充图案与边界的关系及填充图案的独立性。

①【注释性】复选框:指定图案填充为注释性。此特性会自动完成缩放注释过程，从而使注释能够以正确的大小在图纸上打印或显示。

②【关联】复选框:指定图案填充或填充为关联图案填充。关联的图案填充或填充在用户修改其边界对象时将会更新。

③【创建独立的图案填充】复选框:控制当指定了几个单独的闭合边界时，是创建单个图案填充对象，还是创建多个图案填充对象。

④【绘图次序】下拉列表框:为图案填充或填充指定绘图次序。图案填充可以放在所有其他对象之后、所有其他对象之前、图案填充边界之后或图案填充边界之前。

⑤【图层】下拉列表框:为指定的图层指定新图案填充对象，替代当前图层。选择【使用当前值】可使用当前图层。

⑥【透明度】下拉列表框:设定新图案填充或填充的透明度，替代当前对象的透明度。选择【使用当前值】可使用当前对象的透明度设置。

(5)【孤岛】选项组。指定用于在最外层边界内图案填充或填充边界的方法。

①【孤岛检测】复选框:控制是否检测内部闭合边界(称为孤岛)，效果如图 2-56 所示。

【普通】 【外部】 【忽略】

图 2-56 孤岛检测选项效果

②【普通】单选按钮：从外部边界向内填充。如果遇到内部孤岛，填充将关闭，直到遇到孤岛中的另一个孤岛。

③【外部】单选按钮(推荐)：从外部边界向内填充。此选项仅填充指定的区域，不会影响内部孤岛。

④【忽略】单选按钮：忽略所有内部的对象，填充图案时将通过这些对象。

当指定点或选择对象定义填充边界时，在绘图区域单击鼠标右键，可以从快捷菜单中选择【普通】【外部】和【忽略】选项。

(6)【边界保留】选项组：指定是否创建封闭图案填充的对象。

①【保留边界】复选框：创建封闭每个图案填充对象的对象。

②【对象类型】下拉列表框：控制新边界对象的类型。结果边界对象可以是多段线对象，也可以是面域对象。只有选择了【保留边界】，此选项才可用。

(7)【边界集】选项组：定义当从指定点定义边界时要分析的对象集。当使用【添加：选择对象】定义边界时，选定的边界集无效。

当使用【添加：拾取点】选项来定义边界时，有两种定义边界集的方式：一是将包围所指定点的最近的有效对象作为填充边界，即【当前视口】选项，该选项是系统的默认方式；二是用户自己选定一组对象来构造边界，即【现有集合】选项，选定对象必须通过【新建】按钮实现，否则【现有集合】选项不会出现，单击【新建】按钮后，切换到绘图区，并提示用户选取作为构造边界集的对象，系统会根据用户指定的边界集中的对象来构造一个创建图案填充用的封闭边界。

(8)【允许的间隙】选项组。设定将对象用作图案填充边界时可以忽略的最大间隙(从0～5000)，任何小于等于指定值的间隙都将被忽略，并将边界视为封闭。默认值为0，此值指定对象必须封闭区域而没有间隙。

(9)【继承选项】选项组。控制当用户使用【继承特性】选项创建图案填充时是否继承图案填充原点。

①【使用当前原点】单选按钮：使用当前的图案填充原点设置。

②【使用源图案填充的原点】单选按钮：使用源图案填充的图案填充原点。

(10)【继承特性】按钮。此按钮的作用是继承已有的填充图案的特性。用户单击此按钮，返回绘图区，选择已有的填充图案作为当前的填充图案。

【实例解析】绘制定点螺纹孔

以图 2-57 所示定点螺纹孔为例，介绍点(定数等分)、样条曲线、图案填充等修改命令的应用。

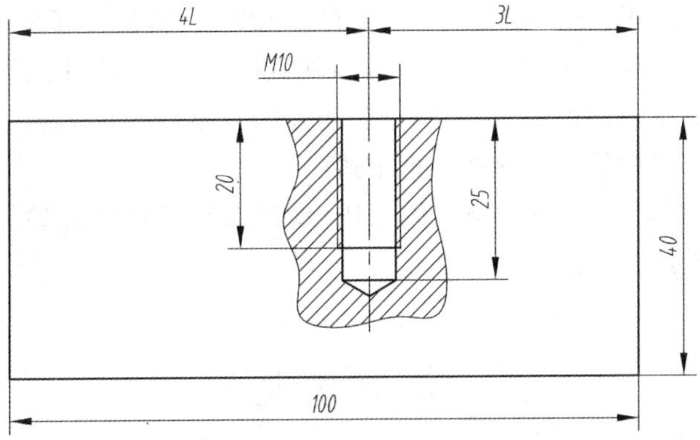

图 2-57　定点螺纹孔实例

实例分析：该图形为内螺纹孔的典型画法，由于螺纹位置为比例定点，故采用定数等分定位，螺纹小径和大径之比为 0.85∶1，螺纹孔具体结构和尺寸采用局部剖视法表征，使用样条曲线命令绘制局部剖视不规则界线，最后使用图案填充命令将被剖切的实体部分填充剖面线。

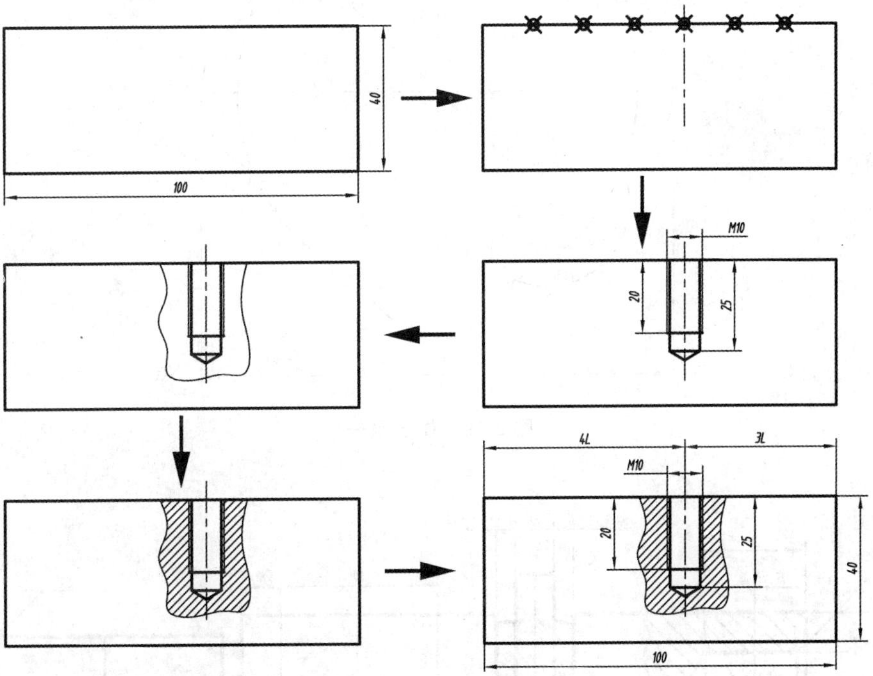

图 2-58　绘图步骤

绘图步骤：

(1)执行【矩形】命令，绘制 100×40 的矩形，执行【分解】命令，将矩形分解。

(2)将矩形上边等分为 7 段，执行【定数等分】命令，选取矩形上边为等分对象，输入线段数目为 7，绘制出 6 个等分点，将【点样式】选取为图示样式后，可见 6 个等分点作为辅助绘图点。

(3)将对象捕捉【节点】类型打开，捕捉第 4 点绘制螺纹孔中心线，之后将辅助等分点删除。

(4)以此中心线为基准，绘制 M10 的内螺纹孔，细实线绘制内螺纹大径 10 mm，粗实线绘制内螺纹小径 8.5 mm，光孔部分深 25 mm，孔底为 120°夹角，螺纹部分长 20 mm。

(5)绘制局部剖切不规则断面线，执行【样条曲线】命令，采用最近点临时捕捉，或捕捉矩形上边的点后，利用对象捕捉追踪，保证样条曲线起始点落在矩形上边，如后输入一系列不规则中间点，终止点采用同样的方法落在矩形上边。

(6)执行【图案填充】命令，将样条曲线以内，螺纹孔粗实线以外的部分填充剖面线，螺纹大径和小径之间部分也应填充。

(7)标注相应尺寸，绘图完毕。

课后作业

抄画图 2-59、图 2-60 所示图形，并保存，不标注尺寸。

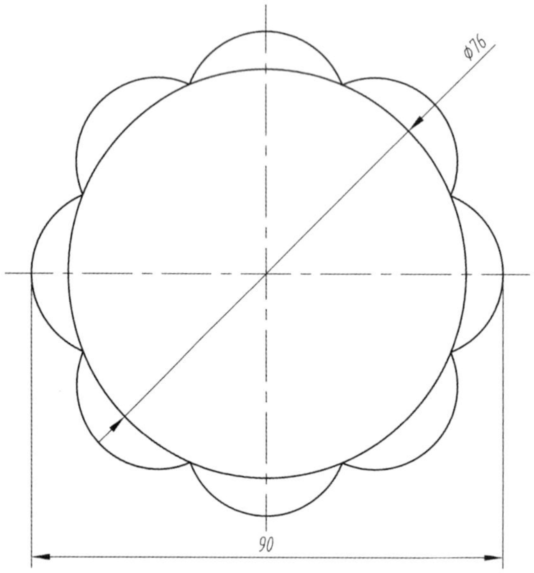

图 2-59 作业题一

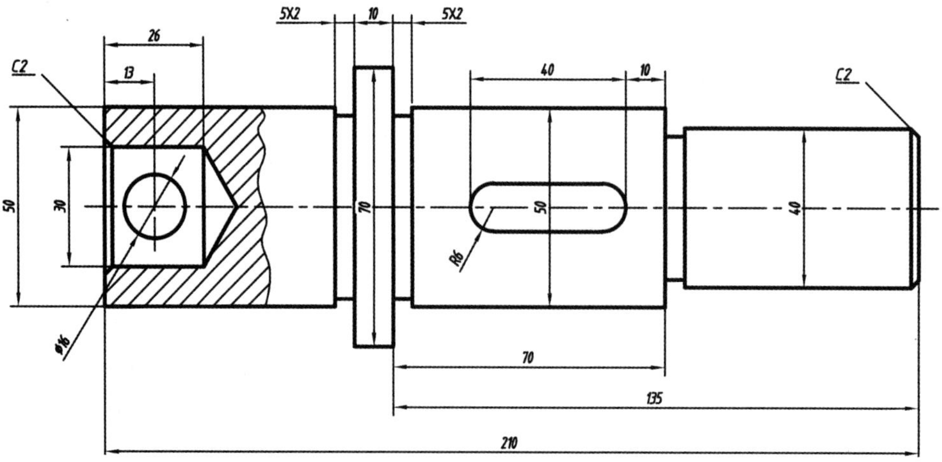

图 2-60 作业题二

任务 6　面域的创建与计算

【知识目标】

1. 学会使用面域命令创建面域对象。
2. 学会使用并集、差集、交集命令修改已有面域对象。
3. 学会使用【面域/质量特性】命令查询面域对象的特性。

【技能目标】

能够利用面域、并集、差集、交集命令，快速绘制钣金类零件平面图形。

【必备知识】

面域是用闭合的形状或环创建的二维区域。闭合多段线、闭合的多条直线和闭合的多条曲线都是有效的选择对象。曲线包括圆弧、圆、椭圆弧、椭圆和样条曲线。

面域可用于：

(1)应用填充和着色。

(2)使用【面域/质量特性】命令分析特性(如面积)。

(3)提取设计信息，例如形心。

(4)使用布尔操作将简单对象合并到更复杂的对象。

1. 创建面域

(1)功能

创建面域对象。

(2)命令执行方式

可以使用下列方法之一启动【面域】命令：

- 菜单栏:【绘图】|【面域】
- 工具栏:【绘图】工具栏中按钮
- 功能区:【绘图】功能区按钮
- 命令行:region ↙

(3)操作格式与说明

操作格式：

按以上方式执行命令，命令行提示如下：

选择对象:(选择对象以创建面域。这些对象必须各自形成闭合区域，例如圆或闭合多段线。)

说明：

选择对象后↙，命令提示行的消息指出检测到了多少个环以及创建了多少个面域。

2. 并运算

(1)功能

将两个或多个面域合并为一个面域。

(2)命令执行方式

可以使用下列方法之一启动【并运算】命令：

- 菜单栏:【修改】|【实体编辑】|【并集】
- 工具栏:【实体编辑】工具栏中按钮
- 功能区:【实体编辑】功能区按钮
- 命令行:union ↙

(3)操作格式与说明

操作格式：

按以上方式执行命令,命令行提示如下：

选择对象:(选择要合并的面域)↙

说明：

得到的复合面域包括子集中所有面域所封闭的面积(图2-61)。

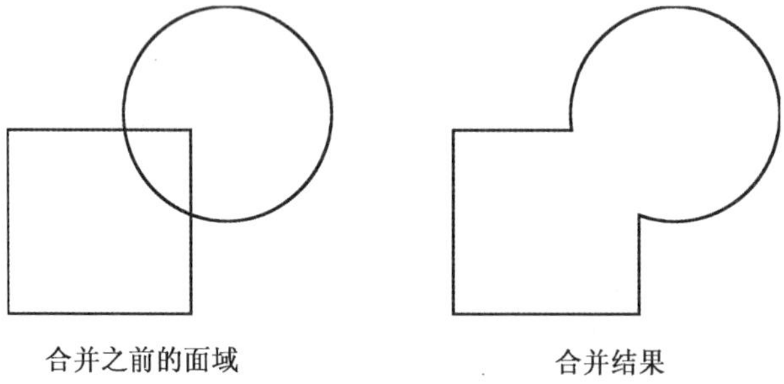

图2-61　面域并集运算

3.差运算

(1)功能

通过从另一个重叠集中减去一个现有的面域对象集来创建二维面域对象。当减去面域时,从第一个选择集中的对象减去第二个选择集中的对象,并创建一个新的面域。

(2)命令执行方式

可以使用下列方法之一启动【差运算】命令：

- 菜单栏:【修改】|【实体编辑】|【差集】
- 工具栏:【实体编辑】工具栏中按钮
- 功能区:【实体编辑】功能区按钮
- 命令行:subtract ↙

(3)操作格式

操作格式：

按以上方式执行命令,命令行提示如下：

选择对象:(从中减去,指定要通过差集修改的面域)↙

选择对象:(选择要减去的实体、曲面和面域,指定要从中减去的三维实体、曲面或面域)↙

得到结果如图2-62所示。

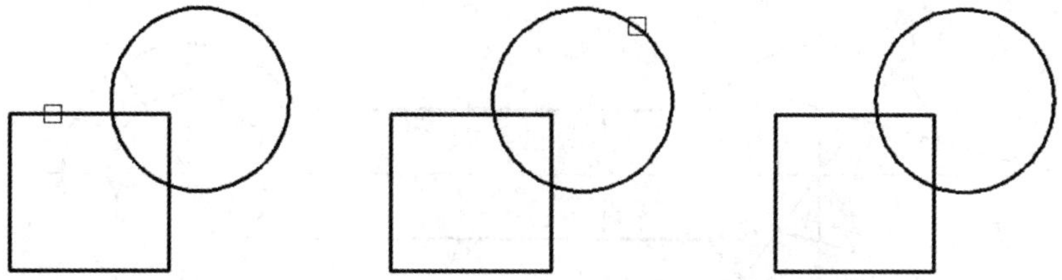

要从中减去面积的面域　　要减去的面域　　使用差集命令后的面区域

图 2-62　面域差集运算

4. 交运算

(1)功能

从两个或两个以上现有面域的公共部分创建新的面域。

(2)命令执行方式

可以使用下列方法之一启动【交运算】命令：

- 菜单栏:【修改】|【实体编辑】|【交集】
- 工具栏:【实体编辑】工具栏中按钮
- 功能区:【实体编辑】功能区按钮
- 命令行:intersect ↙

(3)操作格式与说明

操作格式：

按以上方式执行命令,命令行提示如下：

选择对象:(选择要求交集的面域)↙

说明：

得到的结果为所有参与运算面域的公共部分(图 2-63)。

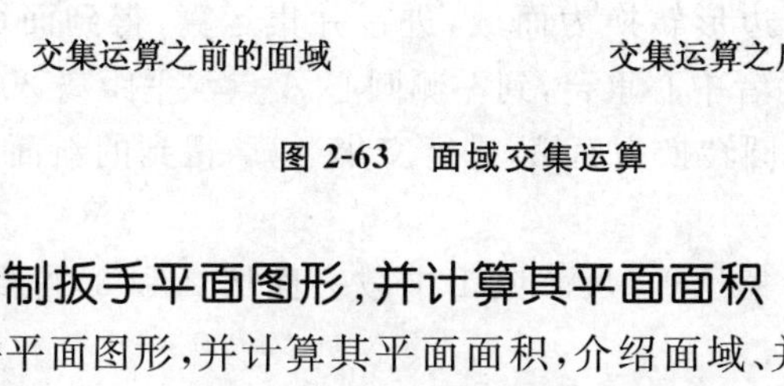

交集运算之前的面域　　交集运算之后的面域

图 2-63　面域交集运算

【实例解析】绘制扳手平面图形,并计算其平面面积

绘制图 2-64 扳手平面图形,并计算其平面面积,介绍面域、并集、差集、交集以及面域/质量特性等命令的应用。

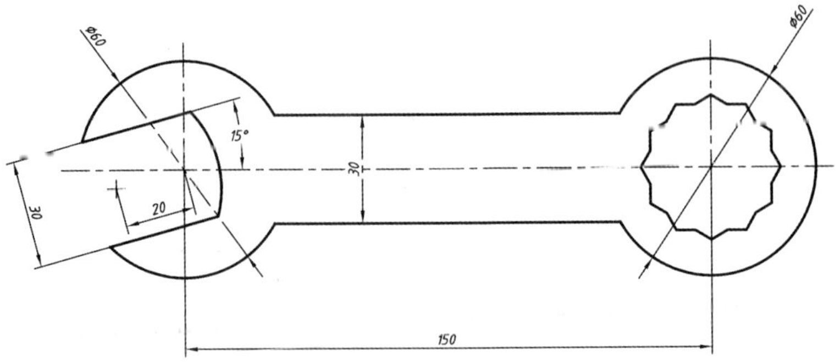

图 2-64 面域【扳手】实例

实例分析:该扳手平面图形为各种平面图形并集、差集、交集的组合,故将各种基础图形转换为面域后进行并集、差集、交集的布尔运算。

绘图步骤(图 2-65):

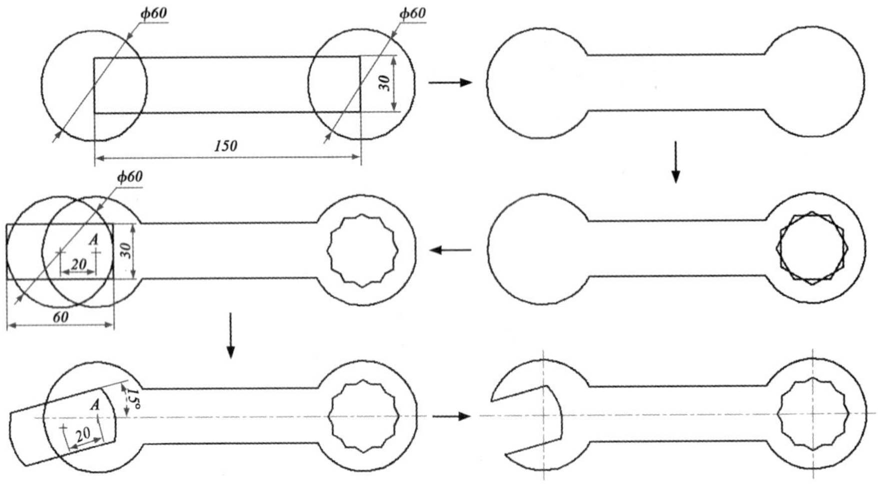

图 2-65 绘图步骤

(1)绘制 150×30 的矩形,以矩形两条竖直边中点为圆心,绘制 ϕ60 的圆。

(2)将步骤 1 中的 3 个对象转换为面域,进行并集运算,得到面域 1。

(3)以右边圆心为中心,绘制外接圆半径为 20 的六边形,进行 30°旋转复制,得两个相错 30°的六边形。

(4)将步骤 3 中的两个六边形转换为面域,进行并集运算,得到面域 2;在左侧分别绘制 60×30 的矩形和 ϕ60 的圆,两者中心重合,到左侧圆心 A 点水平距离 20 mm。

(5)将步骤 4 中的矩形和圆转换为面域,进行交集运算,得到的新面域以左侧圆心 A 点为基点旋转 15°,得到面域 3。

(6)将面域 1、2、3 进行差集运算,从面域 1 中减去面域 2 和 3,得到扳手平面图形,绘图完毕。

(7)执行菜单【工具】|【查询】|【面域/质量特性(M)】,选择扳手图形面域,↙后在文本窗口中可查询到有关该面域的面积、周长、质心等信息。

课后作业

抄画图 2-66 所示图形，并保存，不标注尺寸。

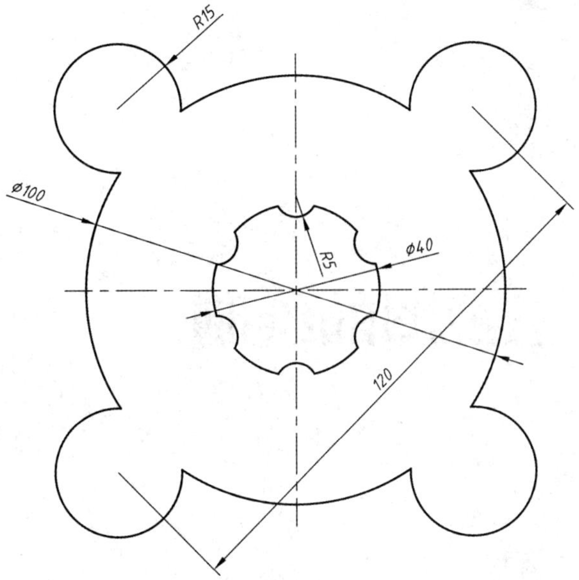

图 2-66　作业图

项目 3

三视图的绘制

AutoCAD 2013 提供了强大的图形编辑功能，在使用中，利用基本的绘图命令，首先绘制出简单的图线，然后灵活地运用各种编辑命令，可以快速而准确地绘制出各种复杂的图形。

学习目标

1. 掌握构造线绘图命令的使用方法。
2. 掌握圆角、倒角修改命令的使用方法。
3. 进一步熟悉精确绘图工具的使用。
4. 掌握绘制三视图的常用方法。

任务　绘制三视图

【知识目标】

1. 掌握构造线绘图命令和圆角、倒角修改命令的使用方法。
2. 掌握绘制三视图的常用方法。

【技能目标】

能够利用AutoCAD相关命令快速准确地绘制三视图。

【必备知识】

一、构造线命令

1. 功能

构造线是两端无限长的直线,它们不像直线、圆、矩形等作为图形的构成元素,只是作为绘图过程中的辅助参考线。

2. 调用命令的方法

- 菜单栏:【绘图】|【构造线】
- 工具栏:【绘图】工具栏中按钮
- 功能区:【常用】选项卡中,【绘图】功能区中按钮
- 键盘输入:xline/xl↙

3. 操作格式与说明

按以上操作执行命令,命令格式如下:

指定点或[水平(H)/垂直(V)/角度(A)/二等分(B)/偏移(O)]:

指定通过点:　　//用鼠标指定所通过点的位置

水平(H):绘制一条通过指定点的水平构造线。

垂直(V):绘制一条通过指定点的垂直构造线,方法与绘制水平构造线相同。

角度(A):以指定的角度绘制一条构造线。

二等分(B):绘制一条平分一角的构造线。

偏移(O):绘制与指定直线平行的构造线。

4. 举例

(1)画水平或垂直构造线,如图3-1所示。

操作步骤如下:

命令:xline↙

指定点或[水平(H)/垂直(V)/角度(A)/二等分(B)/偏移(O)]：H或V↙

//选择水平或垂直绘制构造线

指定通过点：　　//利用合适的定点方式指定构造线经过的点

指定通过点：　　//利用合适的定点方式指定另一个构造线要经过的点，或↙

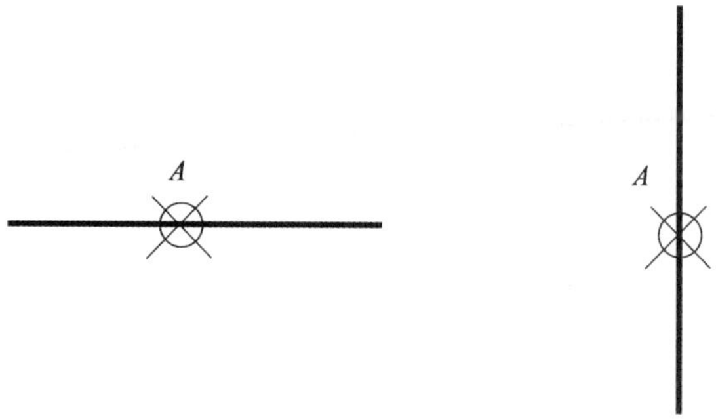

图3-1 "水平""垂直"构造线

(2)画二等分角的构造线，如图3-2所示。

操作步骤如下：

命令： xline↙

指定点或[水平(H)/垂直(V)/角度(A)/二等分(B)/偏移(O)]：B↙

//选择二等分绘制构造线

指定角的顶点：　　//利用合适的定点方式指定需要平分的角的顶点

指定角的起点：　　//利用对象捕捉方式在角的第一条边上指定一点

指定角的端点：　　//利用对象捕捉方式在角的第二条边上指定一点

指定角的端点：　　//回车

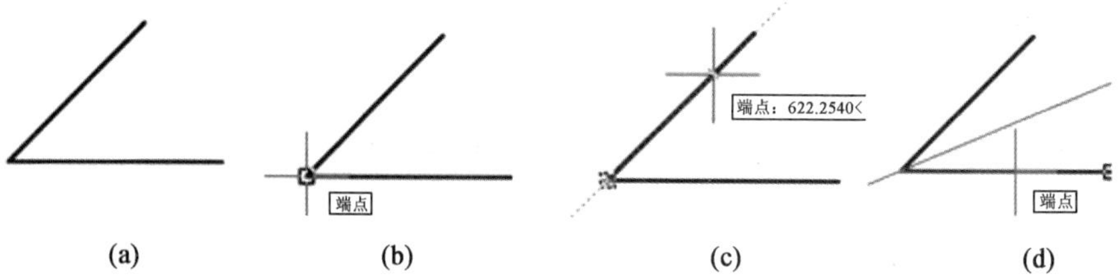

图3-2 "二等分"构造线

二、倒角命令

1.功能

倒角命令是用来对选定的两条相交(或其延长线相交)直线进行倒角，也可以对整条多段线进行倒角。

2. 调用命令的方法

- 菜单栏:【修改】|【倒角】
- 工具栏:【修改】工具栏中按钮
- 功能区:【常用】选项卡中,【修改】功能区中倒角按钮
- 键盘输入:chamfer/cha↙

3. 操作格式与说明

操作格式:

("修剪"模式) 当前倒角距离 1 = 0.0000,距离 2 = 0.0000:

//系统提示当前倒角的距离

选择第一条直线或 [放弃(U)/多段线(P)/距离(D)/角度(A)/修剪(T)/方式(E)/多个(M)]:d↙

//选择距离(D)方式倒角

指定第一个倒角距离 <0.0000>: 15↙　　//输入第一个倒角距离 15

指定第二个倒角距离 <2.0000>: 10↙　　//输入第二个倒角距离 10

选择第一条直线或 [放弃(U)/多段线(P)/距离(D)/角度(A)/修剪(T)/方式(E)/多个(M)]:

//选择要倒角的第一条边

选择第二条直线,或按住 Shift 键选择直线以应用角点:　　//选择要倒角的第二条边

说明:

多段线(P):对多段线进行倒角。

距离(D):要求依次指定两条直线的倒角距离进行倒角。

角度(A):要求分别设置第一条直线的倒角距离和倒角角度创建倒角。

修剪(T):选择该选项后,可继续选择模式选项"修剪(T)/不修剪(N)"来设置倒角,"修剪(T)"表示修剪倒角,"不修剪(N)"则表示不修剪倒角。

方式(E):设置修剪方法为距离或角度。

多个(M):进行多个倒角。

4. 举例

(1)完成如图 3-3(a)所示的图形。

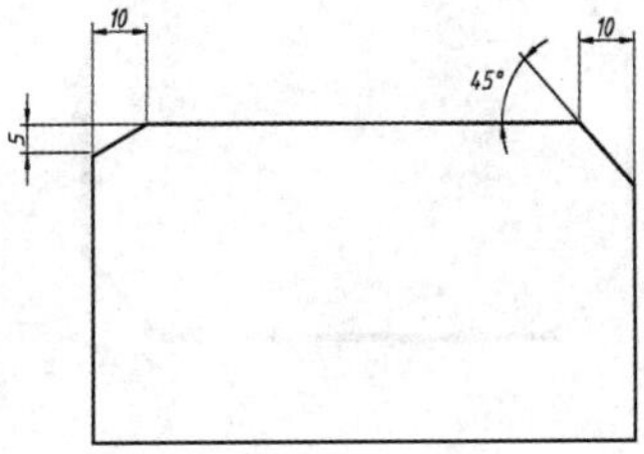

(a)

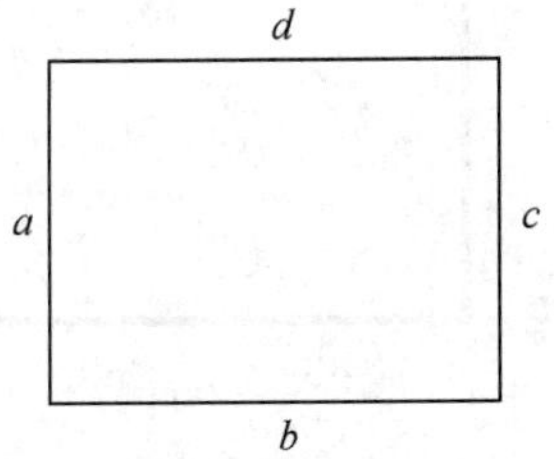

(b)

图 3-3　倒角命令的使用

①对图 3-3(b)所示矩形的左上角倒角。通过指定距离进行倒角。

操作步骤如下:

命令：chamfer↙

（“修剪”模式）当前倒角距离 1 = 20.0000，距离 2 = 10.0000

//系统提示当前倒角的距离

选择第一条直线或［放弃(U)/多段线(P)/距离(D)/角度(A)/修剪(T)/方式(E)/多个(M)］：d↙ //根据要求，选择“距离(D)”方式

指定第一个倒角距离 <10.0000>：10↙ //输入第一个倒角的距离 10

指定第二个倒角距离 <10.0000>：5↙ //输入第二个倒角的距离 5

选择第一条直线或［放弃(U)/多段线(P)/距离(D)/角度(A)/修剪(T)/方式(E)/多个(M)］：单击直线 d //选择所要倒角的第一条直线

选择第二条直线，或按住 Shift 键选择直线以应用角点或［距离(D)/角度(A)/方法(M)］：单击直线 a //选择所要倒角的第二条直线，完成倒角绘制

注意：选择倒角直线的顺序与输入的距离的先后次序有关。

②对图 3-3(b)所示的矩形的右上角倒角。通过指定长度和角度进行倒角。

操作步骤如下：

命令：_chamfer↙

（“修剪”模式）当前倒角距离 1 = 10.0000，距离 2 = 5.0000

//系统提示当前倒角的距离

选择第一条直线或［放弃(U)/多段线(P)/距离(D)/角度(A)/修剪(T)/方式(E)/多个(M)］：a↙ //根据要求，选择“角度(A)”方式

指定第一条直线的倒角长度 <5.0000>：10↙ //输入第一个倒角的距离 10

指定第一条直线的倒角角度 <30>：45↙ //输入第一个倒角的角度 450

选择第一条直线或［放弃(U)/多段线(P)/距离(D)/角度(A)/修剪(T)/方式(E)/多个(M)］：单击直线 d //选择所要倒角的第一条直线

择第二条直线，或按住 Shift 键选择直线以应用角点或［距离(D)/角度(A)/方法(M)］：单击直线 c //选择所要倒角的第二条直线，完成倒角绘制

完成如图 3-3(a)所示图形。

(2)完成如图 3-4(b)所示的图形。对图 3-4(a)所示的矩形倒角。

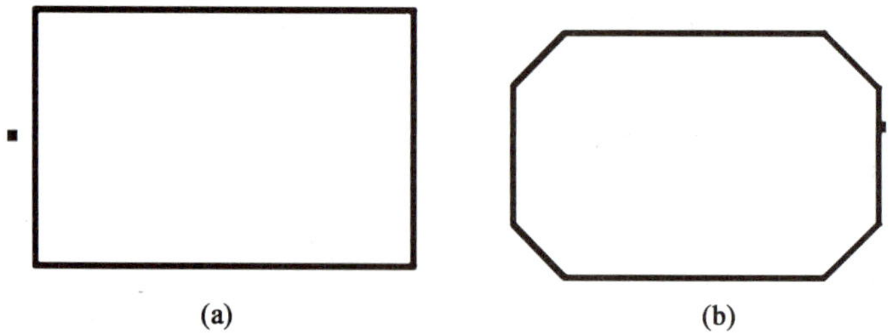

图 3-4 对多段线进行倒角

操作步骤如下：

命令：_chamfer↙

（“修剪”模式）当前倒角长度 = 10.0000，角度 = 45

选择第一条直线或［放弃(U)/多段线(P)/距离(D)/角度(A)/修剪(T)/方式(E)/多个(M)］: p↙　　//根据要求，选择“多段线(P)”方式

选择二维多段线或［距离(D)/角度(A)/方法(M)］:单击矩形

//4 条直线已被倒角，矩形倒角完成

三、圆角命令

1. 功能

圆角命令是指用一条指定半径的圆弧平滑连接两个对象。可以平滑连接一对直线段、圆弧或圆、非圆弧的多段线、射线、构造线等。

2. 调用命令的方法

- 菜单栏:【修改】|【圆角】
- 工具栏:【修改】工具栏中按钮
- 功能区:【常用】选项卡中,【修改】功能区按钮
- 键盘输入:fillet/f↙

3. 操作格式与说明

操作格式:

当前设置: 模式 = 修剪,半径 = 0.0000

选择第一个对象或［放弃(U)/多段线(P)/半径(R)/修剪(T)/多个(M)］: r↙

//选择半径(R)方式

指定圆角半径 <0.0000>: 10↙　　//输入圆角半径 10

选择第一个对象或［放弃(U)/多段线(P)/半径(R)/修剪(T)/多个(M)］:

//选择要倒圆角的第一条边

选择第二个对象,或按住 Shift 键选择对象以应用角点或［半径(R)］:

//选择要倒圆角的第二条边

说明:

多段线(P):用于对多段线的所有顶点进行修圆角。

半径(R):用于确定过渡圆弧的半径。

修剪(T):用于设定是否裁剪过渡圆角的两条边。

多个(M):重复多个角的圆弧过渡。

4. 举例

完成图 3-5 所示矩形的右上角倒圆角。

操作步骤如下:

命令: _fillet↙

当前设置: 模式 = 修剪,半径 = 50.0000

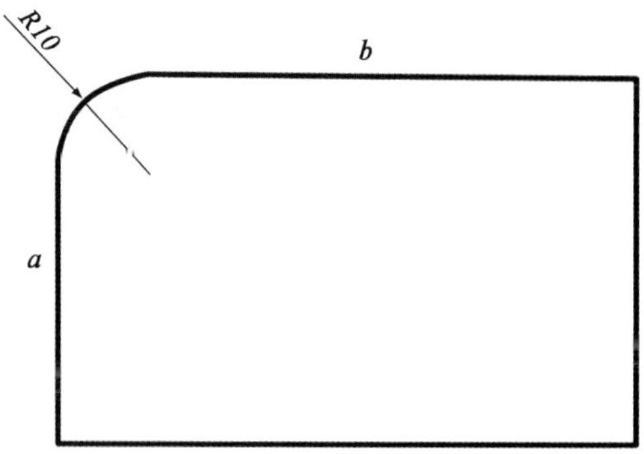

图 3-5 圆角命令

选择第一个对象或［放弃(U)/多段线(P)/半径(R)/修剪(T)/多个(M)］：r↙

//选择半径(R)方式

指定圆角半径 <50.0000>：10 //输入圆角半径 10

选择第一个对象或［放弃(U)/多段线(P)/半径(R)/修剪(T)/多个(M)］：单击直线 a

//选择要倒圆角的第一条边

选择第二个对象，或按住 Shift 键选择对象以应用角点或［半径(R)］：单击直线 b

//选择要倒圆角的第二条边

四、绘制三视图常用的三种方法

（1）辅助线法：利用构造线作为辅助线，确保视图之间的“三等”关系，并结合图形进行必要的编辑，完成图形。

（2）对象捕捉追踪法：利用对象捕捉追踪、正交等辅助工具，保证视图之间的“三等”关系，并进行必要的编辑，完成图形。

（3）复制旋转俯视图，保证与左视图“宽相等”。

【实例解析】绘制组合体三视图

绘制如图 3-6 所示的组合体三视图，不标注尺寸。

绘制该组合体三视图图形，首先应利用形体分析，分析出该组合体分为底板，立板两部分。底板上挖切了两个直径相同的圆柱；立板上挖切了一个圆柱，上顶两端被切角，画图时应注意各项部分相对位置。

绘图步骤如下：

1. 设置绘图环境

（1）创建新图形文件。

（2）设置绘图单位：mm。

（3）设置单位精度：0.00。

（4）设置图形界限：420 mm×297 mm，并在屏幕上全部显示图形界限。

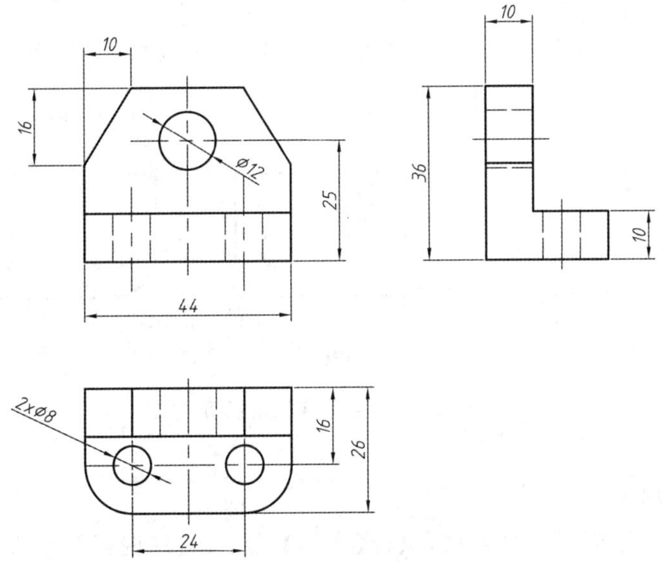

图 3-6　组合体三视图

(5)设置线型:加载线型 CENTER、ACAD_IS002W100。

(6)设置图层:“1 粗实线”层,“2 点画线”层,“3 虚线”层、“4 辅助线”层。

(7)设置对象捕捉:在“草图设置”对话框中,选择“交点”“端点”“中点”“圆心”“象限点”等对象捕捉模,并启用对象捕捉功能。

2. 绘制底板俯视图

(1)选择图层“1 粗实线”为当前层,打开状态栏上的【正交】命令,执行【直线】命令,绘制底板俯视图外轮廓线。

(2)选择图层“2 点画线”为当前层,执行【直线】命令。再单击【对象捕捉追踪】,将光标移到轮廓水平线附近,出现中点符号,沿中点位置垂直拖动鼠标,出现追踪线,如 3-7(a)图,绘制底板左右对称中心线;再次执行【直线】命令,将光移到外轮廓线左上角,出现追踪线,如 3-7(b)图,垂直向下移动鼠标输入 16↙,得底板上小孔水平基准线的起点,水平向右移动鼠标至适当位置,单击鼠标,完成小孔水平基准线,如 3-8(a)图。

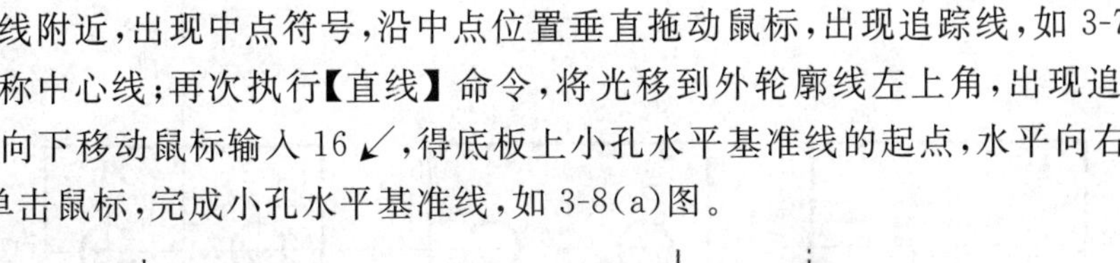

(a)　(b)

图 3-7　俯视图基准线的位置确定

(3)选择图层“1 粗实线”为当前层,执行【圆】命令,利用【对象捕捉追踪】捕捉两点画线交点,出现追踪线,水平向左(或向右)移动鼠标同时输入 12↙,得到圆心,输入 4↙,绘制 ϕ8 小圆;以垂直对称线为镜像线,执行【镜像】命令,完成两底板上个小圆的绘制;再执行【圆角】命令，完成圆角的绘制，如 3-8(b)图。

(4)选择图层“2 点画线”为当前层，执行【直线】命令，利用【对象捕捉追踪】捕捉两圆心，绘制两小圆垂直对称中心线，如 3-8(c)图。

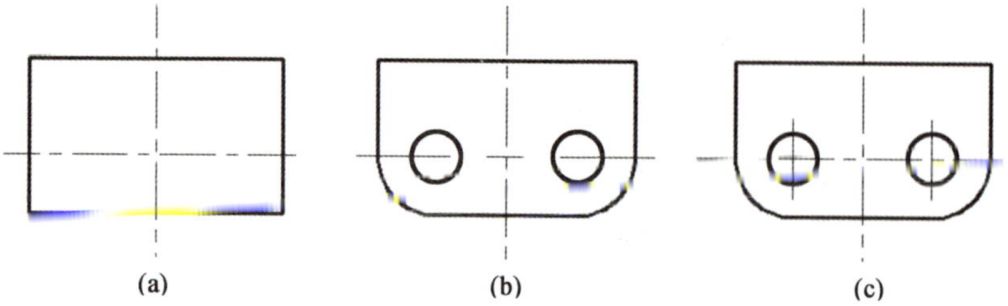

图 3-8　组合体底板俯视图

3. 绘制底板主视图

(1)选择图层“1 粗实线”为当前层，执行【直线】命令，追踪俯视图左边垂直轮廓线，向上移动鼠标出现追踪线时，如 3-9(a)图，在适当位置单击鼠标，确定第一点；然后向右移动鼠标输入 44↙，向上移动鼠标输入 10↙，向左移动鼠标输入 44↙，向下移动鼠标输入 10↙，完成矩形绘制，如图 3-9(b)所示。

(2)选择图层“2 点画线”为当前层，利用【对象捕捉追踪】，分别捕捉俯视图左右对称线和两小圆圆心，向上移动鼠标出现追踪线时，在适当位置绘制主视图上的对称中心线、两小圆的轴线；再将“3 虚线”设为当前层，分别捕捉俯视图两小圆左右象限点，向上移动鼠标出现追踪线时，绘制主视图上小孔的轮廓素线，完成底板主视图的绘制，如 3-9(c)图。

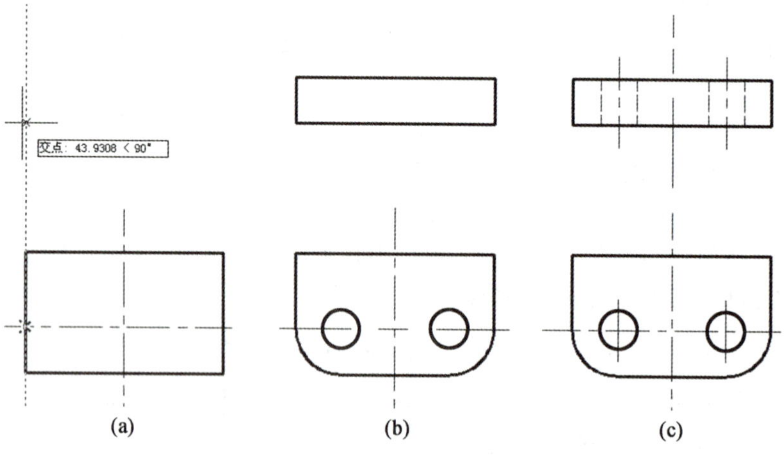

图 3-9　组合体底板主视图

4. 绘制立板主视图

(1)选择图层“1 粗实线”为当前层，打开【直线】命令，初步完成立板轮廓的绘制，如图 3-10(a)所示。

(2)打开【倒角】命令，输入 D↙，输入 16↙，输入 10↙，完成倒角参数置，然后先点击立板左边垂直轮廓线，再点击立板最上边水平轮廓线，完成立板左边轮廓倒角，同样方法完成右边轮廓倒角，如图 3-10(b)所示。

(3)执行【圆】命令，利用【对象捕捉追踪】功能，追踪主视图底边中点，向上移动鼠标输入 25↙得圆心，输入 6↙，绘制 $\phi12$ 的圆；利用“对象捕捉追踪”功能绘制 $\phi12$ 的圆水平对称中心线，再将其改到相应的点画线图层，如 3-10(c)图所示。

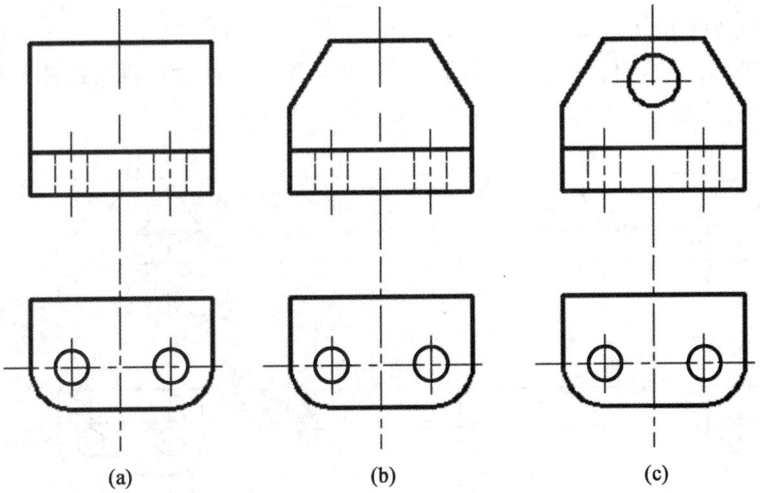

图 3-10　组合体立板主视图

5. 绘制立板俯视图

(1)选择图层“1 粗实线”为当前层，执行【直线】命令，初步完成立板轮廓俯视图的绘制，如图 3-11(a)所示。

(2)执行【直线】命令，利用【对象捕捉追踪】功能，追踪立板主视图左上角，如图 3-11(b)所示。出现追踪线，确定倒角俯视投影线位置，完成倒角俯视图绘制。同样的方法，完成立板上圆孔的俯视图绘制，并改为虚线层，如图 3-11(c)所示。

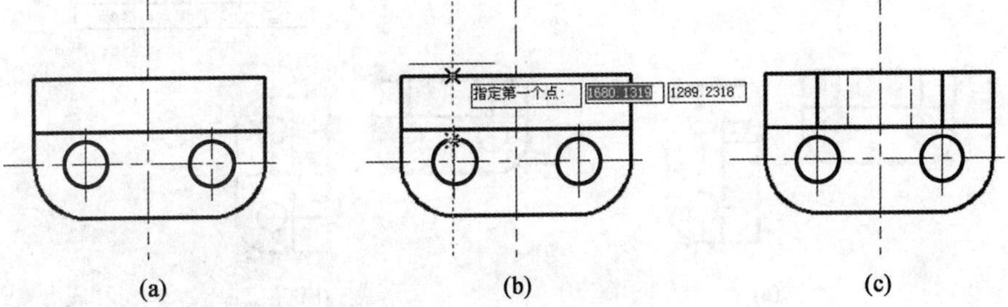

图 3-11　组合体立板俯视图

6. 绘制左视图

方式一：利用构造线绘制左视图

(1)选择"4 辅助线"图层，打开【构造线】命令，输入 H↙，分别捕捉主、俯视图上交点，绘制出 11 条水平构造线，如图 3-12(a)所示。

(2)打开【构造线】命令，输入 A↙，输入 135°(或−45°)↙，在适当位置绘制与水平方向成 135°(或−45°)的构造线；再打开【构造线】命令，输入 V↙，通过倾斜构造线与俯视图水平构造线的交点，分别绘制 5 条垂直构造线，如图 3-12(b)所示。

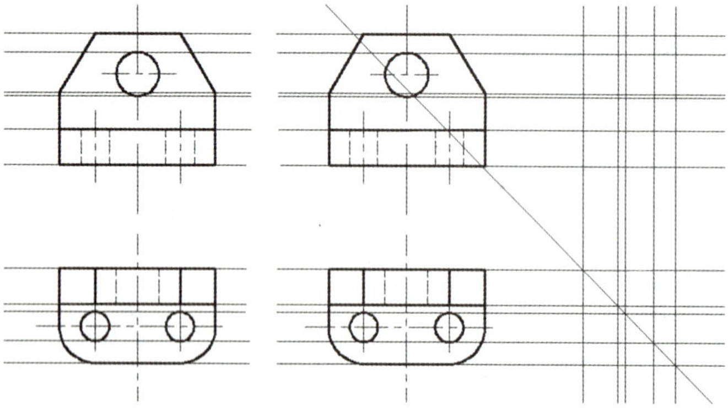

(a) (b) (c)

图 3-12 组合体左视图辅助线绘制

(3)选择图层"1 粗实线"为当前层，执行【直线】命令，根据"宽相等"，绘制左视图外轮廓；选择图层"3 虚线"为当前层，执行【直线】命令，完成立板和底板上圆孔的左视图；选择图层"2 点画线"为当前层，执行【直线】命令，完成两孔的轴线的绘制，如图 3-12(c)所示；删除构造线(或关闭"辅助线"图层)，完成三视图的绘制，如图 3-15 所示。

方式二：复制旋转府视图，保证与左视图"宽相等"

(1)复制和旋转俯视图至合适的位置，作为辅助图形，如图 3-13(a)所示。

(2)利用【对象捕捉追踪】功能确定左视图位置，如图 3-13(b)所示。

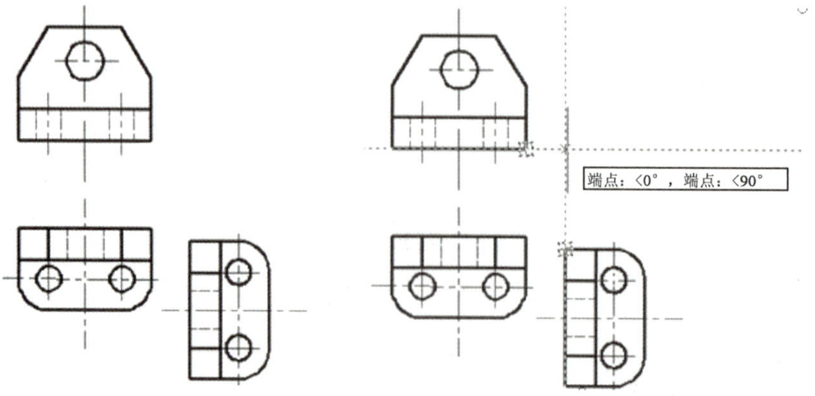

(a) (b)

图 3-13 组合体左视图位置确定

(3)利用【对象捕捉追踪】功能完成左视图的绘制,如图 3-14;删除复制旋转后的辅助图形,完成三视图的绘制,如图 3-15 所示。

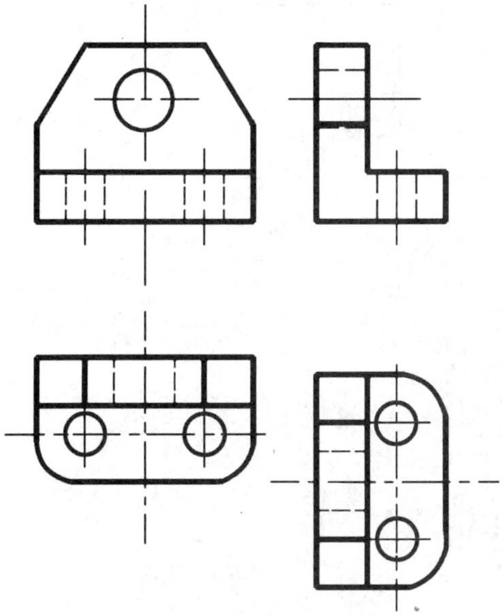

图 3-14　组合体左视图绘制

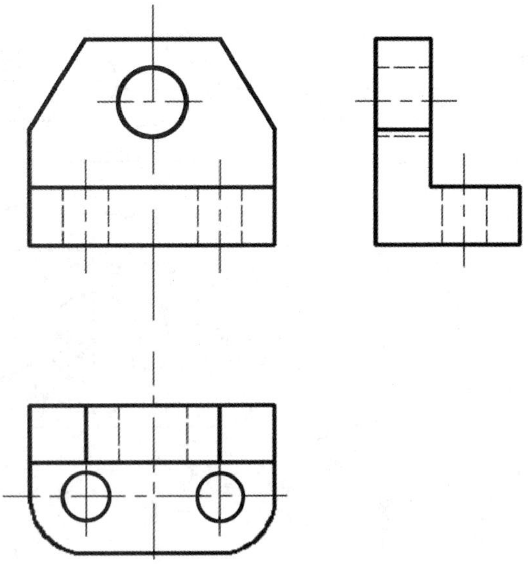

图 3-15　组合体三视图

课后作业

完成图 3-16、图 3-17 的三视图的绘制,不标注尺寸。

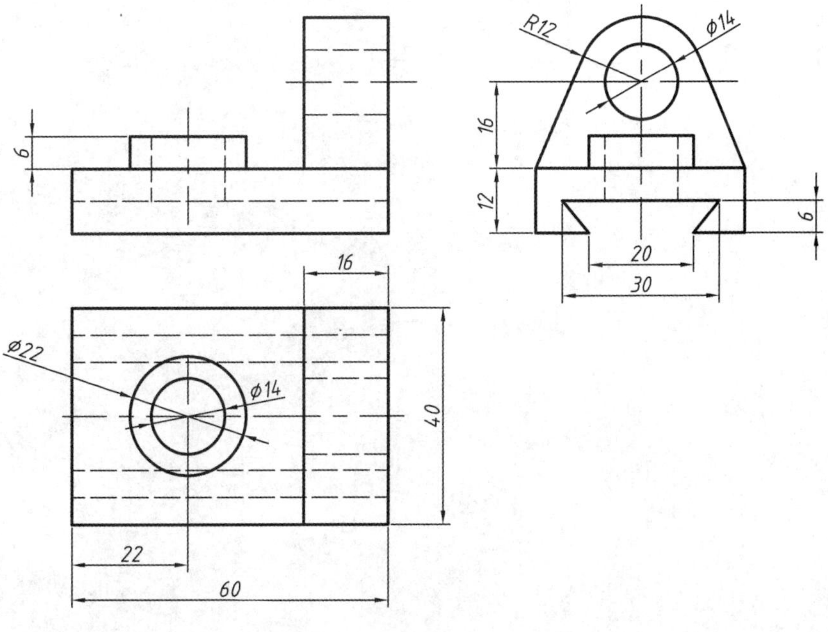

图 3-16　三视图一

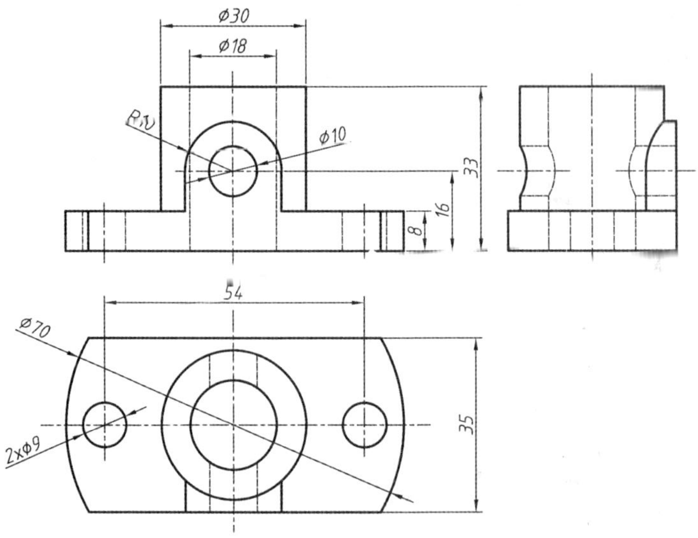

图 3-17　三视图二

项目 4

机械图纸中文字与表格的使用

在图形设计中，仅有图形不足以交代清楚图形的设计意图和具体含义，必要的文字注释在图形设计中具有不可替代的重要作用。因此，在图形绘制完成后，一般还必须进行文字注释。为此，AutoCAD 提供了多种在图形中绘制和编辑文字的功能。

本项目主要介绍如何在图形中输入文字、如何控制文字外观以及如何对已输入的文字进行编辑修改等，学习表格的创建方法和修改方法。

学习目标

1. 掌握常用文字样式的设置，掌握文字的输入方法。
2. 掌握表格样式的设计与设置。

任务1 在图样中填写文字

【知识目标】

1. 了解国标文字样式。
2. 熟悉文字样式的设置。
3. 熟悉单行文字、多行文字的输入方法。
4. 了解文字的编辑方法。

【技能目标】

1. 掌握常用文字样式的设置方法。
2. 掌握文字的输入方法。

【必备知识】

文字是机械图纸中很重要的组成元素，是机械制图和工程制图中不可缺少的内容。文字可以对图样中不便于表达的内容加以说明，使图样的含义更加清晰，使施工或加工人员对图样一目了然，例如标题栏、明细表、技术要求、对某些图形的说明等。

在图样中填写的文字除了英文和阿拉伯数字外，对于中国设计人员来说，还需要在图形中填写中文。在图形中填写中文时，需要设置文字样式，文字样式是在图形中填写文字的标准，是文字输入都要参照的准则。

一、创建国标文字样式

AutoCAD为用户提供了一个标准(Standard)的文字样式，用户一般都采用这个标准样式来输入文字。如果用户希望创建一个新的样式，或修改已有的样式，则可以使用【文字样式】功能来完成。通过【文字样式】功能可以设置文字的字体、字号、倾斜角度、方向以及其他一些属性。

下面学习在AutoCAD中如何设置符合国标的文字样式。

1.国标要求

我们要知道国标对文字做了那些要求：①AutoCAD工程制图中所用的字体应按GB/T 13362.4～GB/T13362.5和GB/T 14691要求，应做到字体端正、笔画清楚、排列整齐、间隔均匀。字体高度(用 h 表示)的公称尺寸系列为：1.8 mm、2.5 mm、3.5 mm、5 mm、7 mm、10 mm、14 mm、20 mm。如需书写更大的字，其字体高度应按 $\sqrt{2}$ 的比率递增。②汉字应写成长仿宋体，并采用中华人民共和国国务院正式公布推行的简化字。汉字高度不应小于3.5 mm，其字宽一般为0.7 h。③字母和数字可写成斜体或直体，注意全图统一。常用的为斜体字，其字头向右倾斜，与水平基线成75°。

AutoCAD 工程制图的字体与图纸幅面之间的大小关系，见表 4-1。

表 4-1　AutoCAD 工程制图的字体与图纸幅面之间的大小关系

幅面 字体	A0	A1	A2	A3	A4
字母、数字	5		3.5		
汉字	7		5		

2. 设置文字样式

在 AutoCAD 中设置文字样式，主要通过【文字样式】对话框来设定，要打开【文字样式】对话框，可以采用如下方式：

- 菜单栏：【格式】|【文字样式】，如图 4-1 所示。

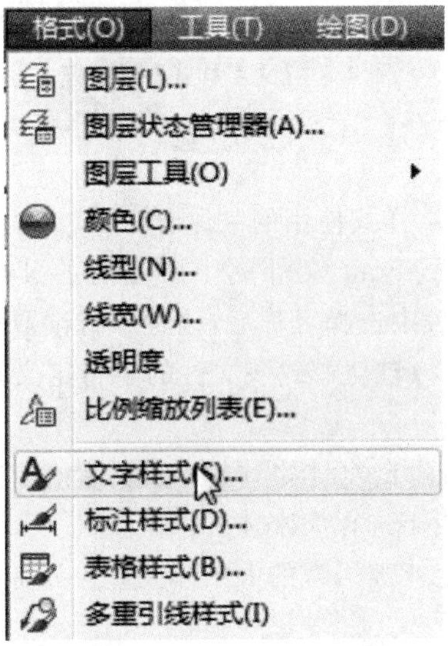

图 4-1　【文字样式】命令

- 工具栏：【样式】工具栏的按钮，如图 4-2 所示。

图 4-2　【样式】工具栏

- 功能区：【注释】选项卡中，单击【文字】功能区的按钮
- 命令行：style(st)↙

执行上述命令后，系统会打开【文字样式】对话框。如图 4-3 所示。

下面详细介绍一下【文字样式】对话框中的重要参数。

(1)【样式(S)】列表框：列出当前可以使用的文字样式，默认文字样式是标准(Standard)文字样式。

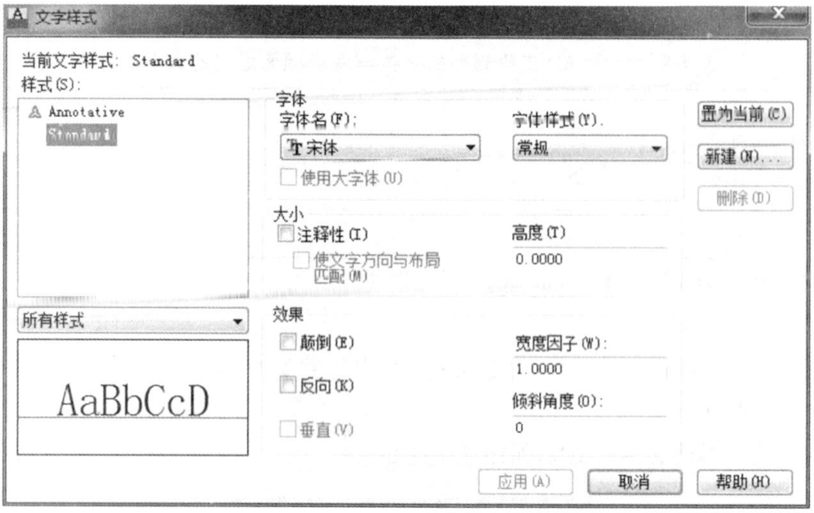

图 4-3 【文字样式】对话框

(2)【字体】选项组。

【字体】参数栏用于设置文字样式使用的字体。

【字体名】下拉表框:列出了 Font 文件夹中所注册的 TrueType 字体和所有编译的形(SHX)字体的字体族名。从列表中选择名称后,该程序将读取指定的字体文件。除非文件已经由另一个文字样式使用,否则将自动加载该文件的字符定义。可以定义使用相同字体的多个样式。

【字体样式(Y)】下拉表框:指定字体格式,如斜体、粗体或者常规字体。选定【使用大字体】后,该选项变为【大字体】,用于选择大字体文件。

【使用大字体】复选框:指定亚洲语言的大字体文件。只有 SHX 文件可以创建【大字体】。

(3)【大小】选项组。

【大小】参数栏用于更改文字的大小。

【注释性(I)】复选框:指定文字为注释性。

【使用文字方向与布局匹配(M)】复选框:指定图纸空间视口中的文字方向与布局方向匹配。若清除【注释性】选项,则该项不可用。

【高度(T)】文本框:根据输入的值设置文字高度。输入大于 0.0 的高度将自动为此样式设置文字高度;若输入 0.0,则文字高度将默认为上次使用的文字高度,或使用存储在图形样板文件中的值。在相同的高度设置下,TrueType 字体显示的高度可能会小于 SHX 字体。若选择了注释性选项,则输入的值将设置图纸空间中的文字高度。

(4)【效果】选项组。

【效果】参数栏用于更改文字的特性。

【颠倒(E)】复选框:文字方向将反转。

【反向(K)】复选框:文字的阅读顺序将与开始输入的文字顺序相反。该文字的输入顺序是从左到右,反向之后文字顺序就变成从右到左。

【宽度因子(W)】文本框:该参数控制文字的宽度,正常情况下的宽度比例为 1,当【宽度比例】大于 1 时，文字会变宽；当【宽度比例】小于 1 时，文字会变窄。

【倾斜角度(O)】文体框：控制文字的倾斜角度，用户只能输入“-85°”和“85°”之间的角度值，超过这个区间的角度值将无效。图 4-4 是各种设置的效果。

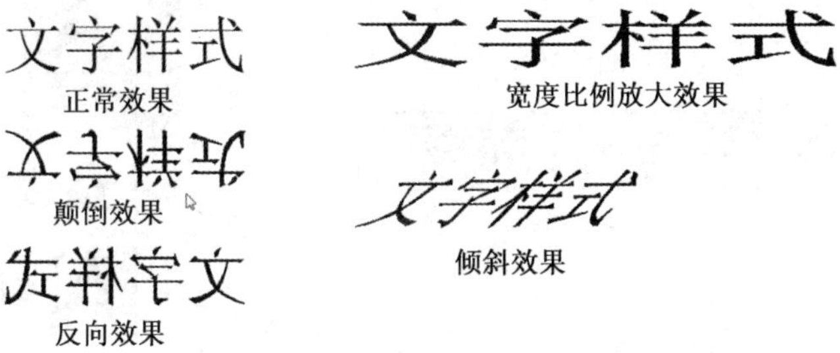

图 4-4　文字效果

然后，点击【新建】，输入名称【国标文字】或者其他名称。如图 4-5 所示。

图 4-5　创建国标文字样式

单击【确定】后，返回【文字样式】对话框，对以下参数进行修改：

【字体】：AutoCAD 中专门提供了三种符合国家标准的中文字体文件，即“gbenor. shx”“gbeitc. shx”“gbcbig. shx”文件。其中，“gbenor. shx”“gbeitc. shx”用于标注直体和斜体字母和数字，“gbcbig. shx”用于标注中文(需要点选【使用大字体】)。

用户也可采用长仿宋体，选择“仿宋_GB2312”字体，然后将【宽度因子】设为“0.7”。

【字高】：将字高设置为合适的数值(必须采用国标建议使用的数值)。

【宽度因子】：一般不需要设置，如果需要设置，一般设置为 0.7。

【倾斜角度】：一般不需要设置，如果需要设置，一般设置为 15°。

最后，点击【应用】按钮使设置生效，点击【置为当前】按钮，使【国标文字】样式成为当前样式，点击【关闭】按钮关闭对话框。这样就完成了【国标文字】文字样式的设置。

二、单行文字

单行文字是指创建的每一行文字都是独立的对象，可以单独对每行文字进行编辑。

1. 创建单行文字

在 AutoCAD 中，创建单行文字的具体方式如下：

- 菜单栏：【绘图】|【文字】|【单行文字】
- 工具栏：如图 4-6 所示，【文字】工具栏中 A 的按钮

- 功能区：如图 4-7 所示，【注释】选项卡中，单击【文字】功能区中的按钮
- 命令行：text 或 dt ↙

图 4-6 【文字】工具栏

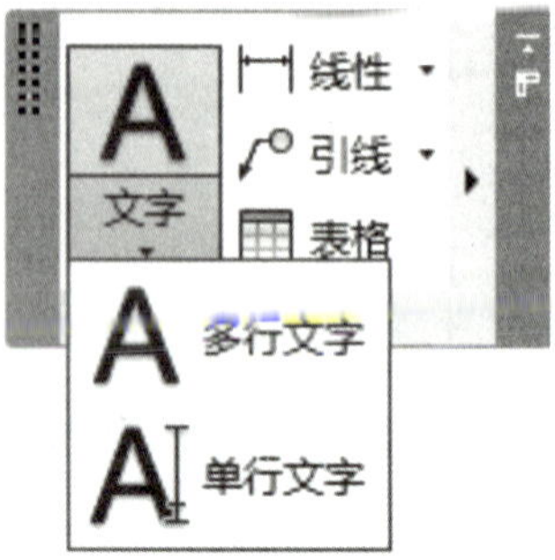

图 4-7 【单行文字】按钮

调用【单行文字】命令后，命令行提示如下：

```
命令: _text
当前文字样式: "Standard" 文字高度: 2.5000 注释性: 否
指定文字的起点或 [对正(J)/样式(S)]:
指定文字的旋转角度 <0>:
```

下面介绍一下命令行提示的含义。

指定文字的起点：在绘图区域中单击鼠标指定单行文字行基线的起点位置。

指定文字的高度：若当前文字样式的高度设置为 0，系统将显示【指定高度】提示信息，要求指定高度，否则不显示该提示信息，而使用【文字样式】对话框中设置的文字高度。

指定文字的旋转角度：输入文字的旋转角度，或按 Enter 键使用默认角度 0°。此时将在绘图区域的文字起点处显示矩形框，用户输入文字即可。也可以切换到 Windows 的中文输入方式下，输入中文文字。

设置对正方式：在“指定文字的起点或[对正(J)/样式(S)]：”提示信息后输入 J，可以设置文字的排列方式。

设置当前文字样式：在“指定文字的起点或[对正(J)/样式(S)]：”提示信息后输入 S，可以设置当前使用的文字样式。

2. 在单行文字中插入特殊符号

在 AutoCAD 中，各种符号的输入不像有的字处理软件那样方便，用户需要通过一些特殊的方法才能顺利输入相关符号。当然，一些常用符号也可以通过键盘的相关按键直接输入，比如@、#、$、%、&、+、=、/、\、?、<、>、()等符号；对于一些不常见的符号或者特殊符号，在单行文字中，可以采用采用特殊控制代码输入，例如直径符号(ϕ)、正负公差符号(±)、文字上划线、下划线和百分号(%)等。如表 4-2 所示是常用控制符代码。

例如，在输入单行文字的时候，如果输入“%%OAutoCAD”，则“%%O”后面的文字“AutoCAD”会自动加上划线；如果输入“%%UAutoCAD”，则“%%U”后面的文字“AutoCAD”会自动加下划线，效果如图 4-8 所示。

表 4-2　常用控制符代码

控制符	对应字符	控制符	对应字符
%%O	上划线	%%P	正负公差符号"±"
%%U	下划线	%%C	直径符号"ϕ"
%%D	度数符号"°"	%%%	百分比"%"

图 4-8　加入特殊字符的单行文字

三、多行文字

多行文字是指创建的所有文字是一个整体，用于创建较为复杂的文字说明，如技术要求、说明等。

1. 创建多行文字

在 AutoCAD 中，创建多行文字具体方式如下：

- 菜单栏：【绘图】|【文字】|【多行文字】
- 工具栏：【文字】工具栏中的A按钮
- 功能区：【注释】选项卡中，单击【文字】功能区的A按钮
- 命令行：mtext(t 或 mt)↙

调用【多行文字】命令后，在指定第一角点的提示后，在绘图区域中单击鼠标指定第一个角点和对角点，则绘制出一个带水平标尺的输入文本框，同时弹出一个【多行文字】编辑器供用户使用。如图 4-9 所示。

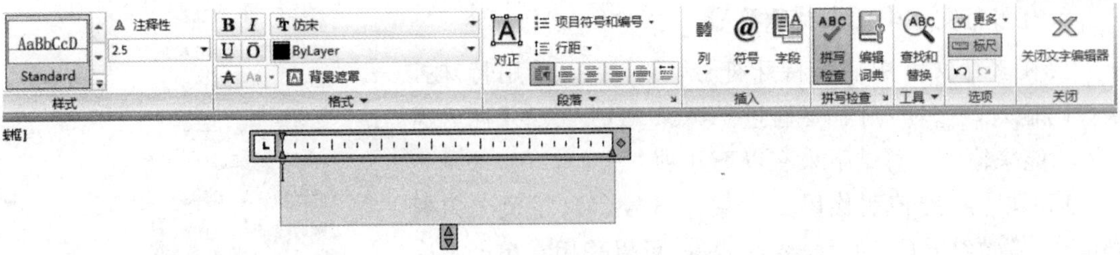

图 4-9　多行文字编辑器

下面介绍【多行文字】编辑器中主要按钮的功能。

(1)【样式】面板。列有当前文字样式，用户可以通过列表选用所使用的样式，或更改在编辑器中所输入文字的样式。设置或更改文字高度，用户可以直接从下拉列表中选择值，也可以在文本框中输入高度值。

（2）【格式】面板。包括粗体、斜体、下划线、上划线、删除线、大小写转换、字体、颜色、背景遮罩的设置，以及倾斜角度、字符间距、宽度因子、堆叠的设置。

堆叠文字是一种垂直对齐的文字或分数，单击堆叠按钮，可以创建堆叠文字。在使用时，需要分别输入分子和分母，其间用“/”“^”或“＃”符号分隔，然后选择这一部分文字，单击【堆叠】按钮即可。利用堆叠功能可以标注出分数及上下偏差等文字。

背景遮罩是为多行文字添加不透明的背景，以突出文字。

（3）【段落】面板。包括对正、项目符号和编号、行距、左对齐、居中对齐、右对齐、分布对齐和合并段落设置。

对正按钮控制相对于文字插入点的文字对齐和文字走向。文字相对于定义文字宽度的边界框靠左对齐和靠右对齐。文字自插入点排列，插入点可以在结果文字对象的中间、顶部和底部。

对齐按钮设置段落文字沿水平方向的对齐方式。其中，左对齐、居中对齐和右对齐按钮用于使段落文字实现左对齐、居中对齐和右对齐；对正按钮使段落文字两端对齐；分布按钮使段落文字沿两端分散对齐。

合并段落按钮用于对选中的多行文字合并成一个段落。

（4）【插入】面板。包括符号、列和字段的插入。

（5）水平标尺。文本框上方的水平标尺与一般文字编辑器的水平标尺类似，用于说明、设置文本行的宽度，设置制表位，设置首行缩进和段落缩进等。通过拖曳文字编辑器中水平标尺上的首行缩进标记和段落缩进标记滑块，可以设置对应的缩进尺寸。如果在水平标尺上某位置单击鼠标左键，会在该位置设置对应的制表位。通过编辑器输入要标注的文字，并进行各种设置后，单击编辑器中的【确定】按钮，即可标注出对应的文字。

如果完成多行文字的输入，单击【关闭文字编辑器】按钮，即可退出多行文字的编辑。

2. 在多行文字中插入特殊符号

要在多行文字中插入特殊符号，除了可以采用特殊控制代码输入，更多的则需要通过 AutoCAD 提供的【插入符号】功能来输入。总结下来有以下几种方式：

（1）输入特殊控制代码。如直径符号（ϕ）、正负公差符号（±）、度数符号（°）和百分号（%）等，可以采用在单行文字中插入特殊符号相同的方法，输入其特殊控制代码以插入符号。

（2）使用【插入符号】功能。单击【多行文字】编辑器中【符号】按钮@，弹出符号列表。如图 4-10 所示。列表中列出了常用符号及控制符或 Unicode 字符串，用户可以根据需要从中选择。如果选择【其他】选项，则会显示出【字符映射

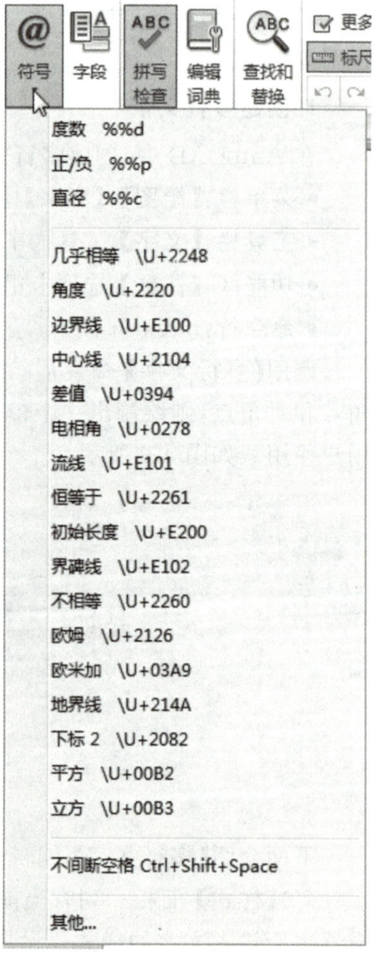

图 4-10　字符列表

表】对话框。如图 4-11 所示。在【字符映射表】对话框中，选择要使用的字符，然后双击被选取的字符或单击【选择】按钮，再单击【复制】按钮，将字符拷贝到剪贴板上，点【关闭】返回原来的对话框，将光标放置放在要插入字符的位置，用“Ctrl＋V”就可将字符从剪贴板上粘贴到光标位置。

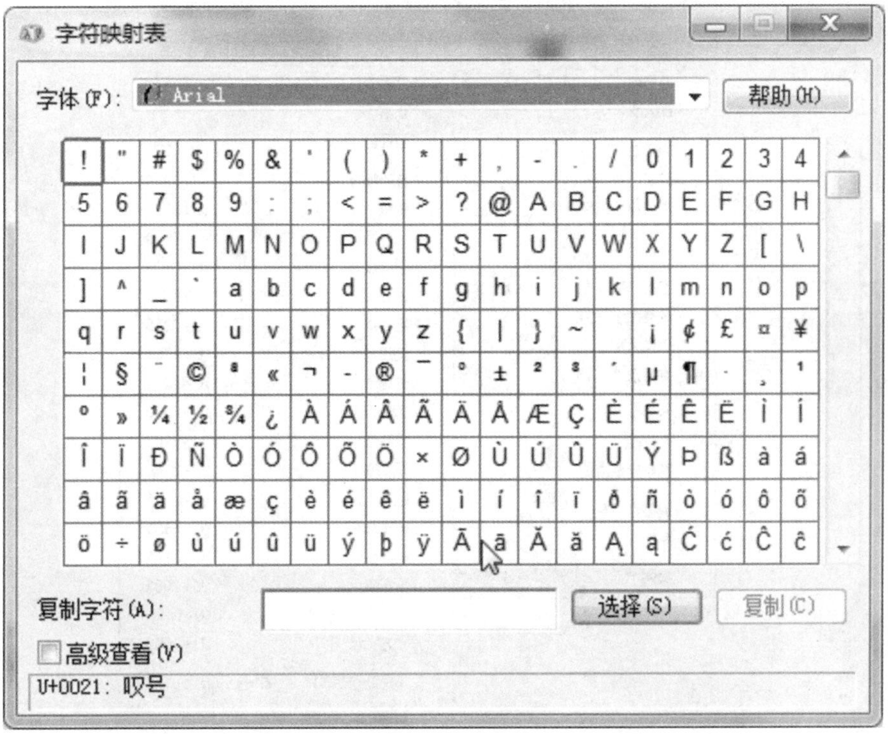

图 4-11　字符映射表

(3)在多行文字输入框中单击鼠标右键，从弹出的快捷菜单中选择【符号】命令，在弹出的子菜单中选择需要的符号选项即可。如图 4-12 所示。

3. 创建分数和公差式文字

在多行文字中，使用【堆叠】功能可以标注出分数及上下偏差等文字。堆叠字符是指插入符(^)、正向斜杠(/)或磅符号(＃)。

如果选定多行文字中包含堆叠字符，则先选中这组文字，然后单击【多行文字】编辑器中【堆叠】按钮，则堆叠字符左侧的文字将堆叠在字符右侧的文字之上。如果选定堆叠文字，再单击该按钮则取消堆叠。

默认情况下，选中包含插入符(^)的文字，单击【堆叠】按钮，则选中文字转换为左对正的公差值。如图 4-13 所示。

包含正斜杠(/)的文字将转换为居中对正的分数值，斜杠被转换为一条同较长的字符串长度相同的水平线，如图 4-14 所示。

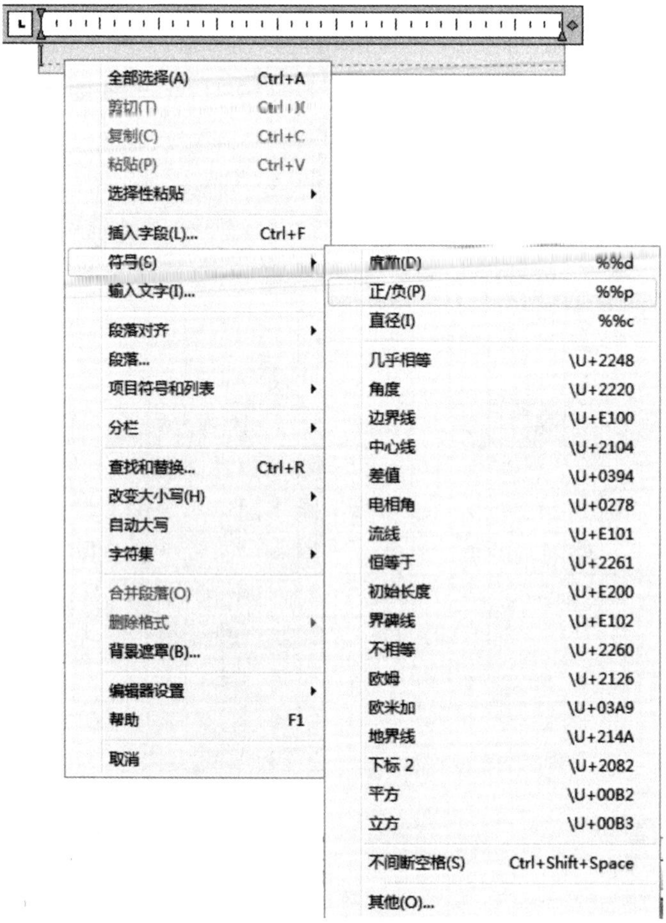

图 4-12 字符列表

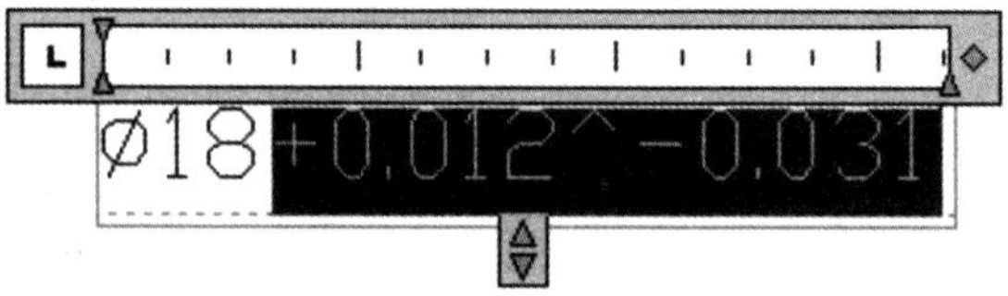

选中要堆叠的文字

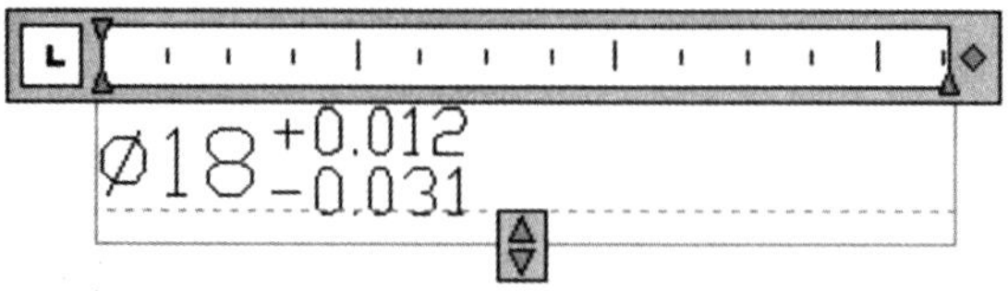

堆叠后的效果

图 4-13 堆叠的公差文字

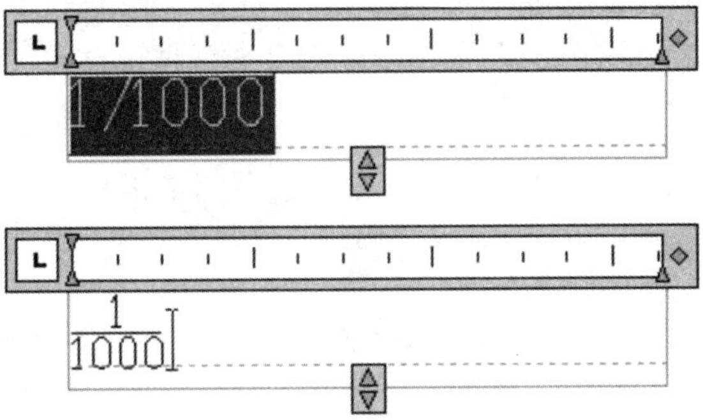

图 4-14　堆叠的分数文字

包含磅符号(#)的文字将转换为被斜线分开的分数，斜线高度与两个字符串高度相同，斜线上方的文字向右下对齐，斜线下方的文字向左上对齐，如图 4-15 所示。

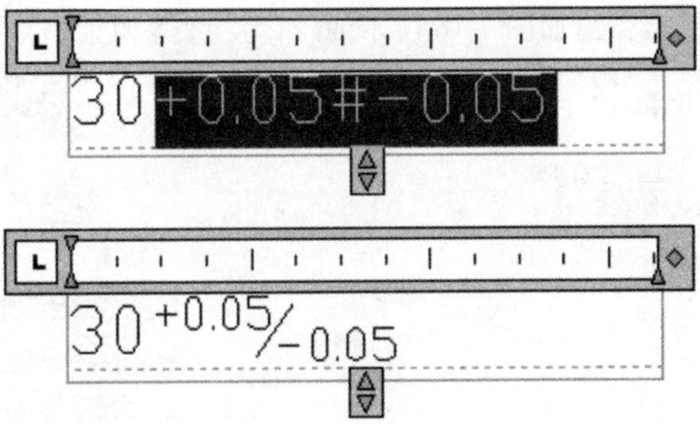

图 4-15　堆叠的斜分文字

输入上标的方法：编辑文字时，例如输入 3^，然后选中 3^，单击【堆叠】按钮即可。

输入下标的方法：编辑文字时，例如输入^3，然后选中^3，单击【堆叠】按钮即可。

四、编辑文字

对于图形中已有的文字对象，用户可使用各种编辑命令对其进行修改。

1. 文字编辑命令

该命令对多行文字、单行文字以及尺寸标注中的文字均可适用。

编辑文字的命令执行方式有以下 3 种：

- 菜单栏：【修改】|【对象】|【文字】|【编辑】
- 工具栏：【文字】工具栏中的 按钮
- 命令行：ddedit ↙

调用该命令后，如果选择多行文字对象或标注中的文字，则出现【多行文字】编辑器。而对于单行的文字对象，则弹出在位文字编辑框。该对话框只能修改文字，而不支持字体、调整位置以及文字高度的修改。

缺省的文字编辑器是【Multiline Text Editor(多行文字编辑器)多行文字编辑器】,但可以选择使用第三方编辑器,该编辑器在【Option(选项)】对话框中设置,也可以用 MTEXTED 系统变量设置。

2. 拼写检查命令

将文字输入图形中时可以检查所有文字的拼写。也可以指定已使用的特定语言的词典并自定义和管理多个自定义拼写词典。

可以检查图形中所有文字对象的拼写,包括标注文字、单行文字和多行文字、块属性中的文字以及外部参照。

使用拼写检查,将搜索用户指定的图形或图形的文字区域中拼写错误的词语。如果找到拼写错误的词语,则将亮显该词语并且图形区域将缩放为便于读取该词语的比例。

拼写检查命令的执行方式有以下两种。

- 菜单栏:【工具】|【拼写检查】
- 命令行 :spell(sp)↙

运行该命令后,系统会弹出如图 4-16 所示的【拼写检查】对话框。

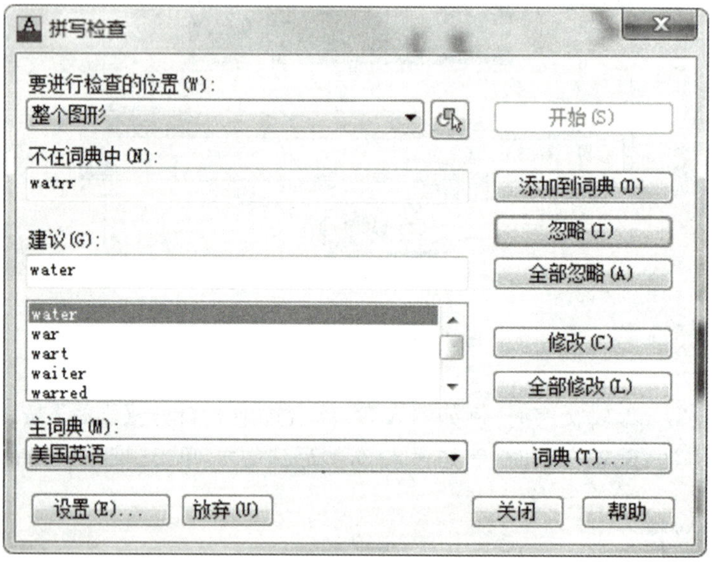

图 4-16 【拼写检查】对话框

下面介绍【拼写检查】对话框中各项含义:

【要进行检查的位置】:即【整个图形】【当前空间布局】和【选定的对象】。

【不在词典中】:显示标识为拼错的词语。

【建议】:显示当前词典中建议的替换词列表。两个【建议】区域的列表框中的第一条建议均亮显。可以从列表中选择其他替换词语,或在顶部【建议】文字区域中编辑或输入替换词语。

【主词典】:列出主词典选项。默认词典将取决于语言设置。

【开始】:开始检查文字的拼写错误。

【添加到词典】:将当前词语添加到当前自定义词典中。词语的最大长度为 63 个字符。

【忽略】:跳过当前词语。

【全部忽略】:跳过所有与当前词语相同的词语。

【修改】:用【建议】框中的词语替换当前词语。

【全部修改】:替换拼写检查区域中所有选定文字对象中的当前词语。

【词典】:显示【词典】对话框。

【设置】:显示【拼写检查设置】对话框。

3. 查找和替换文本

查找命令可以对文字对象进行查找、替换、选择或缩放等各种操作,该命令所适用的对象包含单行文字、多行文字、块属性值、标注注释文字、超级链接说明和超级链接等。

选择【编辑】|【查找】菜单命令,然后在系统弹出的【查找和替换】对话框中输入要查找和替换的内容,如图 4-17 所示。

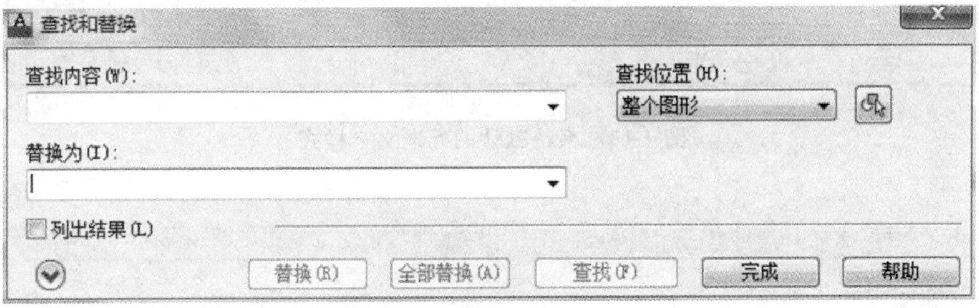

图 4-17　【查找和替换】对话框

该对话框中各项含义:

【查找内容】:在此输入要查找的字符串。可以输入包含任意通配符的文字字符串,或从列表中选择最近使用过的字符串。

【替换为】:输入用于替换找到文字的字符串,或从列表中最近使用过的字符串。

【查找位置】:指定是搜索整个图形、当前布局还是搜索当前选定的对象。如果已选择一个对象,则默认值为【所选对象】。如果未选择对象,则默认值为【整个图形】。可以用【选择对象】按钮临时关闭该对话框,并创建或修改选择集。

【实例解析】

一、修改标准(Standard)文字样式

步骤:

(1)执行【格式】|【文字样式】菜单命令,打开【文字样式】对话框,在该对话框中可以看出当前的文字样式名为 Standard,这就是系统默认的标准文字样式,如图 4-18 所示。

(2)在【字体名】下拉列表中可以选择“宋体”“黑体”“隶书”“新宋体”等汉字字体;在【高度】文本框中可以设置文字的大小,比如这里设置高度为“2.5”,如图 4-19 所示。

(3)在【效果】参数栏中设置文字的【颠倒】【反向】等效果,在【宽度因子】文本框中设置

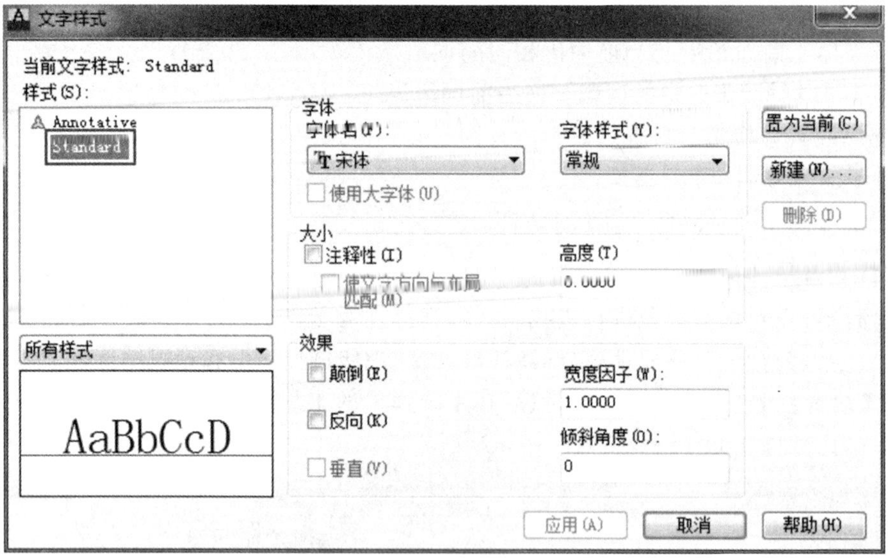

图 4-18　系统默认的标准文字样式

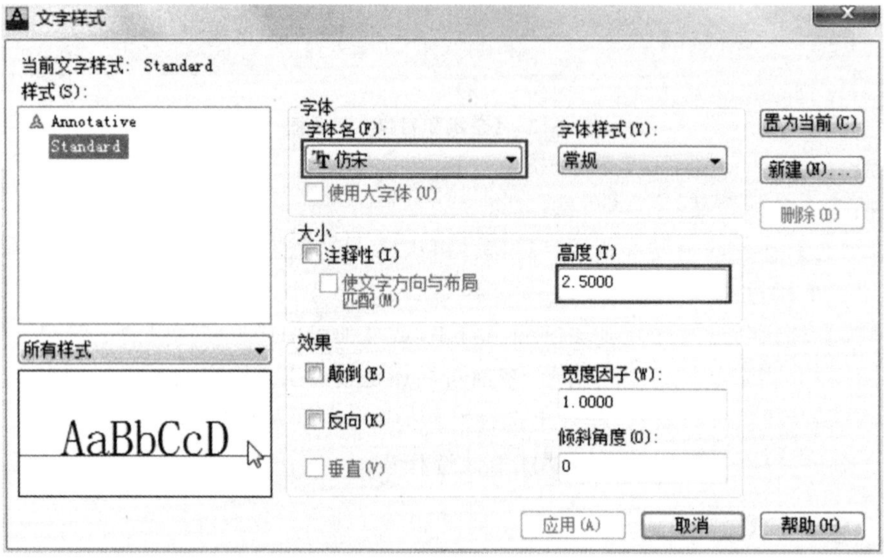

图 4-19　设置高度

文字的高宽比，在【倾斜角度】文本框中设置文字的倾斜角度，如图 4-20 所示。

在修改文字样式的时候，旁边的预览框将实时反映出修改的结果，以便用户观察字体样式。

(4)完成对标准(Standard)文字样式的修改之后，单击其中的【应用】按钮关闭该对话框。单击【置为当前】按钮，则设置无效。

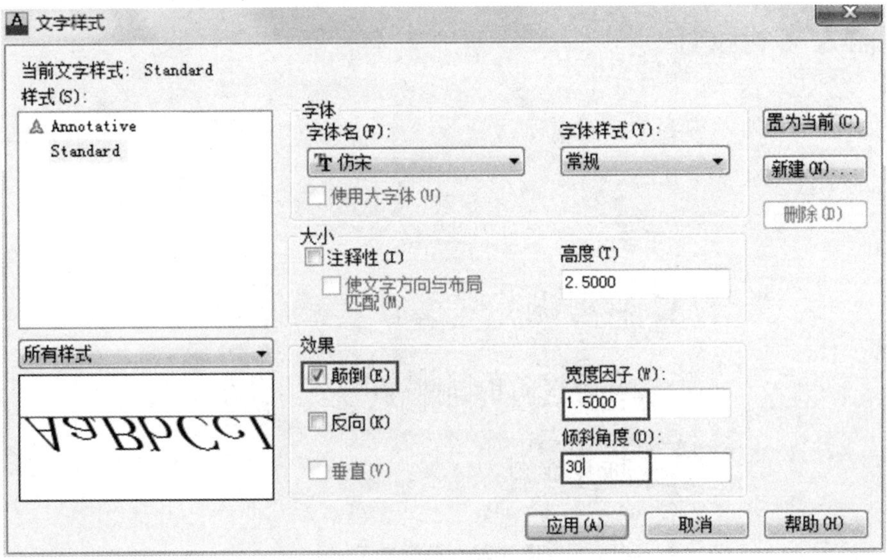

图 4-20　设置倾斜角度

二、输入单行文字

输入单行文字“AUTOCAD2013”，步骤：

(1)执行【绘图】|【文字】|【单行文字】菜单命令或者在命令提示行输入 Dt 并回车，然后根据命令提示输入，命令执行过程如下。

命令:text	//调用【单行文字】命令
当前文字样式:“Standard”　文字高度:2.5000 注释性:否	//使用标准文字样式
指定文字的起点或[对正(J)/样式(S)]:	//在绘图区域拾取一点
指定文字的旋转角度<0>:45	//设置文字的旋转角度{

(2)根据命令提示设置文字样式之后，绘图区域就会出现一个带光标的矩形框，在其中输入相关文字，如图 4-21 所示，

当输入完一行文字后，按 Enter 键不会结束文字输入，而是表示换行，但是新的文字与上一行文字没有任何关系，它是一个独立存在的新对象。如果在绘图区域的其他位置单击鼠标左键，则可以在新确定的位置继续输入单行文字。

(3)按快捷键 Ctr+Enter 或在空行处按 Enter 键结束文字的输入。

图 4-21

三、输入多行文字

输入如图 4-22 所示内容的多行文字。

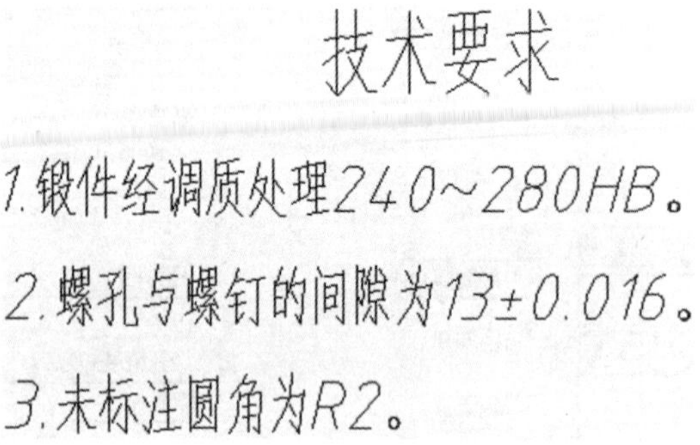

图 4-22 多行文字

步骤：

(1)执行【绘图】|【文字】|【多行文字】菜单命令，然后在绘图区域划出一个矩形选区作为输入文字的区域。

(2)使用【Standard】样式，输入技术要求的说明文字。

(3)选中第一行，在出现的【多行文字】选项卡的【样式】面板中设置文字高度是"5"，在【格式】面板中单击【加粗】按钮，选择"仿宋"字体，设置颜色是"蓝色"，展开【格式】面板，设置【宽度因子】为"0.7"，在【段落】面板中单击【居中】按钮。

(4)选中其他行，设置文字高度是"3.5"，在【格式】面板中选择"仿宋"字体，设置颜色是"蓝色"，设置【宽度因子】为"0.7"。

(5)设置完成后，单击【关闭文字编辑器】按钮完成输入。

课后作业

一、选择题

1. Text【单行文字】或 Dtext【单行文字】命令的简写形式是什么？（　　）

A. T　　B. D　　C. Te　　D. Dt

2. 在输入单行文字的时候，如果要输入直径符号，那么需要输入的替代符是什么？（　　）

A. %%C　　B. %%D　　C. %%O　　D. %%U

二、实例题

1. 使用单行文字功能输入任意文字，文字大小为 25，旋转角度为 30°。

2. 使用多行文字功能输入任意文字，文字字体为楷体，大小为 5，并设置背景颜色为蓝色。

任务 2　创建表格对象

【知识目标】

1. 了解表格样式。
2. 熟悉创建和修改表格的方法。

【技能目标】

1. 掌握表格样式的设置方法。
2. 掌握表格的创建和文本输入方法。

【必备知识】

表格是机械制图中常用的对象，在绘制零件图和装配图等图形的过程中，常常需要创建各类表格，如图纸标题栏、装配图的明细栏等。

一、表格样式设置

在创建表格时，AutoCAD 2013 默认使用当前的表格样式，也可以根据具体要求重新设置表格样式和参数特征。

表格样式决定了创建的表格的字体、高度、对齐和颜色等特征。在不同的要求下需使用不同的表格样式。调用【表格样式】命令的方法如下：

- 菜单栏：【格式】|【表格样式】
- 工具栏：【样式】工具栏中的按钮
- 功能区：【注释】选项卡中，表格功能区的按钮
- 命令行：tablestyle(ts)↙

执行上述命令后，系统会打开【表格样式】对话框。如图 4-23 所示。

【表格样式】对话框中各选项的功能含义如下。

【当前表格样式】：显示应用于所创建表格的表格样式名称。默认表格样式为 Standard。

【样式(S)】列表框：显示表格样式列表格，当前样式被亮显。

【列出(L)】选项组：控制【样式】列表格的内容。【所有样式】显示所有表格样式。【正在使用的样式】仅显示被当前图形中的表格引用的表格样式。

【预览】框：显示【样式】列表格中选定样式的预览图像。

【置为当前】按钮：将【样式】列表格中选定的表格样式设置为当前样式。所有新表格都将使用此表格样式创建。

【新建】按钮：显示【创建新的表格样式】对话框，从中可以定义新的表格样式。

【修改】按钮：显示【修改表格样式】对话框，从中可以修改表格样式。

【删除】按钮：删除【样式】列表格中选定的表格样式，不能删除图形中正在使用的样式。

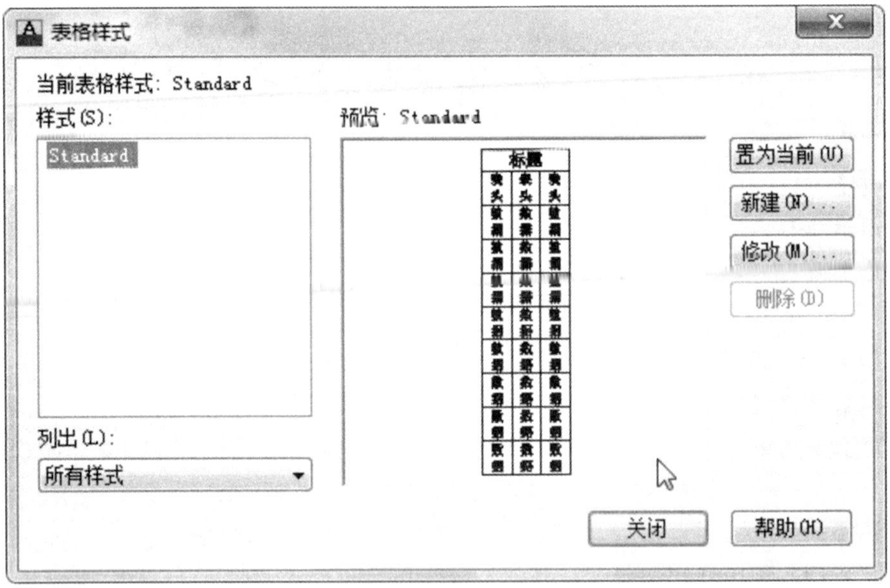

图 4-23 【表格样式】对话框

如果在【表格样式】对话框中单击【修改】按钮,则将对当前被选中的表格样式进行修改。修改表格样式的方法与新建表格样式的方法类似,所以这里介绍新建表格样式的方法即可。

单击【表格样式】对话框中的【新建】按钮,如图 4-24 所示。

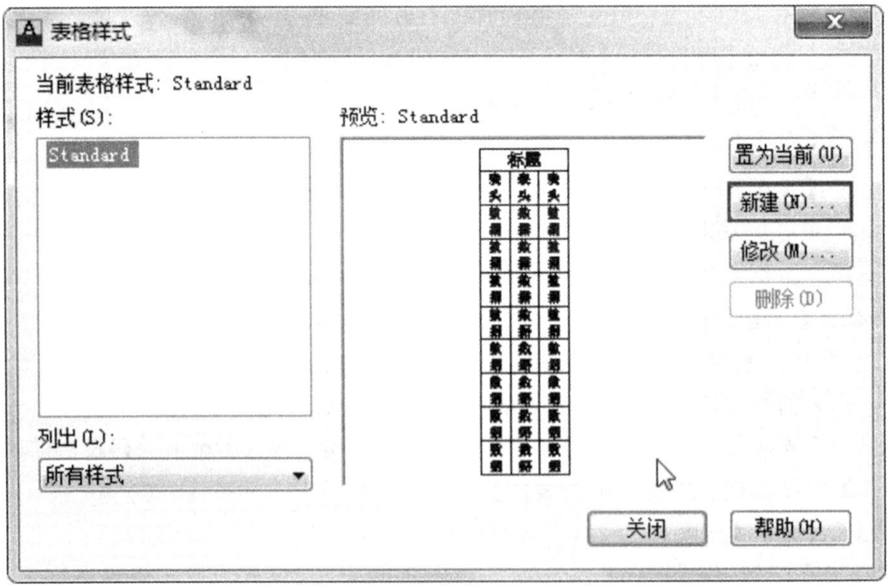

图 4-24 新建表格样式

系统弹出【创建新的表格样式】对话框,将新的表格样式命名为"表格样式 01",然后单击【继续】按钮。如图 4-25 所示。

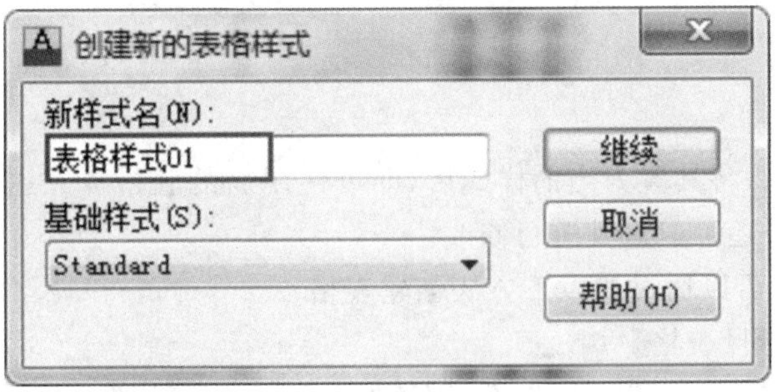

图 4-25　【创建新的表格样式】对话框

系统弹出【新建表格样式:表格样式 01】对话框,如图 4-26 所示,用户可以在其中设置表格的方向、在【单元样式】下拉列表框中,选择对【标题】【表头】还是【数据】进行设置。在【常规】选项卡下用于设置【标题】【表头】和【数据】的填充颜色、文字的对齐方式等,在【文字】选项卡下用于设置文字属性,比如文字的样式、文字高度和文字颜色,在【边框】选项卡下用于设置边框属性,比如线型、线宽和颜色。设置完毕后单击【确定】按钮。

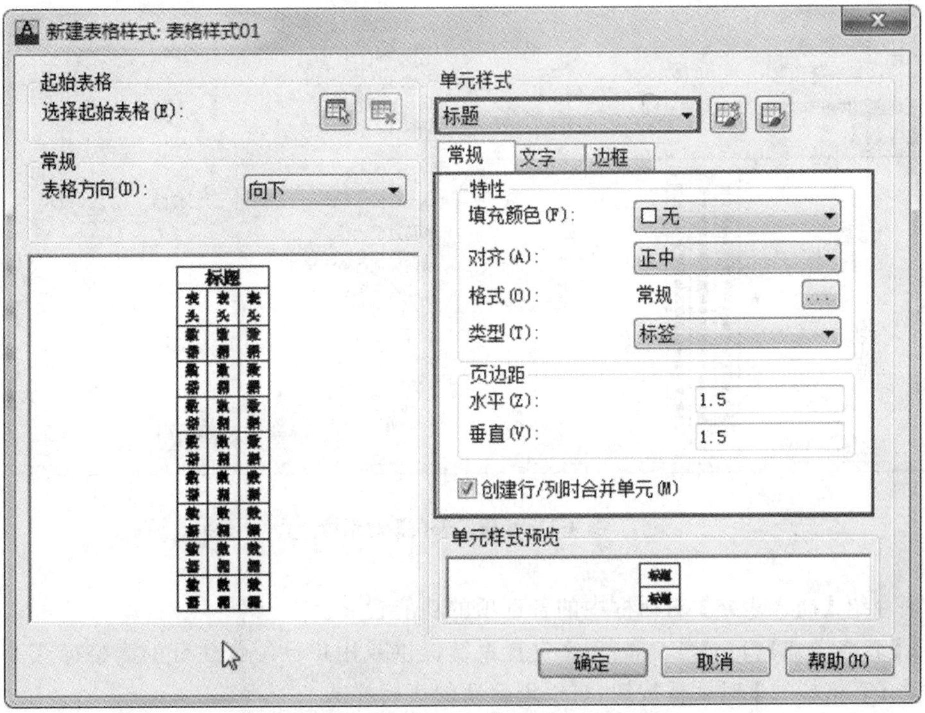

图 4-26　【新建表格样式】对话框

系统回到【表格样式】对话框,系统自动将其设置为当前样式,单击【关闭】按钮,完成新建表格样式的工作。

四、创建表格

设置了表格样式并将其置为当前样式后，即可使用新的表格样式创建表格了。如果对创建的表格不满意，用户还可以对其进行修改。

在 AutoCAD 中，可以通过过以下方法创建表格：

- 菜单栏：【绘图】|【表格】
- 功能区：【注释】选项卡中，单击【表格】功能区中的按钮
- 功能区：【常用】选项卡中，单击【注释】功能区中的按钮
- 命令行：table ↙

执行上述命令后，系统会打开【插入表格】对话框。如图 4-27 所示。

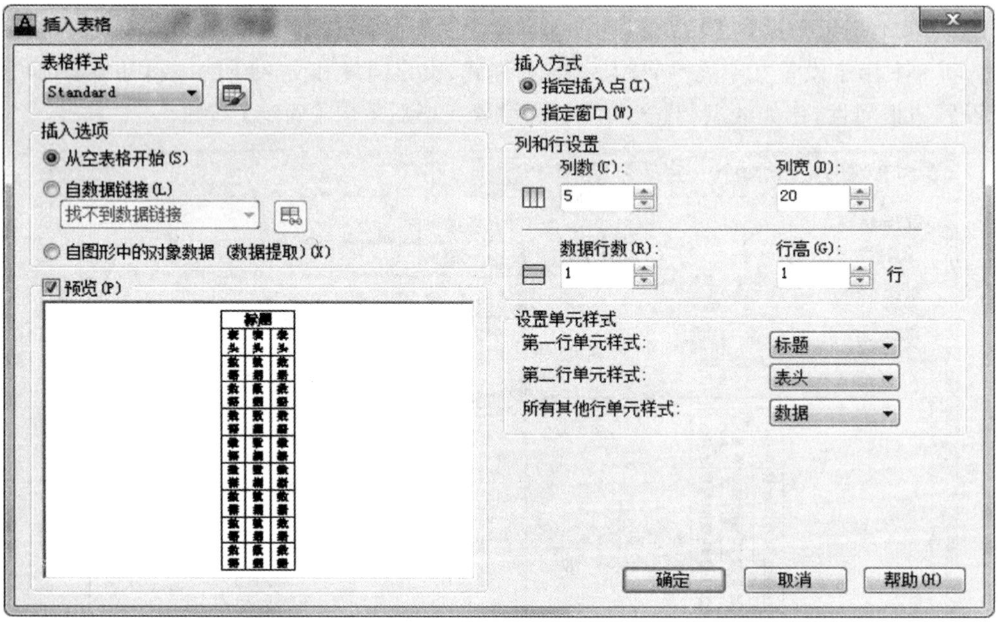

图 4-27 【插入表格】对话框

下面介绍【插入表格】对话框中的各选项的功能含义。

(1)【表格样式】下拉列表框：用来选择系统提供或用户已经创建好的表格样式通过单击其后启动【表格样式】对话框按钮，可以创建新的表格样式。

(2)【插入选项】选项组。指定插入表格的方式。

【从空表格开始】单选框：创建可以手动填充数据的空表格。

【自数据链接】单选框：从外部电子表格中的数据创建表格。

【自图形中的对象数据(数据提取)】单选框：从可输出到表格或外部文件的图形中提取数据来创建表格。

(3)【插入方式】选项组。指定表格位置。

【指定插入点】单选框：指定表格左上角的位置。可以使用定点设备，也可以在命令提

示下输入坐标值。若表格样式将表格的方向设置为由下而上读取，则插入点位于表格的左下角。

【指定窗口】单选框：指定表格的大小和位置。可以使用定点设备，也可以在命令提示下输入坐标值。选定此选项时，行数、列数、行高和列宽取决于窗口的大小以及列和行的设置。

(4)【列和行设置】选项组。设置列和行的数目和大小。

【列数】文本框：指定列数。选定【指定窗口】选项并指定列宽时，【自动】选项将被选定，且列数由表格的宽度控制。若已指定包含起始表格的表格样式，则可以选择要添加到此起始表格的其他列的数量。

【列宽】文本框：指定列的宽度。选定【指定窗口】选项并指定列数时，则选定了【自动】选项，且列宽由表格的宽度控制，最小列宽为一个字符。

【数据行数】文本框：指定数据行的行，不包括标题行和表头行。带有标题行和表头行的表格样式最少应有三行。最小行高为一个文字行。若已指定包含起始表格的表格样式，则可以选择要添加到此起始表格的其他数据行的数量。选定【指定窗口】选项并指定行高时，则选定了【自动】选项，且行数由表格的高度控制。

行高：按照行数指定行高。文字行高基于文字高度和单元边距，这两项均在表格样式中设置。选定【指定窗口】选项并指定行数时，则选定了【自动】选项，且行高由表格的高度控制。

(5)【设置单元样式】选项组。对于那些不包含起始表格的表格样式，请指定新表格中行的单元格式。

【第一行单元样式】下拉表框：指定表格中第一行的单元样式。默认情况下，使用标题单元样式。

【第二行单元样式】下拉表框：指定表格中第二行的单元样式。默认情况下，使用表头单元样式。

【所有其他行单元样式】下拉表框：指定表格中所有其他行的单元样式。默认情况下，使用数据单元样式。

三、修改表格

对表格的修改通常包括改变表格的行高和列宽、插入或删除行和列、设置表格的背景颜色等。修改的方法很多，可以使用拖动夹点的方法修改，可以通过【特性】管理器修改，也可以通过快捷菜单修改。

1. 使用夹点法修改表格列宽

鼠标左键单击表格的任意边界以选中整个表格，被选中的表格将显示夹点，夹点位于表格的四周以及每列的顶角，如图 4-28 所示。

如图 4-29 所示，修改第 2 列列宽，则选中第 2 列右边的夹点，然后水平向右拖动夹点到合适的位置并单击鼠标左键，这样第 2 列就被拉宽，并致使第 3 列变窄，而表格的整体宽度不变。

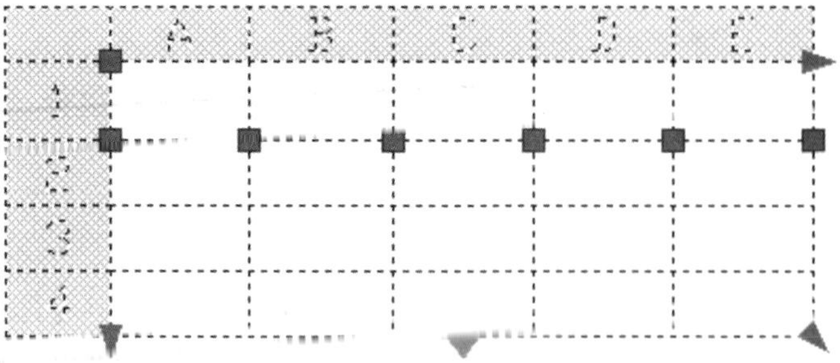

图 4-28　选中整个表格

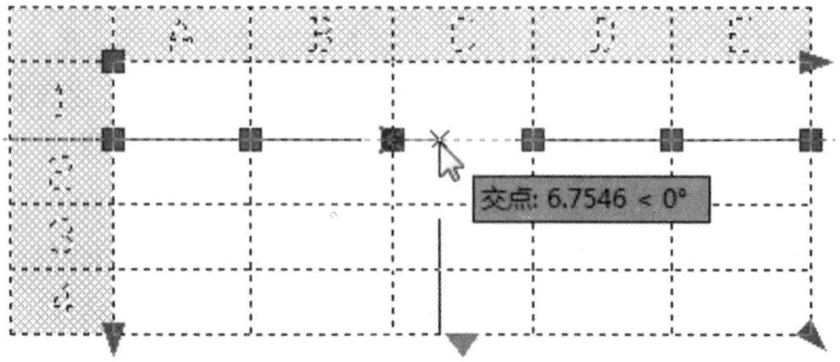

图 4-29　拖动夹点修改列宽

如果第 2 列要增加固定列宽，则在拖动夹点过程中，输入要增加的列宽数值即可。

如果在拖动夹点的时候按住 Ctrl 键，则第 3 列的宽度将保持不变而表格的整体宽度将增大。

2. 使用夹点法修改表格的整体高度和宽度

鼠标左键单击表格的任意边界以选中整个表格，再单击右下角的夹点将其选中，然后往右下方向拖曳夹点到合适的位置并确定。最后按 Esc 键取消对表格的选择。

对于某些比较规整的标题栏，采用表格功能进行绘制会快一些。但是，如果标题栏过于复杂，并且不规则，建议大家仍然采用 Line（直线）等命令进行绘制。

3. 向表格中添加行或列

在使用表格的时候，有时会发现原来的表格不够用了，需要添加一行（数行）或者一列（数列）。可以利用快捷菜单或【表格单元】功能面板进行设置。

（1）利用快捷菜单。在表格的某单元格内单击鼠标左键以选中它，然后单击鼠标右键，在弹出的快捷菜单中选择【列】，接着在【列】的子菜单中选择【在右侧插入】选项，如图 4-30 所示。这样即可在选中单元格的右侧插入一列。如果向表格中添加行，其方法是一致的。还可以采用此菜单删除某行或列。

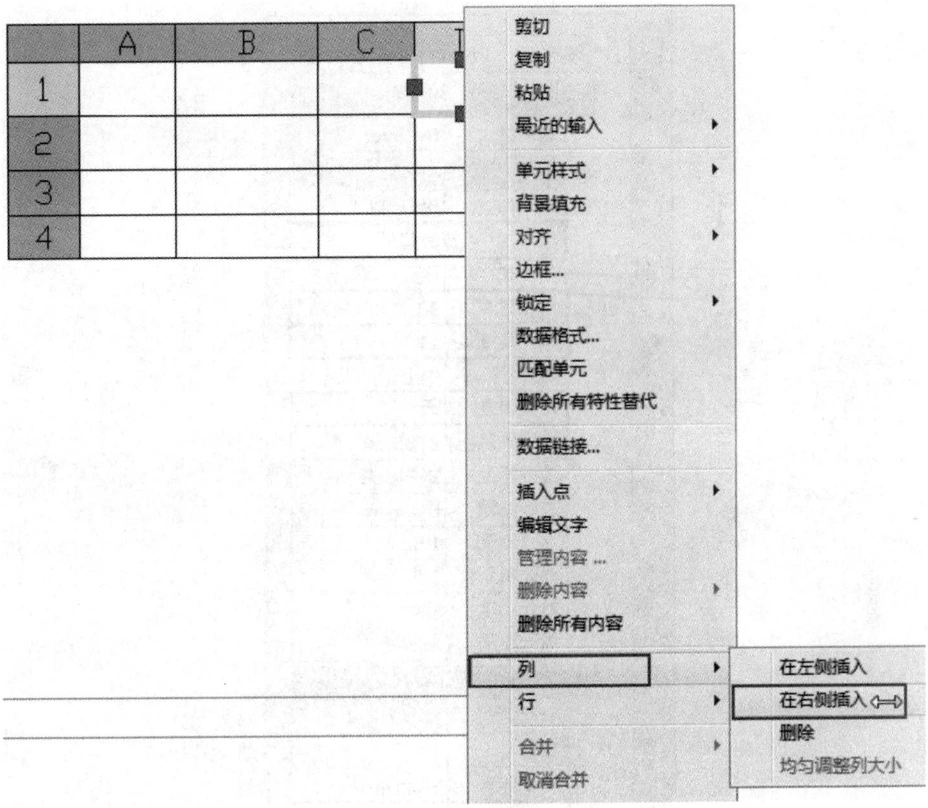

图 4-30 单元格快捷菜单

（2）利用【表格单元】。在表格的某单元格内单击鼠标左键以选中它，这时系统弹出【表格单元】选项卡，如图 4-31 所示。利用其中的按钮添加行或列。单击【表格单元】功能面板中【合并单元格】按钮，可以将选定的多个单元格合并成一个单元格。

图 4-31 【表格单元】选项卡

4. 通过【特性】管理器修改单元格的属性

选中要修改属性的单元格，执行【修改】|【特性】菜单命令，或者单击鼠标右键，在弹出的快捷菜单中选择【特性】，单击打开【特性】管理器，如图 4-32 所示。

在【特性】管理器中可以修改单元格所在行的样式、单元格所在列的宽度、所在行的高度、单元格的边框、背景填充色以及设置单元格内文字的格式。

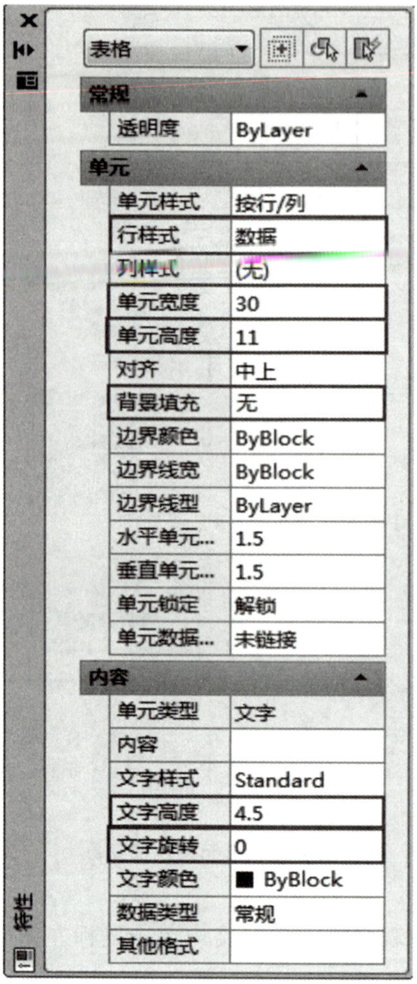

图 4-32 【特性】管理器

【实例解析】

一、绘制图示表格

绘制如图 4-33 所示的表格。

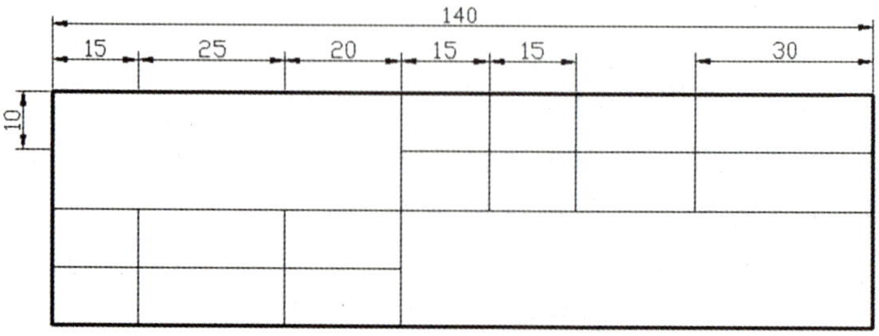

图 4-33

绘图步骤：

(1)单击【绘图】工具栏中的【表格】按钮，打开【插入表格】对话框，如图 4-34 中设置各项参数。

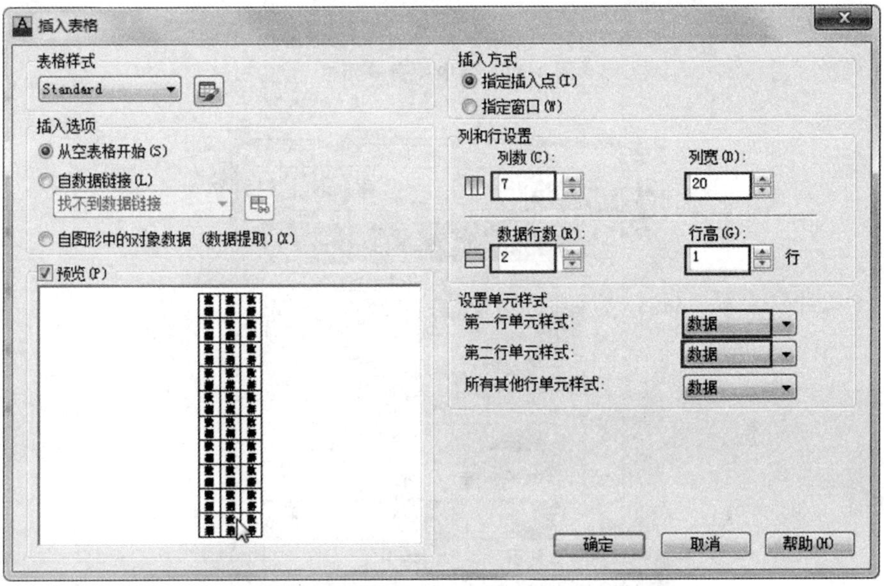

图 4-34　插入表格对话框

(2)鼠标在左键绘图区域拾取一点作为表格的插入点，表格创建完成，如图 4-39，同时出现【文字编辑器】选项卡，如图 4-36，进行文字编辑状态，此时可以向表格中输入文字。不需要输入时单击【关闭文字编辑器】按钮即可。

(3)观察图 4-35，发现第一行高度和其他行不一致。下面对各行统一调整高度。在表格左上角的单元格中按下鼠标左键，拖至表格右下角的单元格中松开，这时选中所有单元格。如图 4-37 所示，然后单击鼠标右键，在弹出的快捷菜单中选择【特性】，单击打开【特性】管理器，在【特性】管理器中设置单元高度为“10”。如图 4-38 所示。关闭【特性】管理器，此时表格各行高度一致。

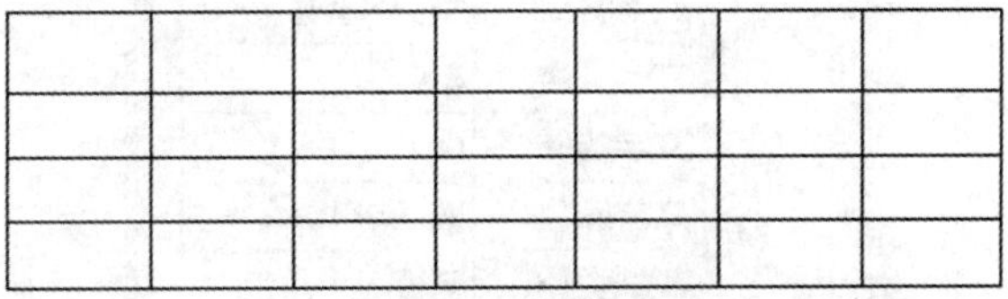

图 4-35　列宽 20 的表格

图 4-36　文字编辑器

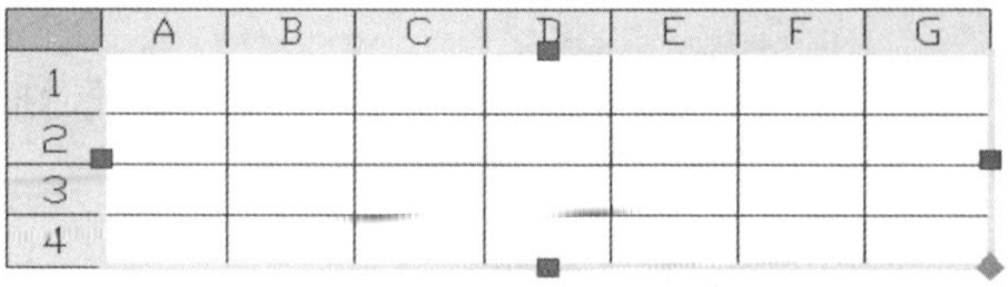

图 4-37　选中所有单元格

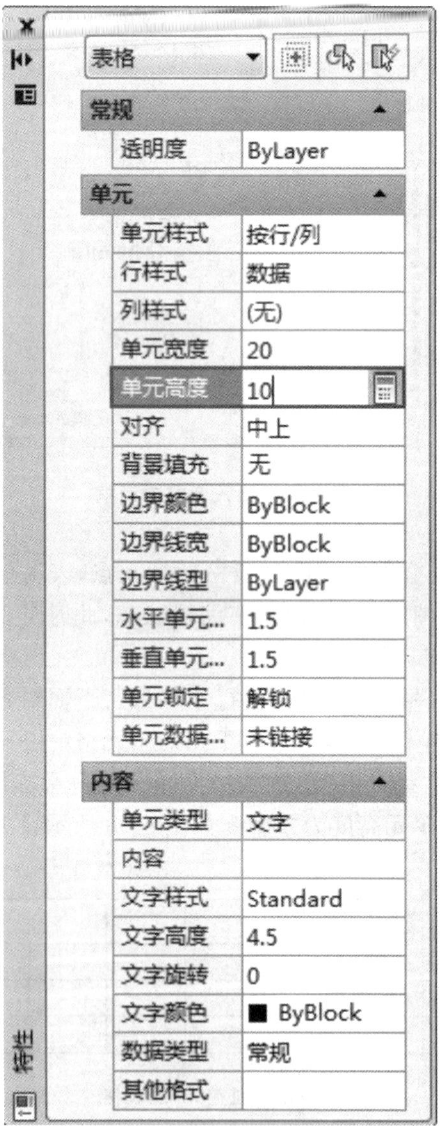

图 4-38　【特性】管理器

(4)下面利用夹点法更改每列宽度。鼠标左键单击表格的任意边界以选中整个表格,被选中的表格将显示夹点,以第一列为例,目前列宽为“20”,需更改为“15”,则选中第 1 列右边的夹点,水平向左拖动夹点,输入要减少的列宽数值“5”回车,如图 4-39,第一列列宽就改变了。依此把各列列宽进行修改。

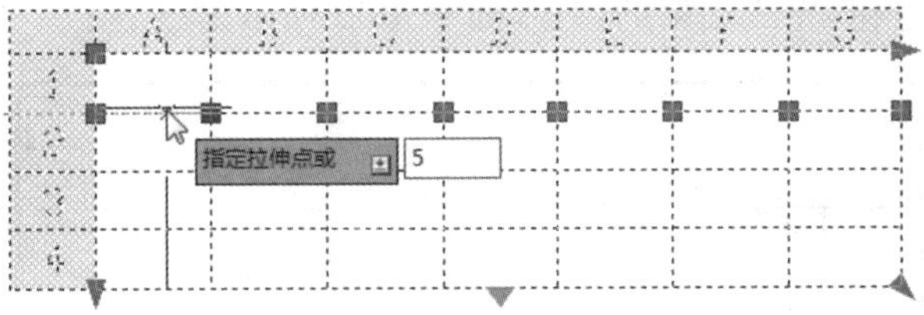

图 4-39　拖动夹点更改列宽

(5)框选左上角的 6 个单元,如图 4-40 所示,单击出现的【表格单元】选项卡中的【合并】面板的【合并单元】按钮,合并选中的单元格。按同样的方法,合并右下角的 8 个单元格。

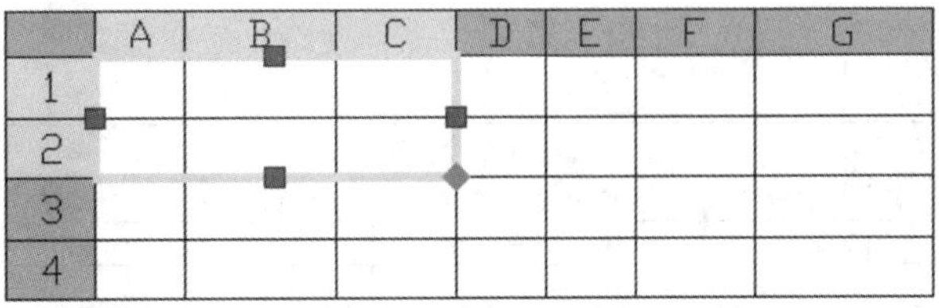

图 4-40　合并单元格

(6)选中所有单元格,在【表格单元】选项卡中单击【样式】面板中的【单元边框】按钮,打开【单元边框特性】对话框,在其中设置整个表格外边框的线宽为 0.3 mm,如图 4-41 所示。单元格的边框也可以在单元格的【特性】管理器中进行设置。

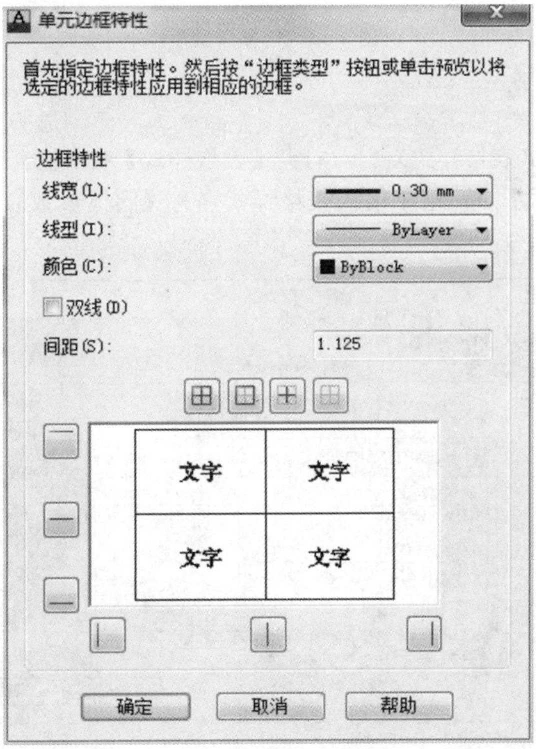

图 4-41　设置表格外边框

(7)单击【确定】按钮,完成表格的创建,如图 4-42 所示。

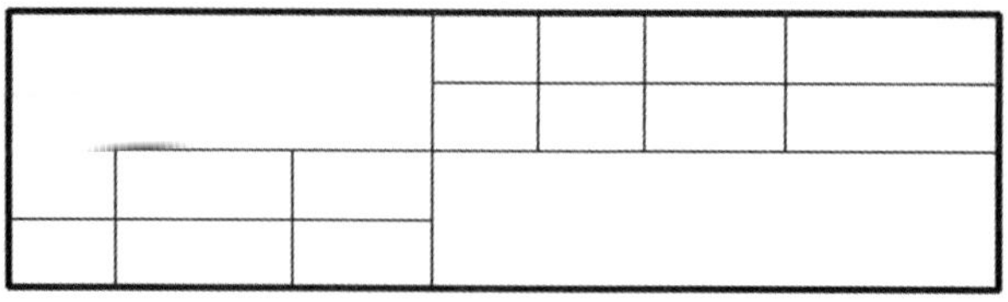

图 4-42　创建的表格

二、绘制阀体参数表

绘制如图 4-43 所示的阀体参数表。

阀体参数表					
序号	图号	名称	数量	材料	备注
1	Ft-1	阀体	1	45	
2	Ft-2	阀杆	1	2cr13	
3	Ft-3	泄压螺钉	1	2cr13	
4	Ft-4	填料盒	2	45	
5	Ft-5	O型盘根	2	丁氢橡胶	
6	Ft-6	密封垫片	1	紫桐	
7	Ft-7	手轮	1	胶木	
8	Ft-8	垫圈	1	Q235-A	GB/T971-1985
9	Ft-9	螺母	1	Q235-A	GB/T6710-2000

图 4-43　阀体参数表

绘图步骤:

(1)在命令行输入 ts(表格样式)命令,打开【表格样式】对话框。单击【新建】按钮,在弹出的【创建新的表格样式】对话框中输入表格样式名称【阀体参数表】,然后单击【继续】按钮。如图 4-44 所示。

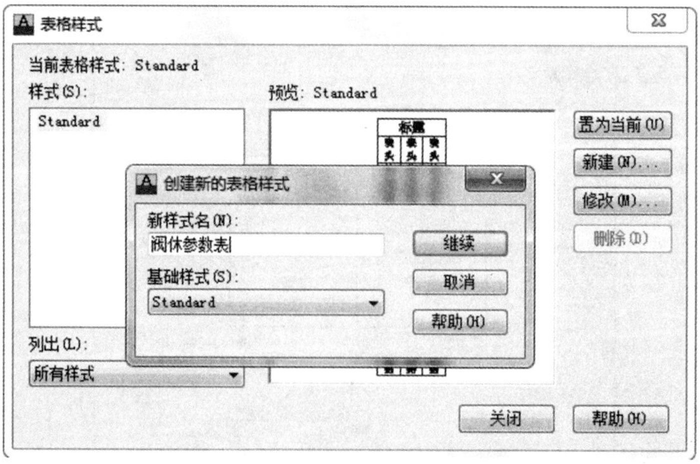

图 4-44　新建表格样式

(2)弹出【新建表格样式:阀体参数表】对话框,在【单元样式】下拉列表框中,选择【标题】选项,单击【文字】选项卡,用于设置文字属性,比如文字的样式、文字高度和文字颜色,设置【文字高度】为"5",【文字颜色】为【蓝】,如图 4-45 所示。在【边框】选项卡下用于设置边框属性,比如线型、线宽和颜色。设置完毕后单击【确定】按钮,如图 4-45 所示。

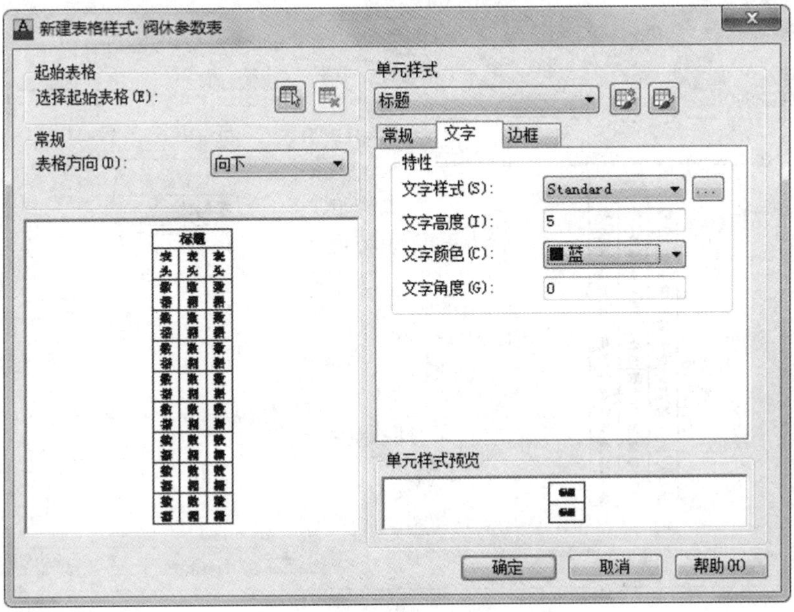

图 4-45　设置标题格式

(3)在【单元样式】下拉列表框中,选择【表头】选项,单击【文字】选项卡,设置【文字高度】为"3.5"。如图 4-46 所示。

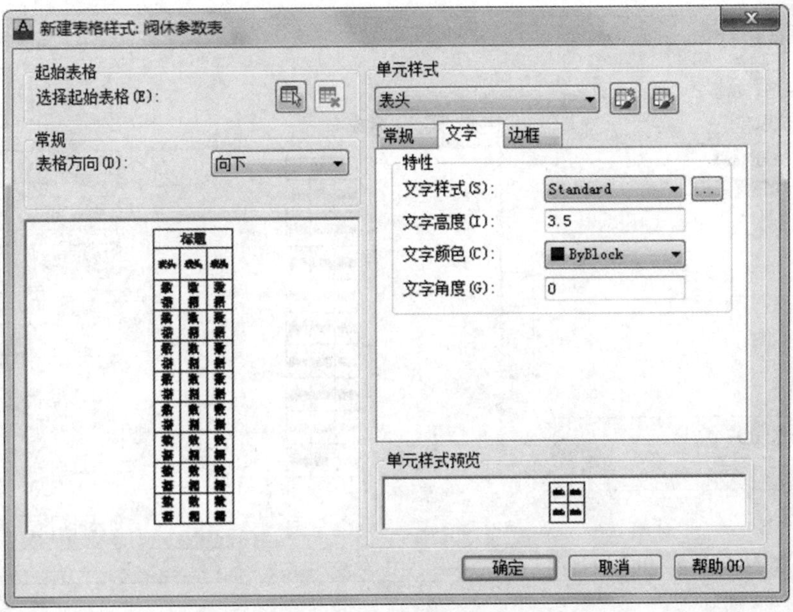

图 4-46　设置表头格式

(4)在【单元样式】下拉列表框中,选择【数据】选项,单击【文字】选项卡,设置【文字高度】为"3.5"。如图 4-47 所示。

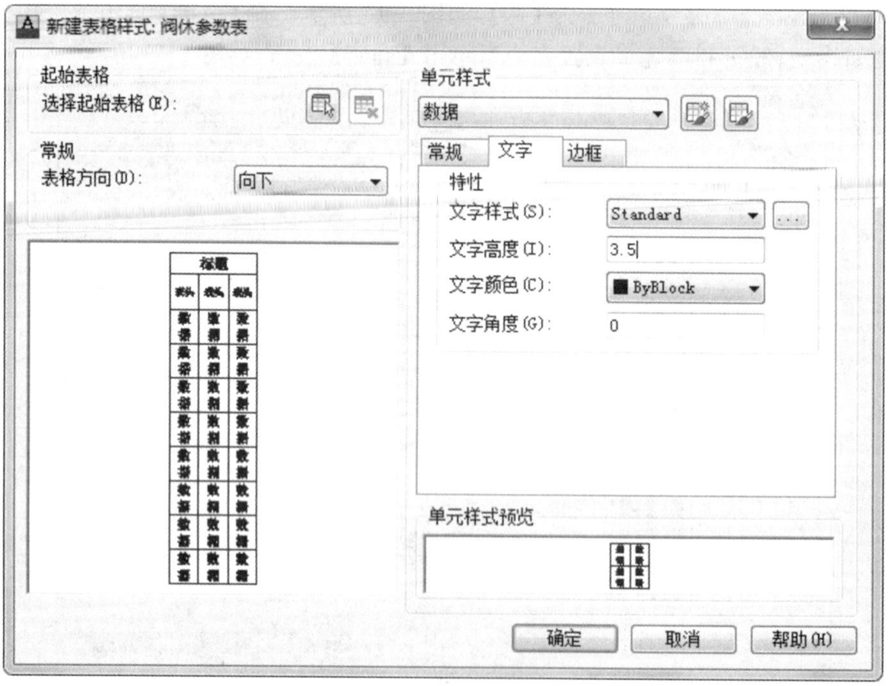

图 4-47　设置数据的高度

(5)单击【确定】按钮,回到【表格样式】对话框,单击【置为当前】按钮,将创建的表格样式设置为当前样式,如图 4-48 所示,然后单击【关闭】按钮关闭对话框。

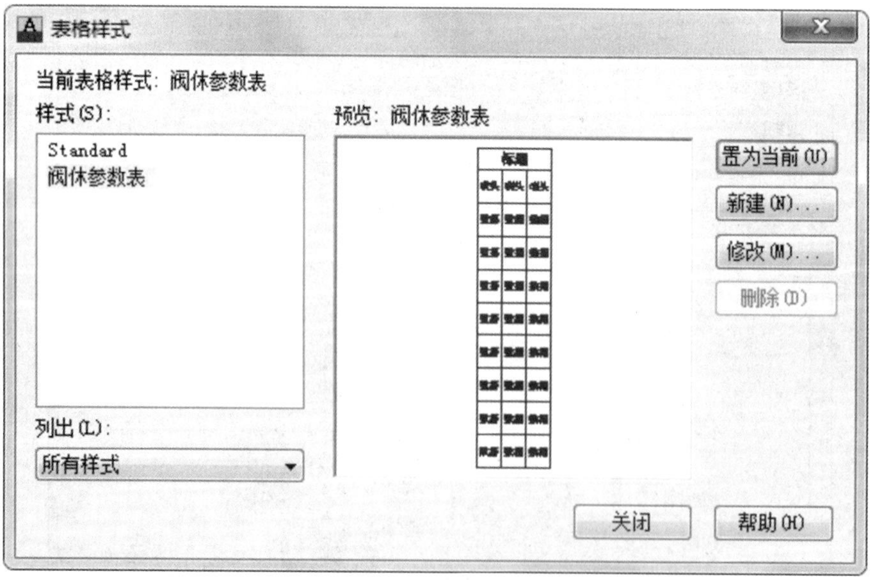

图 4-48　将新样式置为当前

(6)单击【常用】选项卡的【注释】面板中的【表格】按钮▦,打开【插入表格】对话框。根据【阀体参数表】表格样式创建一个 9 行 6 列的表格,参数设置如图 4-49 所示。

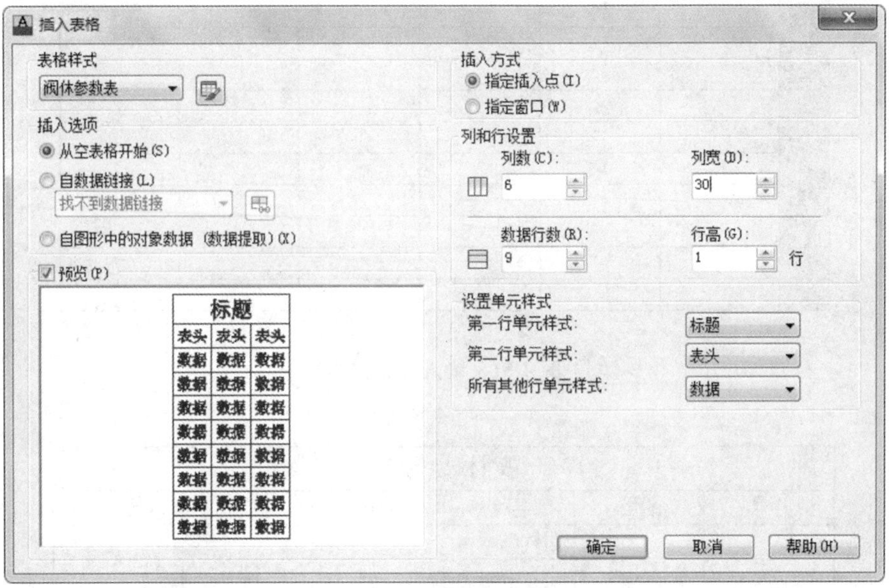

图 4-49　【插入表格】对话框

(7)单击【确定】按钮,在绘图区域中指定插入点。如图 4-50 所示。

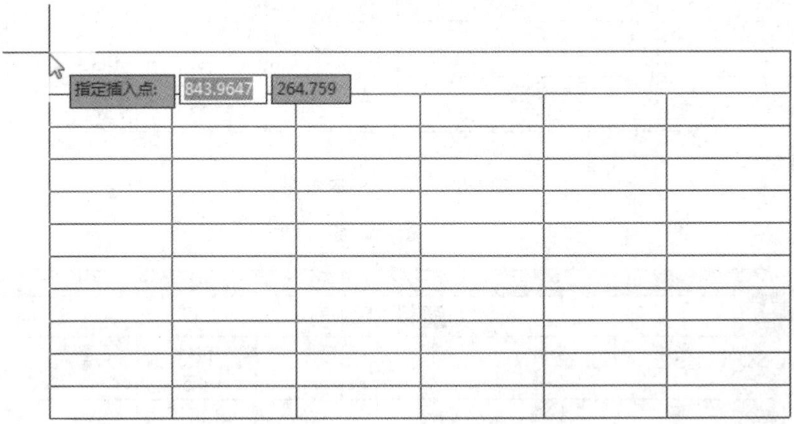

图 4-50　指定插入点

(8)单击鼠标指定插入点后,出现文字输入框,在其中输入【阀体参数表】,如图 4-51 所示。

(9)按→键,在第 2 行第 1 列单元格中输入【序号】,再按→键,在第 2 行第 2 列单元格中输入【图号】,用同样的方法输入其他文本。如图 4-52 所示。

(10)选中输入的文本(3～9 行),在出现的【表格单元】选项卡中单击【单元样式】面板中的【正中】按钮,效果如图 4-53 所示。

	A	B	C	D	E	F
1	阀体参数表					
2						
3						
4						
5						
6						
7						
8						
9						
10						
11						

图 4-51　输入标题文本

阀体参数表					
序号	图号	名称	数量	材料	备注
1	Ft-1	阀体	1	45	
2	Ft-2	阀杆	1	2cr13	
3	Ft-3	泄压螺钉	1	2cr13	
4	Ft-4	填料盒	2	45	
5	Ft-5	0型盘根	2	丁氢橡胶	
6	Ft-6	密封垫片	1	紫桐	
7	Ft-7	手轮	1	胶木	
8	Ft-8	垫圈	1	Q235-A	GB/T971-1985
9	Ft-9	螺母	1	Q235-A	GB/T6710-2000

图 4-52　输入文本效果

	A	B	C	D	E	F
1	阀体参数表					
2	序号	图号	名称	数量	材料	备注
3	1	Ft-1	阀体	1	45	
4	2	Ft-2	阀杆	1	2cr13	
5	3	Ft-3	泄压螺钉	1	2cr13	
6	4	Ft-4	填料盒	2	45	
7	5	Ft-5	0型盘根	2	丁氢橡胶	
8	6	Ft-6	密封垫片	1	紫桐	
9	7	Ft-7	手轮	1	胶木	
10	8	Ft-8	垫圈	1	Q235-A	GB/T971-1985
11	9	Ft-9	螺母	1	Q235-A	GB/T6710-2000

图 4-53　设置单元格式

(11)单击表格边框选中整个表格,单击最后一列右边的夹点,然后水平向右拖动夹点到合适的位置并单击鼠标左键,这样最后一列被拉宽。如图 4-54 所示。

(12)在表格外侧单击鼠标,完成表格的创建。

阀体参数表					
序号	图号	名称	数量	材料	备注
1	Ft-1	阀体	1	45	
2	Ft-2	阀杆	1	2cr13	
3	Ft-3	泄压螺钉	1	2cr13	
4	Ft-4	填料盒	2	45	
5	Ft-5	0型盘根	2	丁氢橡胶	
6	Ft-6	密封垫片	1	紫桐	
7	Ft-7	手轮	1	胶木	
8	Ft-8	垫圈	1	Q235-A	GB/T971-1985
9	Ft-9	螺母	1	Q235-A	GB/T6710-2000

图 4-54　阀体参数表

课 后 作 业

一、选择题

在绘制表格的时候,如果设置数据行为 5 行,那么绘制的表格的实际行数是多少?(　　)

A. 3　　B. 5　　C. 7　　D. 6

二、实例题

按照如图 4-55 所示尺寸,绘制标题栏和明细表。

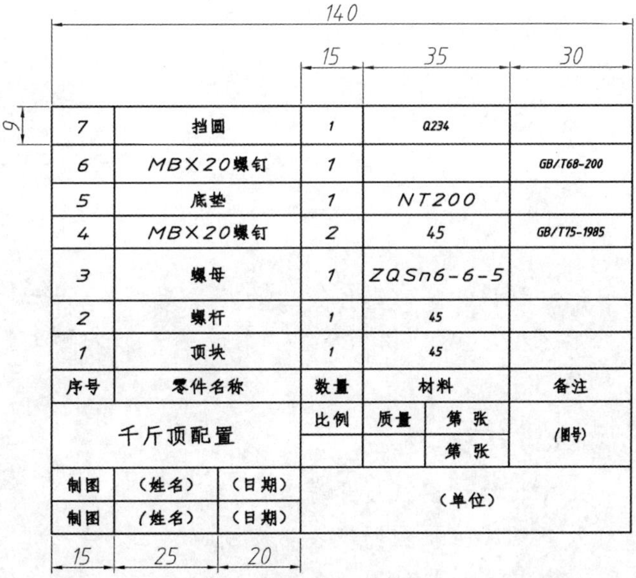

图 4-55　作业图

项目5

机械零件尺寸标注

机械构件的零件图上的尺寸是加工和检验零件的重要依据，是零件图的重要内容之一，是图样中指令性最强的部分。

学习目标

1. 掌握机械图纸尺寸标注样式的设置方法。
2. 熟练掌握机械图纸各类尺寸的标注方法。
3. 熟练掌握机械图纸各类尺寸标注的编辑方法。

任务 1 尺寸标注

【知识目标】

掌握机械尺寸标注的样式设置，掌握机械图纸各类尺寸的标注方法。

【技能目标】

熟练掌握机械图纸各类尺寸的标注方法。

【必备知识】

一、尺寸标注要素

在 AutoCAD 2013 中，一个完整的尺寸标注涉及到的要素主要有尺寸线、尺寸界线、箭头、标注文字，这些要素在标注中的位置如图 5-1 所示，标注时可以根据制图规范进行调整。

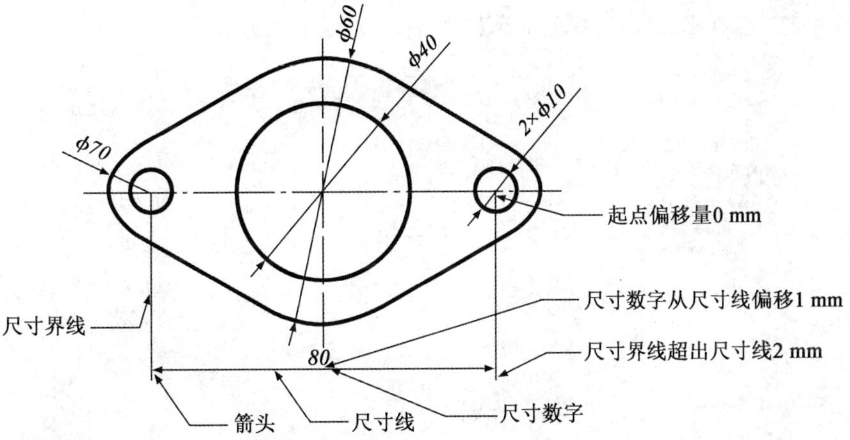

图 5-1 尺寸组成及标注示例

1. 尺寸线

用于指示尺寸方向和范围的线条，以尺寸界限为界，代表度量的范围。

2. 箭头

用于尺寸线的两端，机械制图中通常使用箭头，其他领域可以用其他符号。

3. 尺寸界线

用于界定尺寸线度量范围的直线，一般应与被标注的实体和尺寸线垂直。

4. 标注文字

标注文字是用于指示实际测量值的字符串，一般位于尺寸线上方中央处。有时标注文字还包含前缀（如直径符号 φ）和后缀（如上下偏差）。

二、设置尺寸标注样式

尺寸标注的一般步骤：建立尺寸标注样式→选择尺寸标注类型（相应标注命令）→选择标注的对象→指定尺寸线位置→输入尺寸文本。

由于不同国家或不同行业对于尺寸标注的要求标准不同，因此需要使用“标注样式”来定义不同的尺寸标注样式。具体设置在【标注样式管理器】中进行。

1. 打开【标注样式管理器】对话框有以下几种方法

- 菜单栏：【格式】|【标注样式】
- 工具栏：【标注】工具栏中按钮
- 功能区：【注释】选项卡中，单击【标注】功能区右下角的按钮
- 命令行：dimstyle(d)↙

2. 标注样式管理器

执行命令后，出现【标注样式管理器】对话框，如图 5-2 所示。

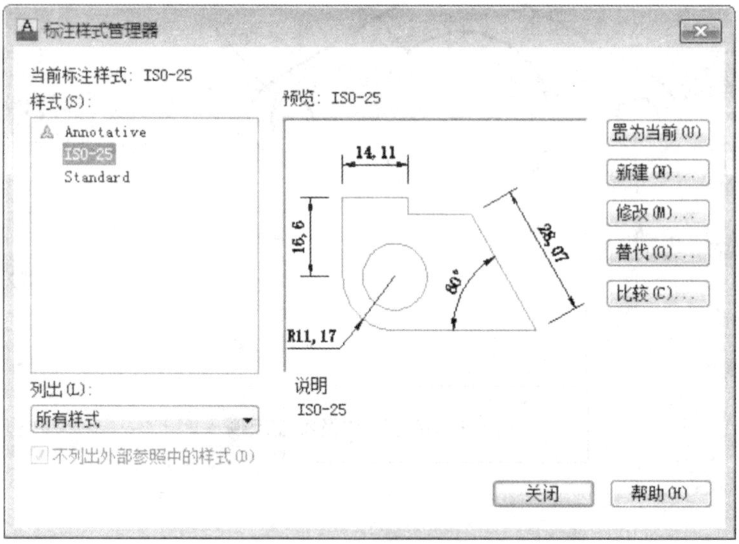

图 5-2 标注样式管理器

下面详细介绍【标注样式管理器】对话框中的重要参数。

【ISO-25】是当前默认的标注样式，这是一个符合 ISO 标准的标注样式。一般情况下，Auto CAD 中“ISO”和“GB”样板图中标注样式的名称是以“-”号为界，前面部分是执行的标准命名，后面部分是标注的文字大小。

在标注样式管理器的右边有几个按钮，作用如下：

【置为当前】：将所选样式置为当前样式。在随后的标注中，将采用该样式标注尺寸。这一操作也可以通过【标注】工具栏的 ISO-25 下拉列表进行指定。

【新建】：新建一种标注样式。

【修改】：修改选择的标注样式。

【替代】：如果要使用某个尺寸标注样式中的部分参数，又不想创建新的尺寸标注样式时，可以替代标注样式。

在【标注样式管理器】对话框中，先选择需要使用其参数的标注样式，单击【替代】按钮，在打开的【替代当前样式】对话框中修改部分参数，单击【确定】按钮，此时【样式】列表框中则会显示当前标注样式的替代标注样式，如图 5-3 所示。使用完“样式替代”后，应该马上删去，以免影响后续需要正常显示一侧的延伸线和尺寸线尺寸标注。

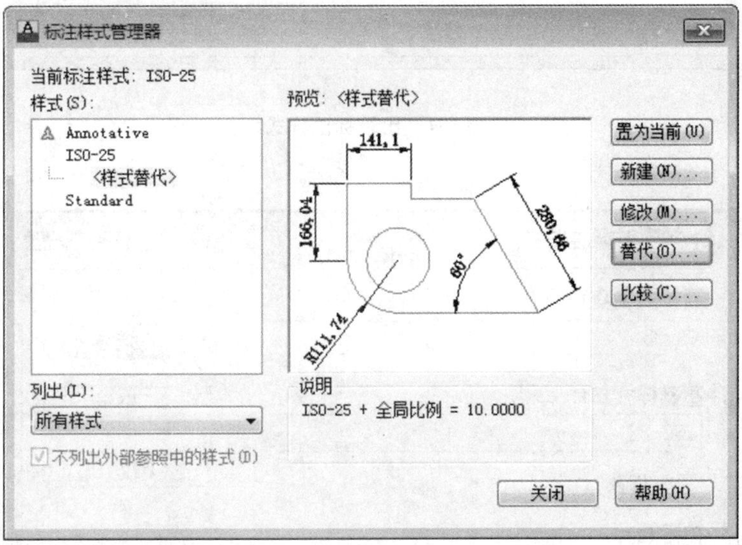

图 5-3　替代标注样式

【比较】：比较尺寸标注是将两种标注样式进行比较，以方便查找两种标注样式的区别。单击【标注样式管理器】对话框上的【比较】按钮，打开【比较标注样式】对话框，在【比较】和【与】下拉列表框中分别选择要进行比较的两个标注样式，其结果显示在对话框下方的列表框中。如图 5-4 所示。

3. 新建标注样式

在中国国家制图标准中对标注的各部分设置都有规定，下面将讲解如何创建一个符合机械制图标准的标注样式以及标注样式各项设置。

在【标注样式管理器】对话框中，单击【新建】按钮，弹出【创建新标注样式】对话框（如图 5-5），为了方便管理，在【新样式名】文本框中输入“GB-35”，点击【继续】按钮，弹出【新建标注样式】对话框，在这里，我们将设置标注的样式。如图 5-5 所示。

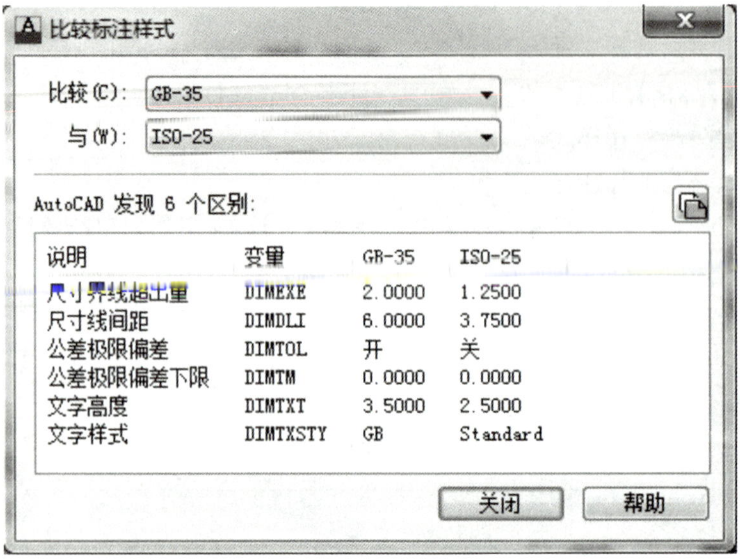

图 5-4　比较标注样式

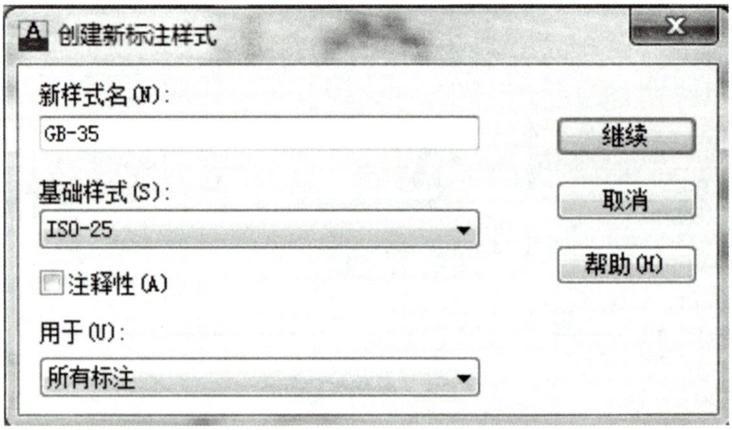

图 5-5　【创建新标注样式】对话框

(1)设置尺寸线和尺寸界线。单击【线】选项卡,设置尺寸线和尺寸界线的样式,如图 5-6 所示。

(2)设置符号和箭头。【符号和箭头】选项卡主要用于设置箭头样式、弧长符号、半径折弯标注和线性折弯标注,如图 5-7 所示。

(3)设置标注的文字格式。尺寸标注的文字默认采用"Standard"文字样式,如果"Standard"文字样式不能满足要求,可以通过【文字】选项卡对标注文字的外观、位置和对齐方式进行设置。如图 5-8 所示。

如果没有创建文字样式,可以单击右侧的...按钮,在弹出的【文字样式】对话框中创建。

【文字对齐】用于设置文字的对齐方式。三个选项的结构如图 5-9 所示。

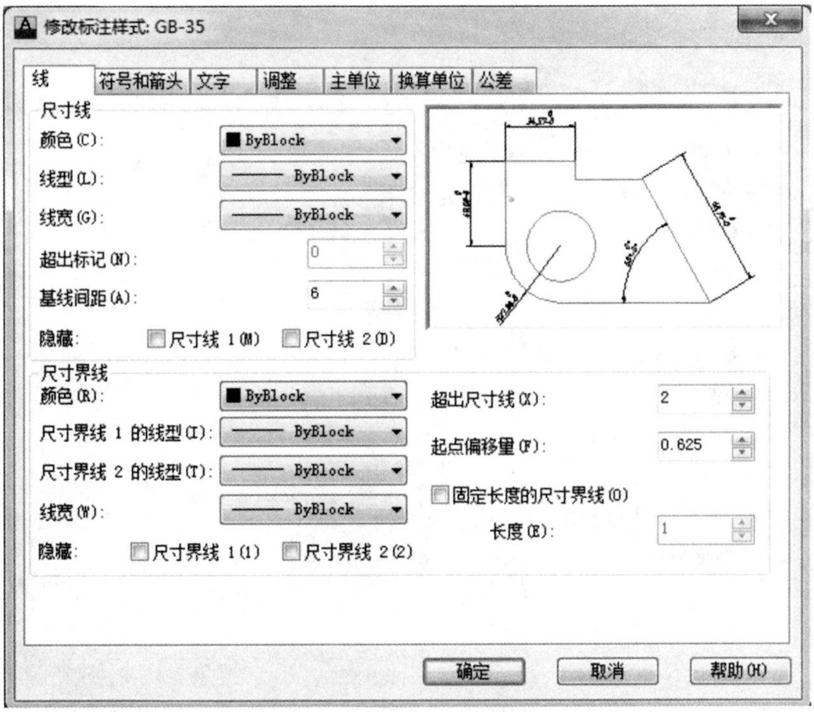

图 5-6　【线】选项卡内容设置

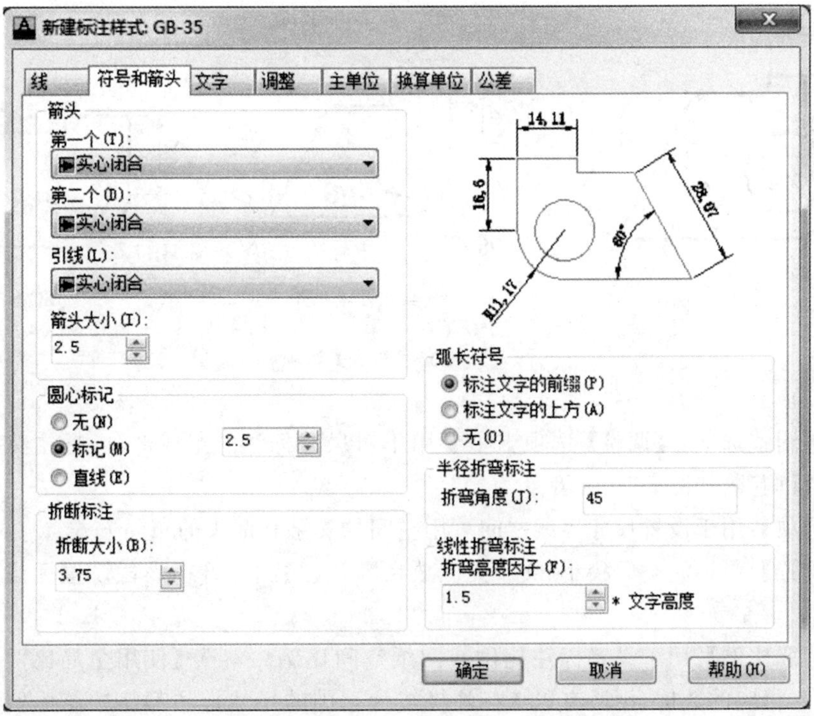

图 5-7　【符号和箭头】选项卡内容设置默认

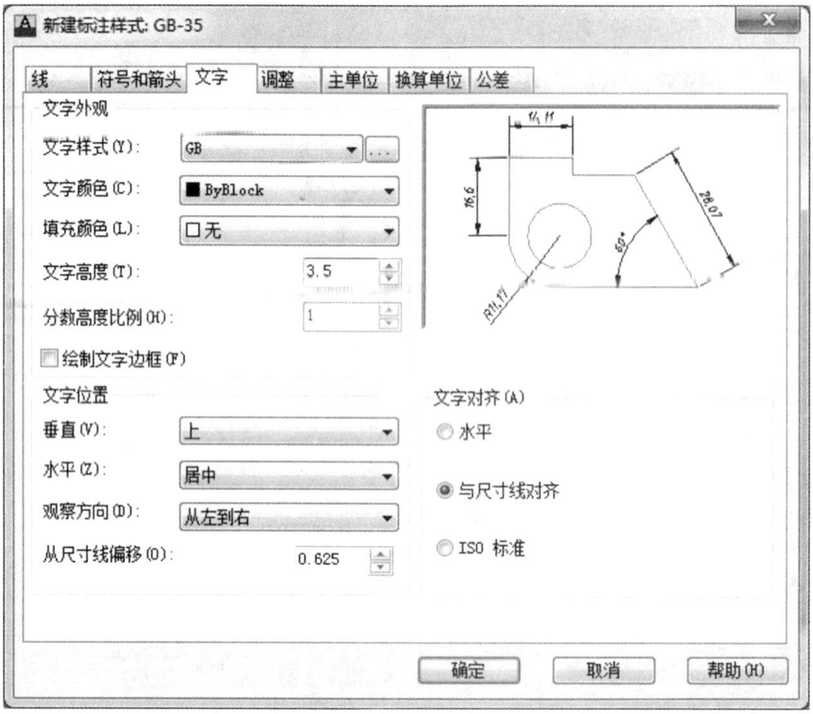

图 5-8 【文字】选项卡内容设置

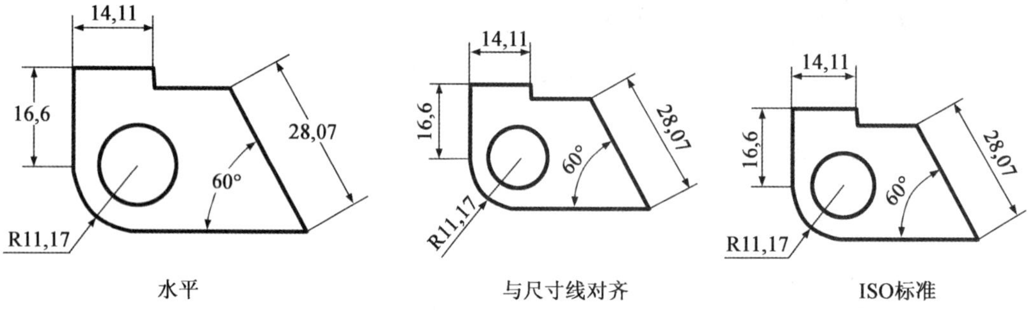

图 5-9 【文字对齐】选项

(4)设置调整选项。【调整】选项卡主要用于对尺寸标注的组成部分、标注特征比例和文字位置等进行调整,如图 5-10 所示。

【调整选项】:用于设置尺寸界线之间可用空间的文字和箭头的布局方式。

【文字位置】:当标注空间狭小、文字无法放在默认位置时,可在该栏设置标注文字的放置位置。

【标注特征比例】:用于设置标注比例或图纸空间比例。勾选【使用全局比例】,在后面的数值框中输入相应的数值,则所有以该标注样式为基础的尺寸标注都将按该比例缩放相应的倍数。勾选【将标注缩放到布局】,则可以根据模型空间视口和图纸空间的比例设置标注比例,通常不使用。

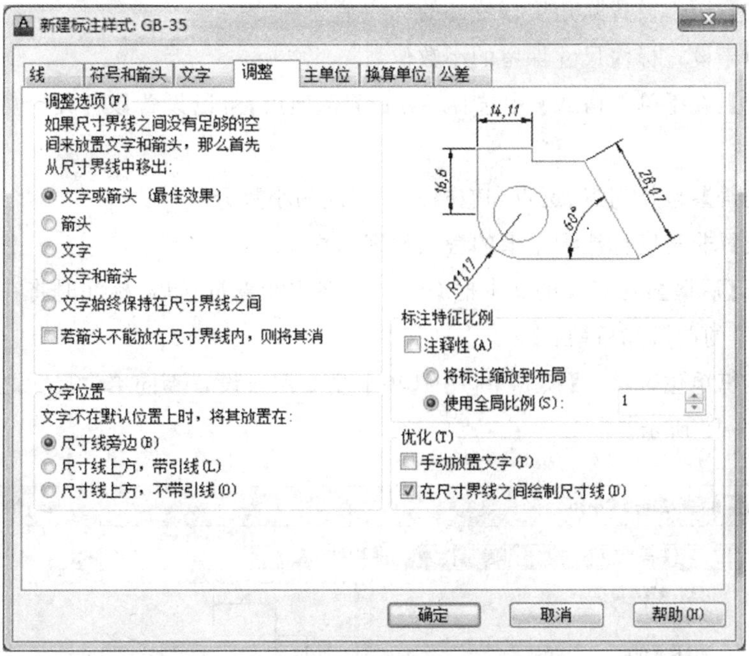

图 5-10　【调整】选项卡内容设置

【优化】:勾选【手动放置文字】,可以自由地将文字放置在标注命令中【尺寸线位置】提示时指定的位置处;勾选【在尺寸界线之间绘制尺寸线】,则将始终在尺寸界线之间绘制尺寸线。

(5)设置主单位选项。【主单位】选项卡主要用于对尺寸标注的单位进行设置,如图 5-11 所示。

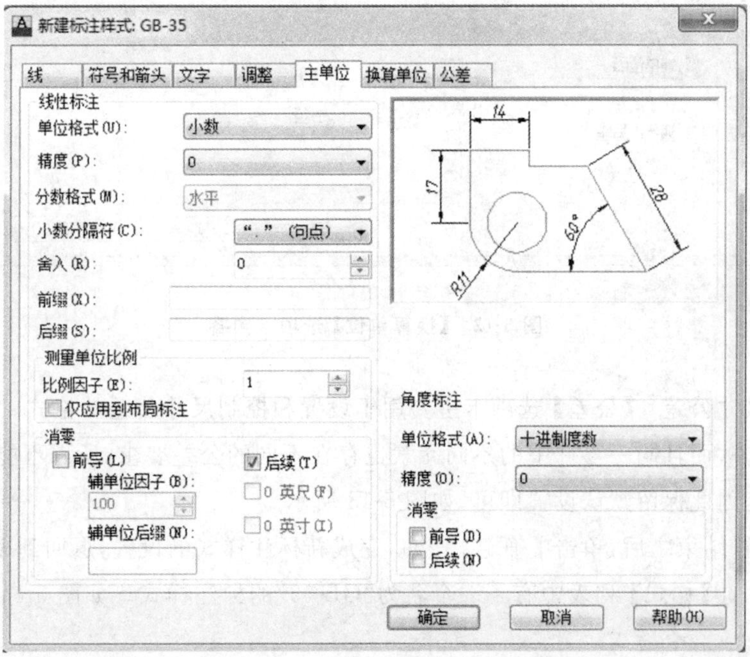

图 5-11　【主单位】选项卡内容设置

【单位格式】:用于设置除角度标注外的标注单位格式。

【精度】:用于设置标注尺寸保留的小数位数。

【分数格式】:在【单位格式】中选择【分数】选项后,可以设置该格式,包括水平、对角和非重叠三种方式。

【小数分隔符】:包括句点、逗点和空格三种格式的小数分隔符。

【舍入】:设置非角度标注测量值的舍入规则。

【前缀】和【后缀】:在对应的文本框中输入文字或特殊符号后,标注时将在标注文字前面添加该文本框中的前缀和后缀。

(6)设置换算单位选项。【换算单位】选项卡主要用于设置不同单位尺寸之间的换算格式及精度。如图5-12所示。

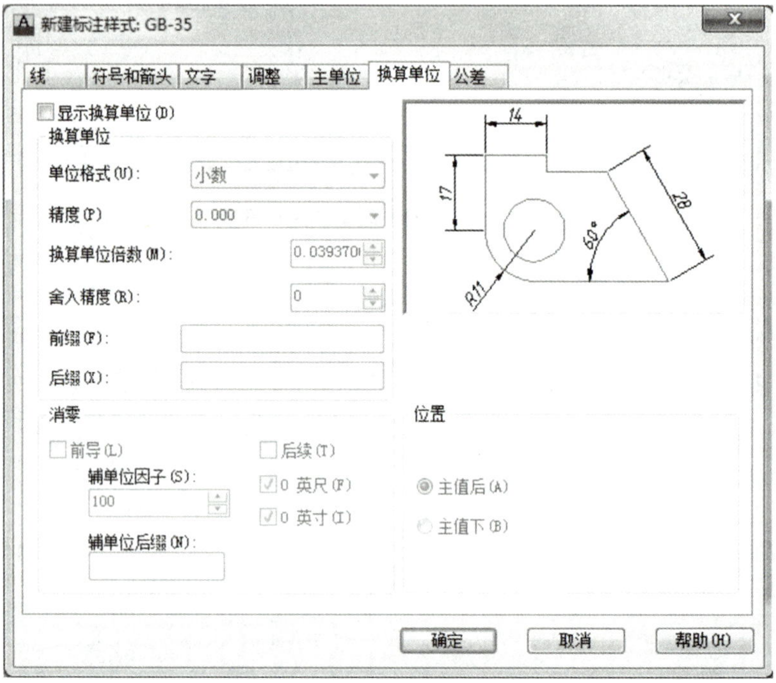

图 5-12 【换算单位】选项卡内容

(7)设置尺寸公差。【公差】选项卡主要用于设置和控制尺寸公差的格式。由于不同的零件有不同的公差,而且同一零件中的不同元素也存在不同的公差要求,所以不能在此设置成统一的公差要求,因此保留默认设置即可,如图5-13所示。

所有的设置结束之后,单击【确定】按钮,完成新标注样式的设置,退回到【标注样式管理器】窗口,此时的【样式】列表中有了一个名为"GB-35"的标注样式。如图5-14所示。

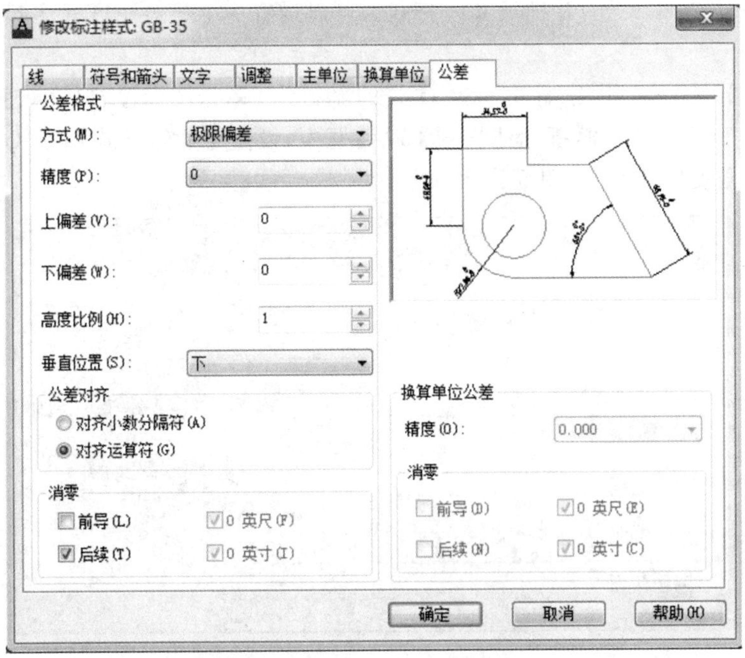

图 5-13　【公差】选项卡内容设置

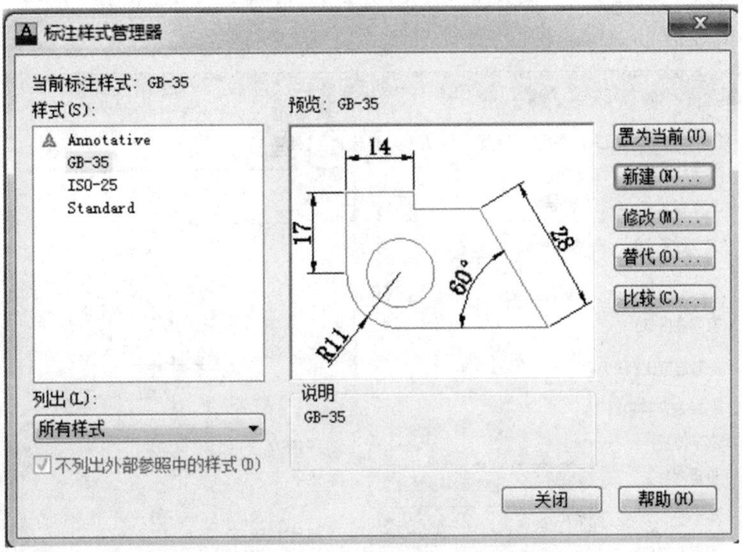

图 5-14　【标注样式管理器】窗口

三、标注样式子样式的设置

有时，在使用同一个标注样式进行标注的时候，并不能满足所有的标注规范，这时候需要设置一个子样式来弥补不足。比如，进行机械制图角度标注时，国家标准规定角度标注的数字

位置应位于尺寸线的中央处,并把尺寸线打断。可以设置一个只对角度标注起作用的子样式。设置过程如下:

(1)在建立的"GB-35"国家标准标注样式的基础上,单击【标注样式管理器】窗口中的【新建】按钮,在弹出的【创建新标注样式】对话框中,设置【基础样式】为"GB-35",【用于】下拉菜单选择"角度标注"。如图 5-15 所示。

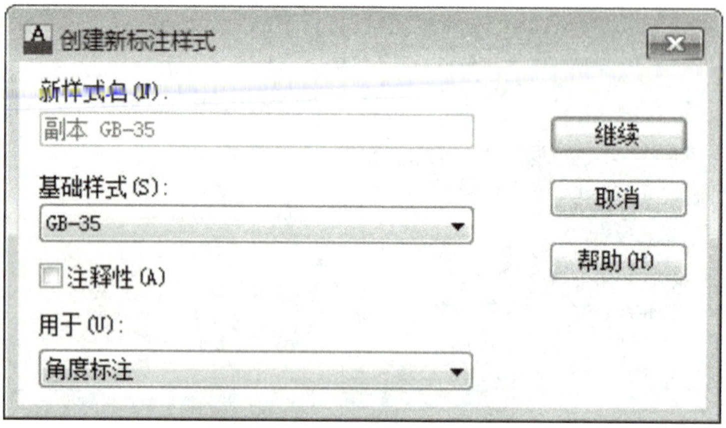

图 5-15 建立【角度标注】子样式

(2)切换至【文字】选项卡,设置【文字对齐】为"水平",其他采用"GB-35"基础样式参数设置。如图 5-16 所示。

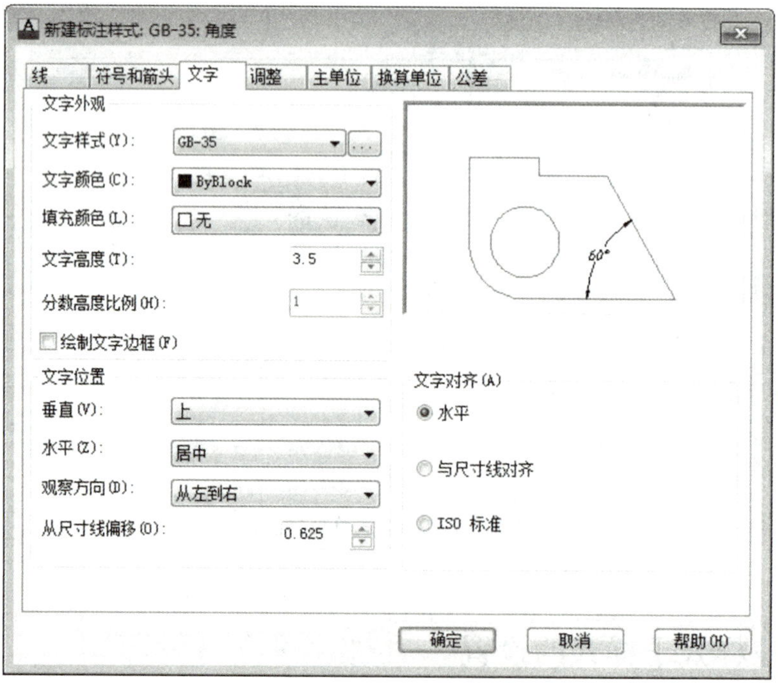

图 5-16 【文字】选项卡内容设置

(3)其他选项卡参数不变，单击【确定】按钮，返回到【标注样式管理器】，建立了“GB-35”标注样式的“角度”子样式。如图 5-17 所示。

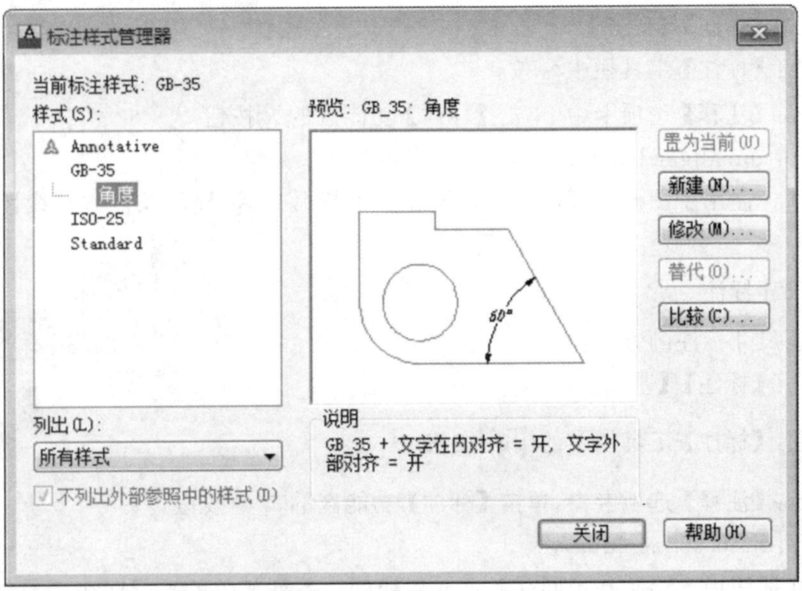

图 5-17　【角度】标注子样式

四、创建各种尺寸标注

1. 线性尺寸标注

执行线性尺寸标注的方法：

- 菜单栏：【标注】|【线性】
- 工具栏：【标注】工具栏中按钮
- 功能区：【注释】选项卡中，单击【标注】功能区的按钮
- 命令行：dimlinear(dli)↙

执行命令后，命令行提示及操作如下：

指定第一条尺寸界线原点：在图纸适当位置单击鼠标左键拾取一点，以定义第一条尺寸界线起点，一般是在【对象捕捉】状态下，捕捉图形上的点。(如果直接回车，则出现选择对象的提示，可通过选择对象来定义线性尺寸的大小。)

指定第二条尺寸界线原点：在图纸适当位置单击鼠标左键另外拾取一点，定义第二条尺寸界线的位置。一般是在【对象捕捉】状态下，捕捉图形上的另一点。

指定尺寸线位置或[多行文字(M)/文字(T)/角度(A)/水平(H)/垂直(V)/旋转(R)]：在图纸上点取一点确定标注的位置，也可以通过输入字母来对标注进行编辑和修改。如输入字母 M，回车后会打开【多行文字编辑器】，用户可以通过【多行文字编辑器】来编辑注写的文字。自动测量的数值用＜ ＞来表示，用户可以将其删除也可以在其前后增加其他文字。

2. 对齐尺寸标注

执行对齐尺寸标注的方法：

- 菜单栏：【标注】|【对齐】
- 工具栏：【标注】工具栏中按钮
- 功能区：【注释】选项卡中，单击【标注】功能区的按钮
- 命令行：dimaligend(dal)↙

对齐尺寸标注用于图形中倾斜的线性尺寸。执行命令后，提示及操作与线性尺寸标注基本相同。

3. 基线尺寸标注

执行基线尺寸标注的方法：

- 菜单栏：【标注】|【基线】
- 工具栏：【标注】工具栏中的按钮
- 功能区：【注释】选项卡中，单击【标注】功能区的基线按钮
- 命令行：dimbaseline (dba)↙

基线尺寸标注用于绘制基于同一条尺寸界线的一系列相关的平行标注。本命令适用于线性、对齐、坐标及角度标注类型的基线标注。首先执行线性标注命令，然后执行基线标注命令，依次捕捉其他点。

执行线性标注命令，在图形上做好两点间的线性标注

执行基线标注命令，命令行提示如下：

指定第二条尺寸界线原点或［放弃(U)/选择(S)］<选择>：在图纸适当位置单击鼠标左键拾取一点，定义第二条尺寸界线的位置，第一条尺寸界线与线性标注的第一条尺寸界线相同。

也可以输入“s”，重新选择基线标注基准。

4. 连续尺寸标注

执行连续尺寸标注的方法：

- 菜单栏：【标注】|【连续】
- 工具栏：【标注】工具栏中按钮
- 功能区：【注释】选项卡中，单击【标注】功能区的连续按钮
- 命令行：dimcontinue(dco)↙

连续标注用于对首尾相连，排成一排的连续尺寸进行标注。本命令适用于线性、对齐、坐标及角度标注类型的连续标注。首先执行线性标注命令，然后执行连续标注命令，依次捕捉其他点。操作方法和基线标注基本相同。

5. 直径尺寸标注

执行直径尺寸标注的方法：

- 菜单栏：【标注】|【直径】
- 工具栏：【标注】工具栏中按钮
- 功能区：【注释】选项卡中，单击【标注】功能区的按钮

● 命令行：dimdiameter(ddi)↙

执行直径尺寸标注命令后，命令行提示及操作如下：

选择圆弧或圆：在图形上选择标注直径的对象。

指定尺寸线位置或[多行文字(M)/文字(T)/角度(A)]：在图纸上单击鼠标左键确定尺寸线的位置。尺寸线通过圆心。确定尺寸线位置的拾取点对文字的位置有影响。若选择[ ]中的选项则可对标注的文字重新设置和修改。

6. 半径尺寸标注

执行直径尺寸标注的方法：

● 菜单栏：【标注】|【半径】

● 工具栏：【标注】工具栏中按钮

● 功能区：【注释】选项卡中，单击【标注】功能区的按钮

● 命令行：dimradius(dra)↙

主要选项含义与直径尺寸标注同。

7. 角度标注

对于不平行的两条直线、圆弧或圆以及指定的三个点，AutoCAD 可以自动测量它们的角度并进行角度标注。

执行角度标注的方法：

● 菜单栏：【标注】|【角度】

● 工具栏：【标注】工具栏中按钮

● 功能区：【注释】选项卡中，单击【标注】功能区的按钮

● 命令行：dimangular(dan)↙

执角度标注命令后，命令行提示及操作如下：

选择圆弧、圆、直线或 <指定顶点>：在图形中选择角度标注的对象。如果直接回车，则为指定顶点确定标注角度。

选择第二条直线：确定角度标注的第二条边。如果选择的对象为圆弧，则不出现此选项。

指定标注弧线位置或[多行文字(M)/文字(T)/角度(A)/象限点(Q)]：在图纸上单击一点定义弧形尺寸线摆放位置。

8. 引线标注

对于图形中的某些特定对象，为了表达更清楚，需要用文字或符号进行说明，一般使用引线进行标注。引线标注分为快速引线标注和多重引线标注。

(1)快速引线标注。

①执行快速引线标注的方法。

● 命令行：qleader(le)↙

②快速引线标注设置。

在命令行输入“LE”，执行快速引线命令后，命令行提示及操作如下：

指定第一个引线点或[设置(S)]<设置>：在图中可以直接点击左键按照系统设置做快速引线标注，也可以输入“S”，进行“快速引线”设置。

输入“S”，回车后，弹出“引线设置”对话框，如图 5-18 所示，共有三个选项卡，

"注释"选项卡含义如下：

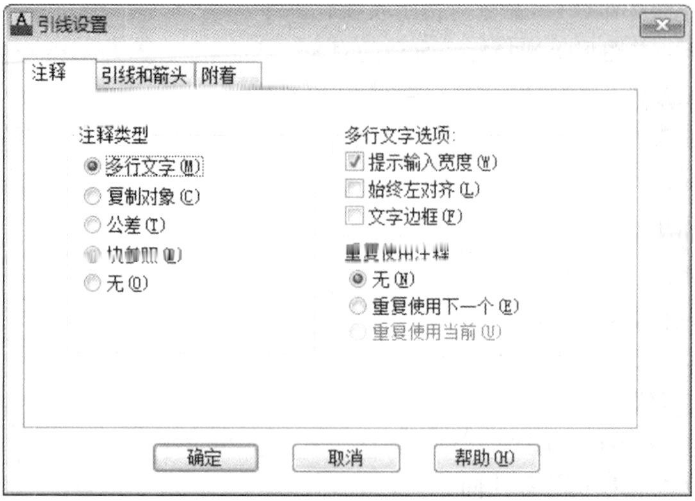

图 5-18 【引线设置—注释】选项卡

【注释类型】:用于设置旁注对象的类型。其中"多行文字"单选按钮:提示创建多行文字注释。"复制对象"单选按钮:提示复制多行文字、单行文字、公差或块参照对象。"公差"单选按钮:显示"公差"窗口,用于创建将要附引线的形位公差框格。"块参照"单选按钮:提示插入一个块参照。"无"单选按钮:创建无注释的引线。如果选择"公差"单选按钮,则只有"注释"和"引线和箭头"两个标签。

【多行文字选项】:用于设置多行文字的格式。只有【注释类型】选择了"多行文字"类型时,该选项才处于可设置状态。一般情况下可保持默认设置。

【重复使用注释】:用于设置注释的重复使用方式。一般保持默认设置。

【引线和箭头】选项卡(图 5-19)含义如下：

图 5-19 【引线设置—引线和箭头】选项卡

【引线】:引线有“直线”和“样条曲线”两种线型,通常情况下为“直线”,所以选择系统默认的“直线”即可。

【点数】:用于设置引线的顶点数量,最小值为2。也可以选择“无限制”,则不限制顶点的数量,直到按下回车键结束。

【箭头】:用于设置引线箭头的形状。当用于指示倒角时,一般选择“无”。

【角度约束】:用于设置引线第一段的角度和第二段的角度。

【附着】选项卡用于设置引线与多行文字注释的相对位置。只有【注释】选项卡选择了“多行文字”类型时,该选项才处于可设置状态。含义如下(图5-20):

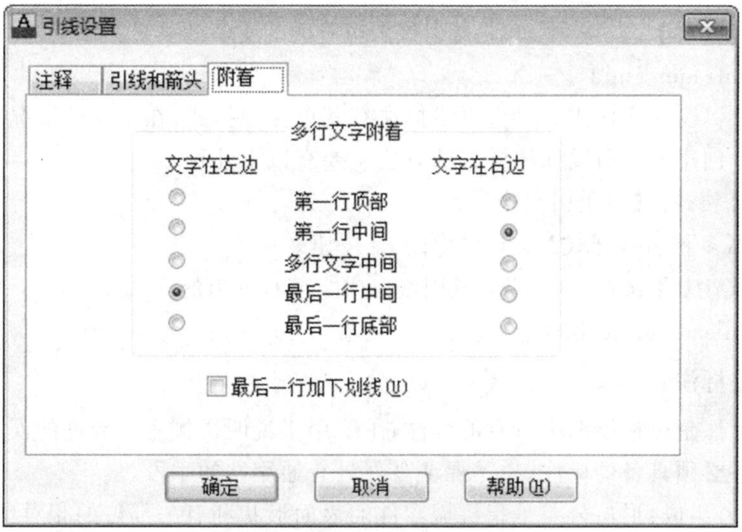

图5-20　【引线设置—附着】选项卡

【多行文字附着】:用于设置注释文字位于引线的左侧或右侧时,多行文字与引线的上下对齐关系,以引出的标注文字在“右”为例,各选项的含义如下:

“第一行顶部”:将引线附加到多行文字的第一行顶部。

“第一行中间”:将引线附加到多行文字的第一行中间。

“多行文字中间”:将引线附加到多行文字的中间。

“最后一行中间”:将引线附加到多行文字的最后一行中间。

“最后一行底部”:将引线附加到多行文字的最后一行底部。

结果如图5-21所示:

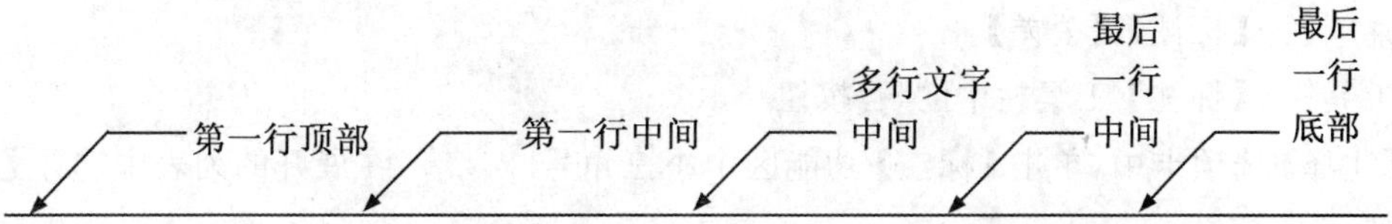

图5-21　多行文字与引线的上下对齐关系

“最后一行加下划线”:是否在标注文字的最后一行画出下划线。一般需要勾选该选项,设置成“最后一行加下划线”，操作结果如图 5-22 所示。

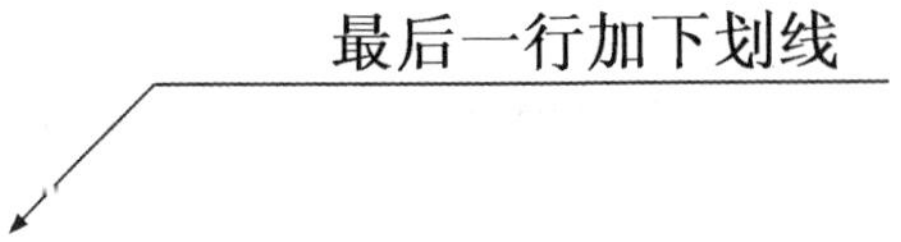

图 5-22 “最后一行加下划线”引线标注效果

(2)多重引线标注。

①执行多重引线标注的方法：

- 菜单栏：【标注】|【多重引线】
- 功能区：【注释】选项卡中，单击【引线】功能区的【多重引线】命令
- 命令行：mleader (mld)↙

②创建多重引线标注样式。多重引线标注有其单独的样式，在不同的情况下，可以设置不同的标注样式。创建多重引线标注样式的方法主要有以下几种：

- 菜单栏：【格式】|【多重引线样式】
- 工具栏：【多重引线样式】工具栏中的按钮
- 功能区：【注释】选项卡中，单击【引线】功能区右下角的按钮
- 命令行：mleaderstyle(mls)↙

9. 形位公差标注

形位公差标注是机械绘图中特有的标注，主要用于说明机械零件允许的误差范围，是加工生产和装配零件必须具备的标注，也是保证零件具有通用性的手段。

(1)形位公差组成：形位公差是指机械零件的表面形状和有关部位的相对位置允许变动的范围，是指导生产、检验产品和控制质量的技术依据，形位公差分为形状公差和位置公差，它的组成部分如图 5-23 所示。

图 5-23 公差组成

(2)创建形位公差：

- 菜单栏：【标注】|【公差】
- 工具栏：【标注】工具栏中的按钮
- 【注释】选项卡中，单击【标注】功能区中小三角号 标注▾，在展开的列表中选择【公差】按钮
- 命令行：tolerance (tol)↙

执行上述命令，弹出【形位公差】对话框，如图 5-24 所示。

【符号】：单击符号栏的黑色图标框，弹出【特征符号】对话框，选择其中所需的形位公差

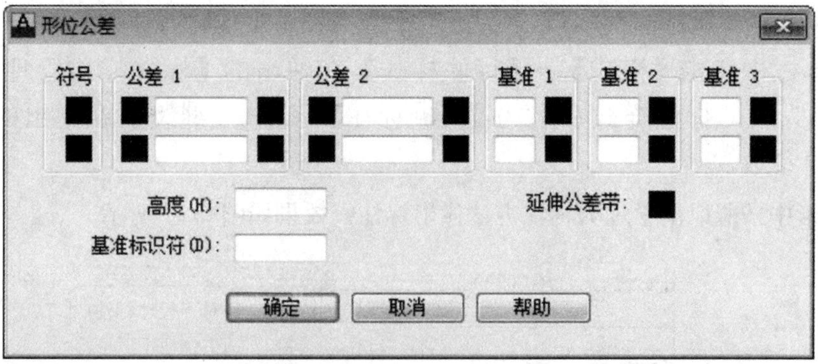

图 5-24　【形位公差】对话框

符号即可关闭该对话框，并在【符号】框中显示所选的符号。如图 5-25 所示。

【公差】：左边的黑色图标框代表直径，单击该图标框，则形位公差前面加注直径符号【ϕ】；中间的文本框用于输入形位公差值；右边的黑色图框代表附加符号，如图 5-26 所示。

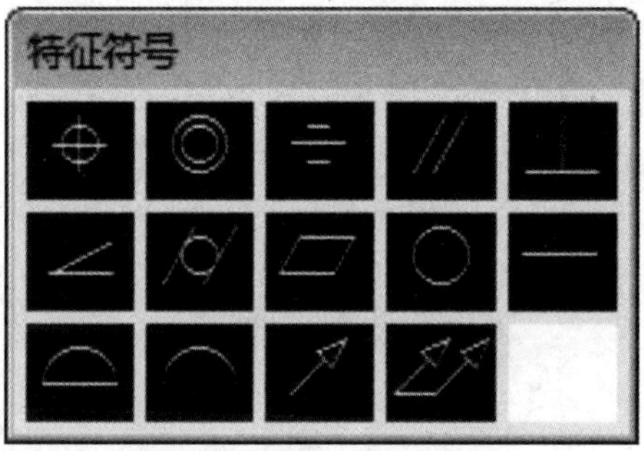

图 5-25　【特征符号】对话框

图 5-26　【附加符号】对话框

【基准】：用于设置参照基准。

【高度】：用于创建投影公差带的高度值。

【基准标识符】：创建由参照字母组成的基准标识符号。

【延伸公差带】：用于在延伸公差带值后插入延伸公差带符号。

【实例解析】

一、标注练习

本实例主要要求同学掌握标注样式的创建和各种标注的标注方法。

步骤：

1. 打开图形文件

在菜单栏中单击【文件】→【打开】命令，打开素材文件夹\项目 5\任务一\图 5-27 标注案例. dwg 文件。

2. 创建【机械标注】标注样式

在菜单栏中单击【格式】→【标注样式】,在弹出的【标注样式管理器】中,点击【新建】,为新的标注样式命名为【机械标注】。点击【继续】,在弹出的对话框中设置合适的参数。

3. 在图形中按照以前学过的标注方法做出标注。效果如图 5-27 所示

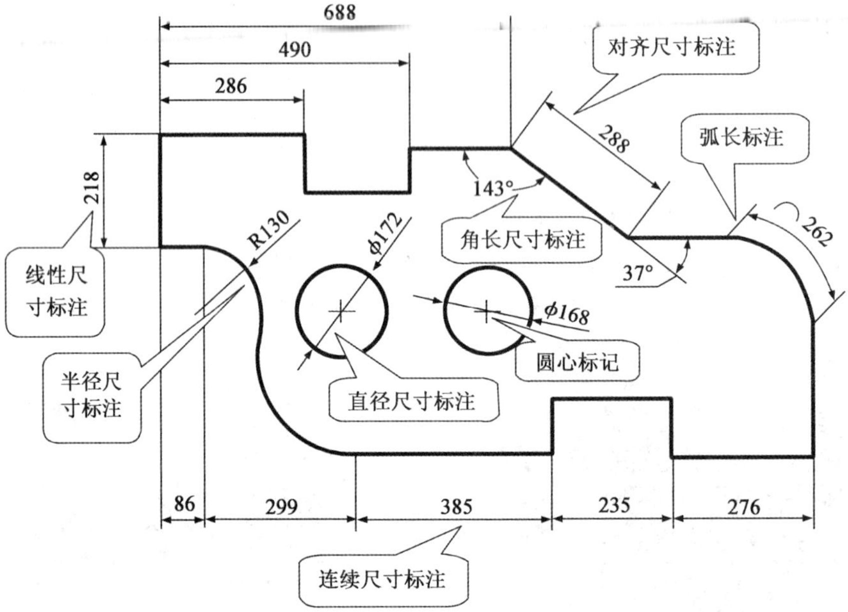

图 5-27 尺寸标注

二、多重引线标注练习——倒角标注

本实例主要要求同学掌握多重引线标注样式的创建和标注方法。

步骤:

(1)按照前面提到的任意一种方法执行【多重引线样式】命令,在弹出的【多重引线样式管理器】对话框(图 5-28)中单击【新建】按钮,弹出【创建新多重引线样式】对话框,在【新样式名】框中输入【倒角引线标注】,然后单击【继续】按钮。如图 5-29 所示。

(2)在弹出的【修改多重引线样式:倒角引线标注】对话框中,切换到【引线格式】选项卡,在【符号】下拉列表中选择【无】(图 5-30)。切换到【引线结构】选项卡,勾选"第一段角度",点击后面的小三角号,在下拉列表中选择 45°(图 5-31)。切换到【内容】选项卡,在【连接位置-左】和【连接位置-右】下拉列表中选择【最后一行加下划线】选项,然后单击【确定】按钮。如图 5-32 所示。

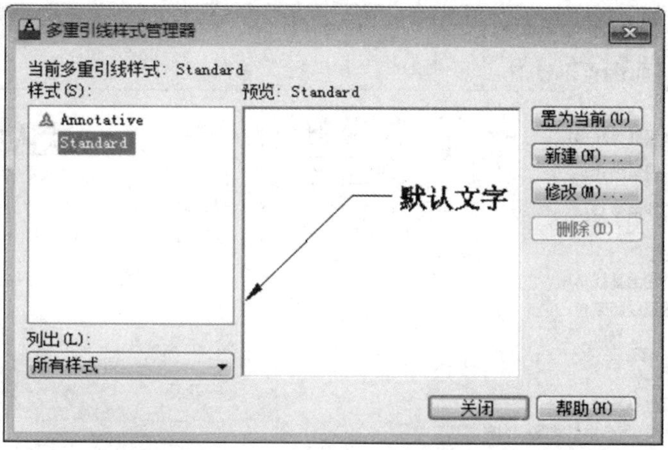

图 5-28　“多重引线标注样式管理器”对话框

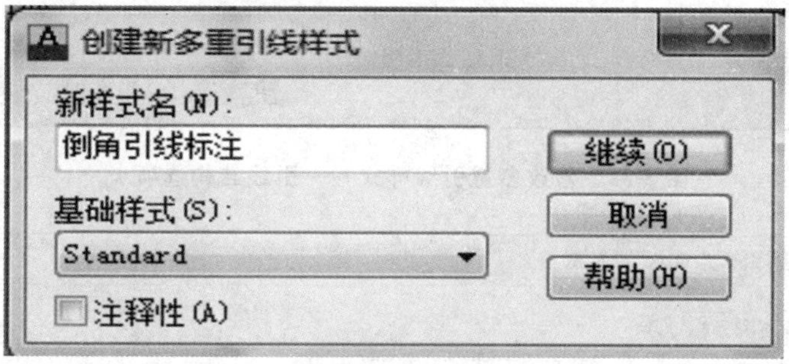

图 5-29　创建新多重引线样式

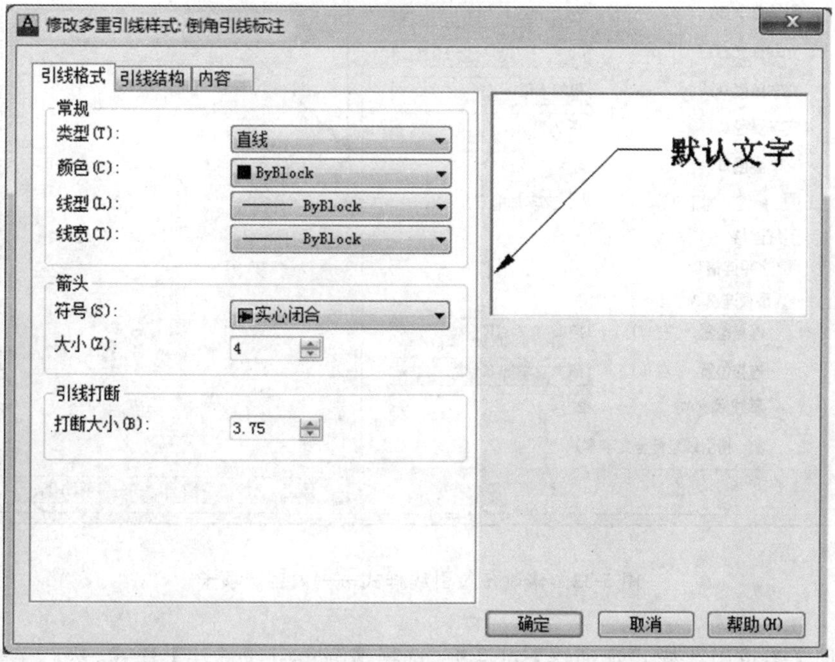

图 5-30　修改多重引线样式——引线格式选项卡

图 5-31 修改多重引线样式——引线结构选项卡

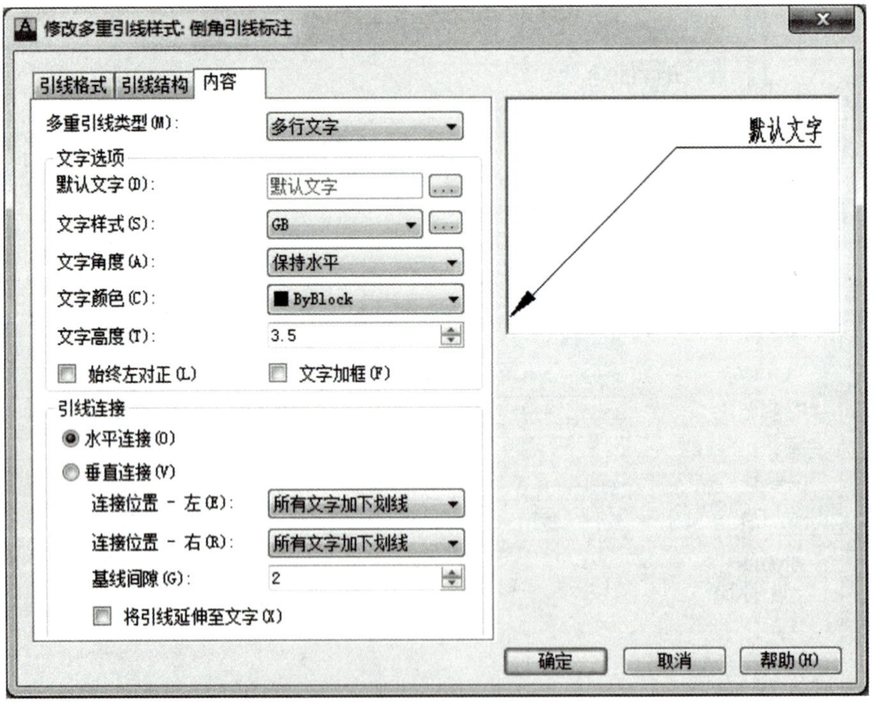

图 5-32 修改多重引线样式——内容选项卡

(3)返回【多重引线样式管理器】对话框,选择【倒角引线标注】样式,然后单击【置为当前】,最后关闭对话框。

三、形位公差标注练习

本实例主要要求同学掌握形位公差的标注方法。

步骤：

(1)按照前面提到的任意一种方法执行【形位公差命令】命令。

(2)在弹出的【形位公差】对话框中单击【符号】图标框，在打开的对话框中选择◎图标。

(3)单击【公差1】栏中的图标框，在图标框中添加“ϕ”图标，再在【公差1】文本框中输入0.02。

(4)在【基准1】栏中输入字母A，然后单击【确定】按钮。

(5)返回绘图区域，在绘图区的适当位置单击鼠标左键，插入设置好的形位公差，结果如图5-33所示。

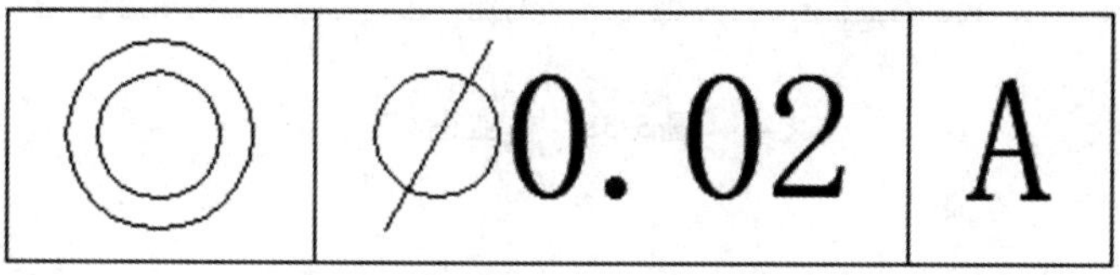

图5-33 标注好的形位公差

课后作业

1.绘制并标注5-34所示机件。

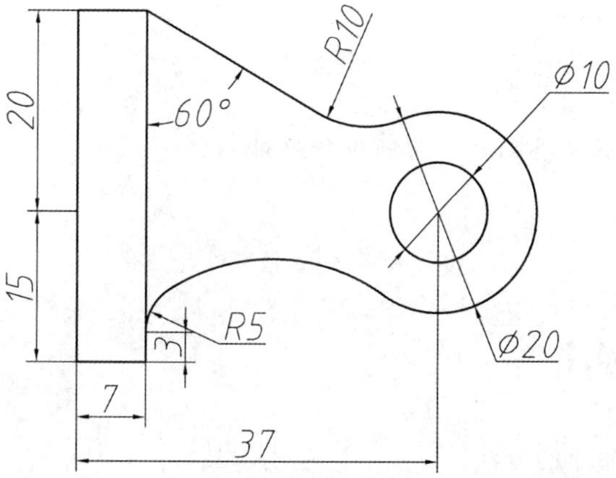

图5-34 起重钩

2.绘制并标注5-35所示机件。

3.绘制并标注5-35所示机件。

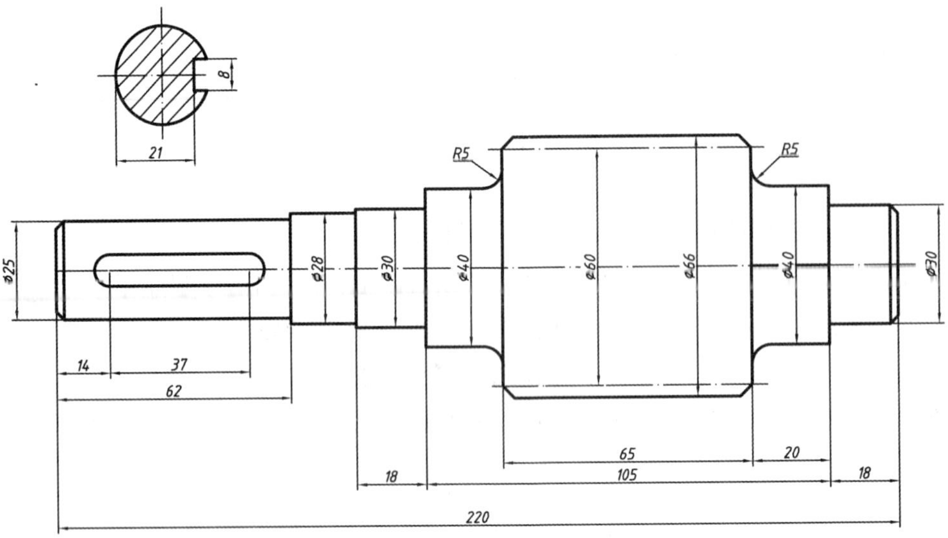

图 5-35 作业图

任务 2 编辑标注

【知识目标】

在图形中创建尺寸标注后，可以根据需要对尺寸标注进行编辑，如改变标注文字的位置和内容等。掌握编辑标注的方法。

【技能目标】

能够根据标注的具体任务对已有标注进行编辑。

【必备知识】

一、编辑尺寸标注

执行【编辑标注】命令的方法：

- 工具栏：【标注】工具栏中按钮
- 命令行：dimedit(ded)↙

执行【编辑标注】命令，命令窗口出现提示：命令: _dimedit DIMEDIT 输入标注编辑类型 [默认(H) 新建(N) 旋转(R) 倾斜(O)] <默认>:

默认(H)：选择该选项，按提示选择尺寸对象，可以按默认位置和方向放置尺寸文字。

新建(N)：选择该选项可以修改尺寸文字。按提示选择该选项后会弹出【文字编辑器】选项卡和文字输入窗口。输入新的尺寸文字后选择需要修改的尺寸对象即可。

旋转(R):选择该选项可以将尺寸文字旋转一定的角度。按提示先设置角度值,然后选择尺寸对象。

倾斜(O):选择该选项可以使非角度标注的延伸线倾斜。按提示先选择尺寸对象,然后设置倾斜角度值。

将下面标注用【编辑标注】命令进行修改,结果如图 5-36 所示。

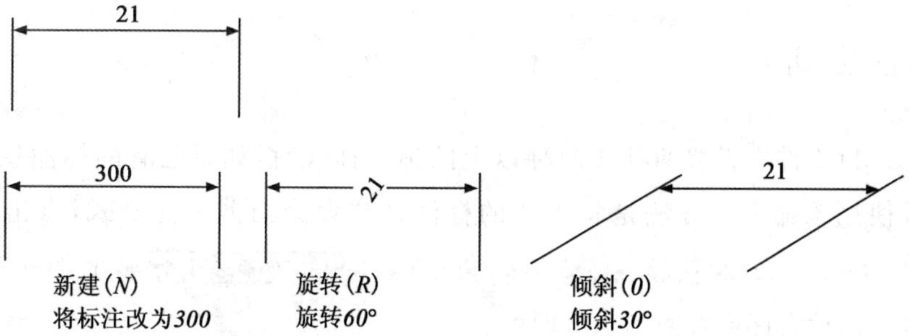

图 5-36　编辑标注

二、编辑标注文字

执行【编辑标注文字】命令的方法:

- 标注工具栏:【标注】工具栏中按钮
- 命令行:dimtedit ↙

执行【编辑标注文字】命令,选择一个标注,命令窗口出现提示

选择标注:
为标注文字指定新位置或 [左对齐(L)/右对齐(R)/居中(C)/默认(H)/角度(A)]:

将下面标注用【编辑标注文字】命令进行修改,结果如图 5-37 所示。

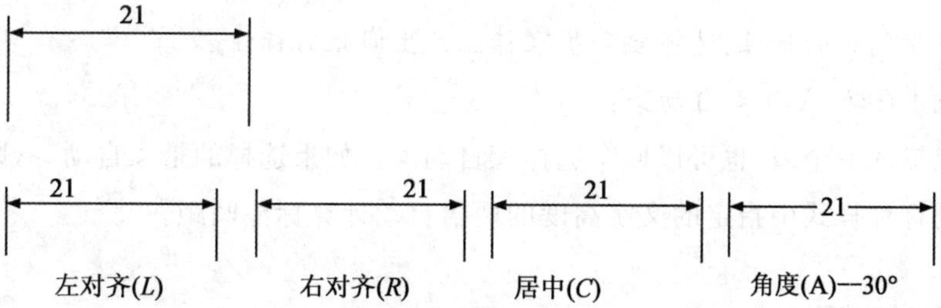

图 5-37　编辑标注文字

调整尺寸文本位置更方便的方法是利用标注的夹点进行调整,如图 5-38 所示。

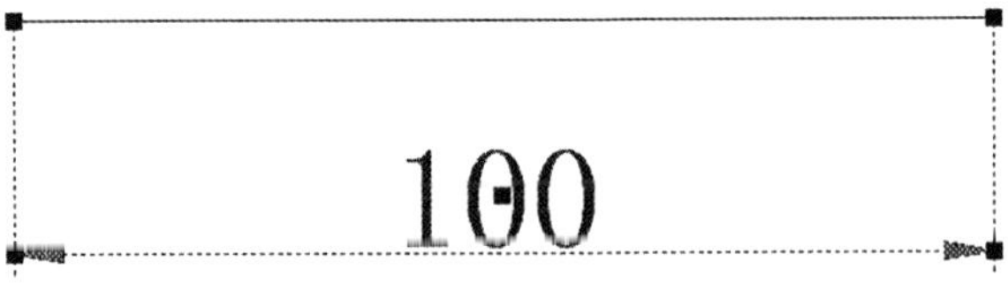

图 5-38 利用夹点调整尺寸文本位置

三、标注更新

当一个 CAD 文件中设置两种或两种以上的标注样式时，如果已有的标注想更换一种标注样式，可以使用该命令。方法是将想要的标注样式设为当前标注样式，点击标注工具栏  上的按钮 ，选择要更新的标注，鼠标右键或者回车确认即可。

四、标注间距

改变标注间距命令可以为指定的两个或多个尺寸标注设置间距，但这些尺寸标注必须是平行的线性标注或角度标注。

执行【标注间距】的方法主要有：

● 菜单栏：【标注】|【标注间距】

● 功能区：【注释】选项卡中，单击【标注】功能区中小三角号 标注 ▾，在展开的列表中选择【调整间距】 按钮

● 命令行：dimspace↙

执行【标注间距】命令，命令窗口出现提示如下：

选择基准标注：选择一个标注↙

选择要产生间距的标注：选择要和基准标注产生间距的标注↙

输入值或［自动(A)］＜自动＞：

这时可以输入一个值，也可以回车选择＜自动＞。如果选择的是＜自动＞，则系统根据基准标注使用的标注样式中指定的文字高度的两倍自动计算标注间距。

五、标注打断

当有其他对象与标注的尺寸线相交时，使用标注打断命令可以将该标注的尺寸线从与另一对象的相交处打断一定的距离。在复杂的图形中打断尺寸线可以使图形更清晰。执行【标注打断】命令的方法有：

- 菜单栏：【标注】|【标注打断】
- 功能区：【注释】选项卡中，单击【标注】面板中小三角号 标注▼，在展开的列表中选择【调整间距】按钮
- 命令行：dimbreak↙

执行【标注打断】命令，命令窗口出现提示：

选择要添加/删除折断的标注或［多个(M)］：

各选项的含义如下：

多个(M)：选择该选项后可以同时选择多个要打断的标注。

自动(A)：选择该选项，系统自动将打断位置设置在与所选标注相交的对象的所有交点处。

手动(R)：选择该选项，需手动为打断位置指定标注或尺寸界线上的两点。

用【标注打断】命令对下面的标注进行编辑，结果如图5-39所示。

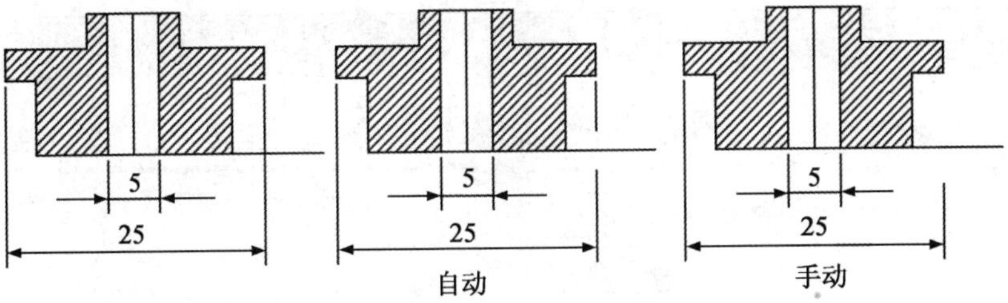

图5-39　标注打断

【实例解析】标注线差尺寸

通过本例要求同学掌握复杂机械图纸的标注方法。

步骤：

(1)打开“素材文件夹\项目5\任务二\图5-40阀盖.dwg”文件，如图5-40所示。

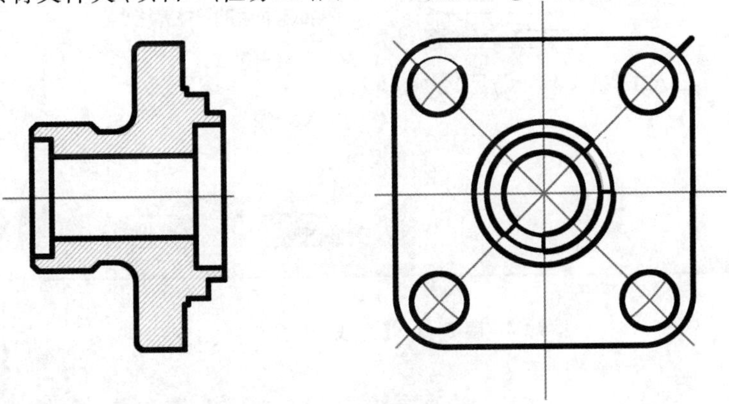

图5-40　阀盖

(2)创建一个新的标注图层“BZ”(方法略)。

(3)设置尺寸标注样式。

在命令行输入:DIMSTYLE↙

在弹出的【新建标注样式】对话框中新建一个名叫“GB-35”的标注样式,单击【继续】按钮,在弹出的【新建标注样式:GB-35】对话框中,设置【线】选项卡中“基线间距”为“5”,“超出尺寸线”为“2”,起点偏移量为“0”(图 5-41);设置【符号与箭头】选项卡中“箭头大小”为“3”(图 5-42);设置【文字】选项卡中的“文字样式”为“Standard”,文字高度为“3.5”(图 5-43),点击“Standard”后面的[...],在弹出的【文字样式】对话框中勾选“使用大字体”,设置“大字体”为“gbcbig.shx”,“SHX 字体”为“gbeitc.shx”(图 5-44);设置【主单位】选项卡中“精度”为“0.0”,“小数分隔符”为“.句点”(图 5-45)。选项卡的其他项可以【默认】设置,设置完成后,单击【置为当前】按钮,将【GB-35】标注样式设置为当前标注样式。

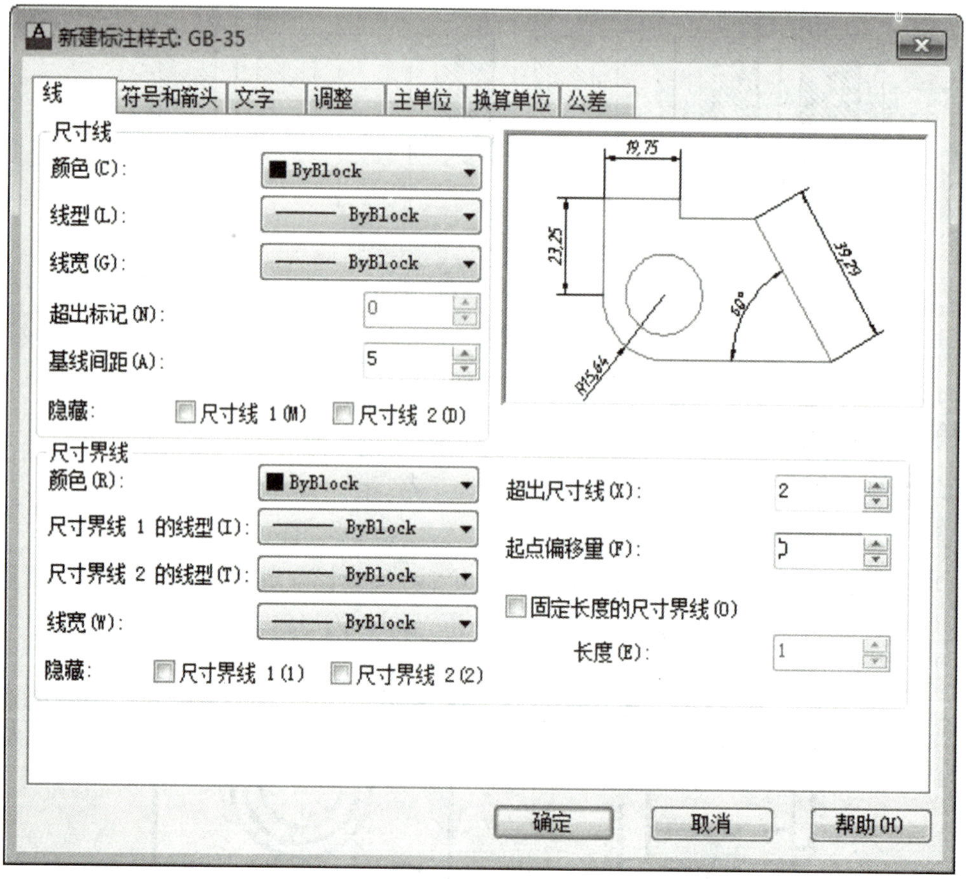

图 5-41 【直线】选项卡

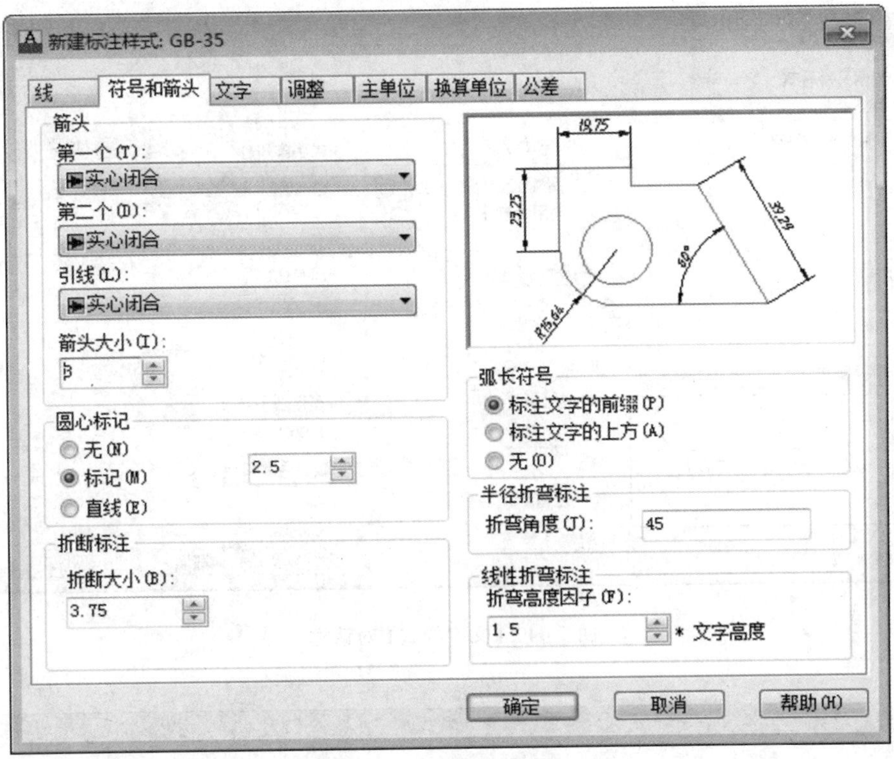

图 5-42 【符号与箭头】选项卡

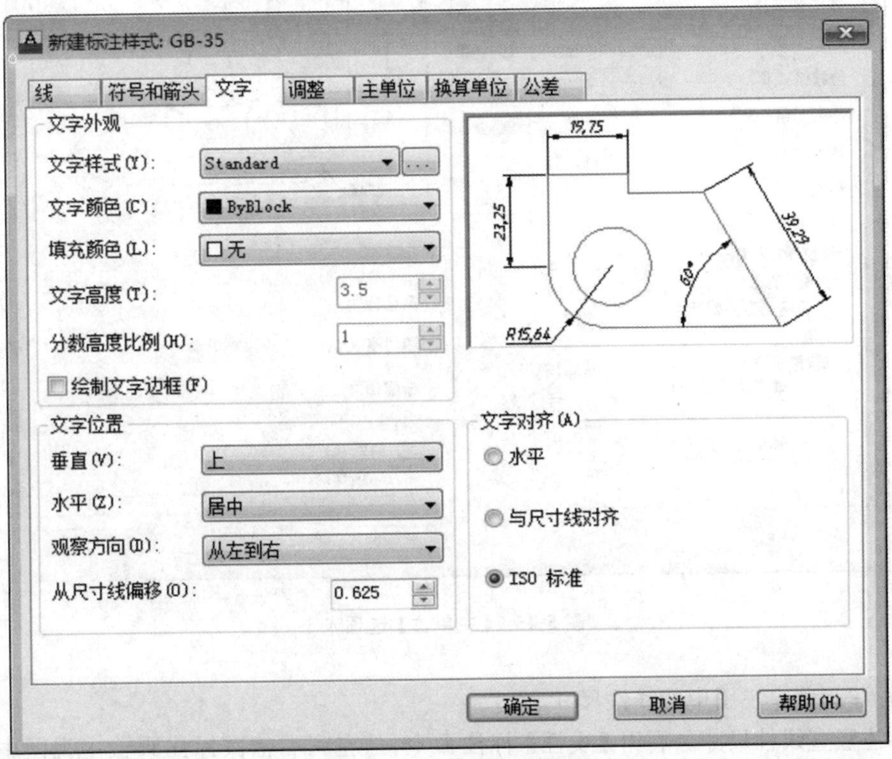

图 5-43 【文字】选项卡

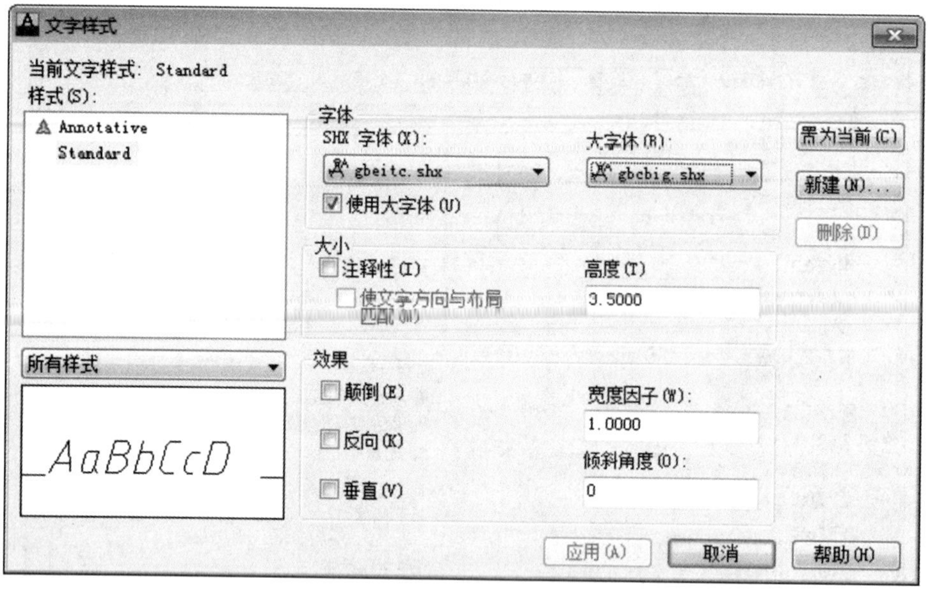

图 5-44 【文字样式】对话框

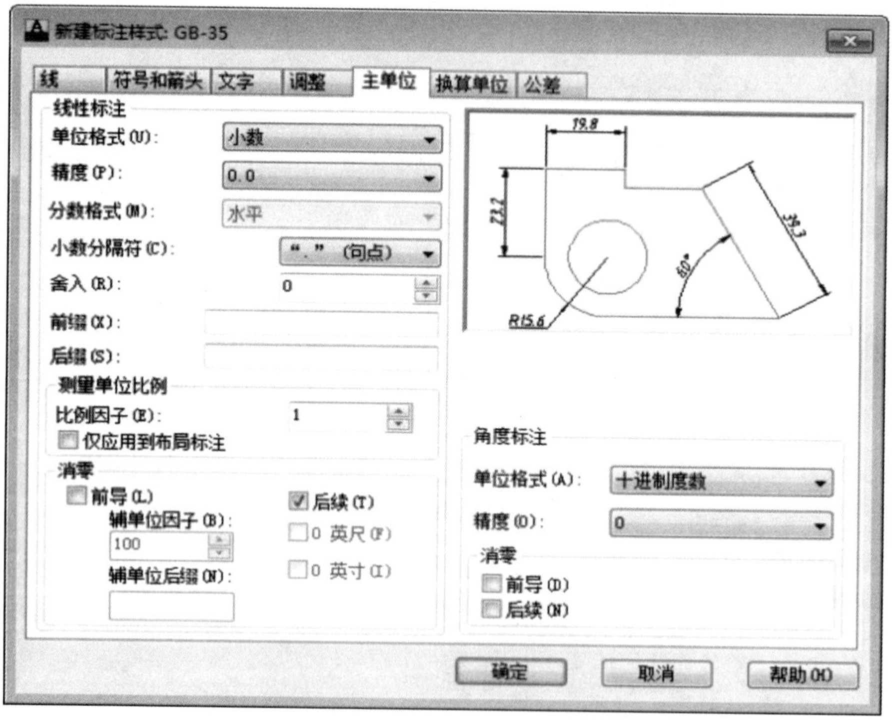

图 5-45 【主单位】选项卡

(4)标注阀盖主视图中的线性尺寸。

①标注竖直线性尺寸。利用【线性】标注命令，从左到右依次标注阀盖主视图中的竖直线性尺寸。结果如图 5-46 所示。

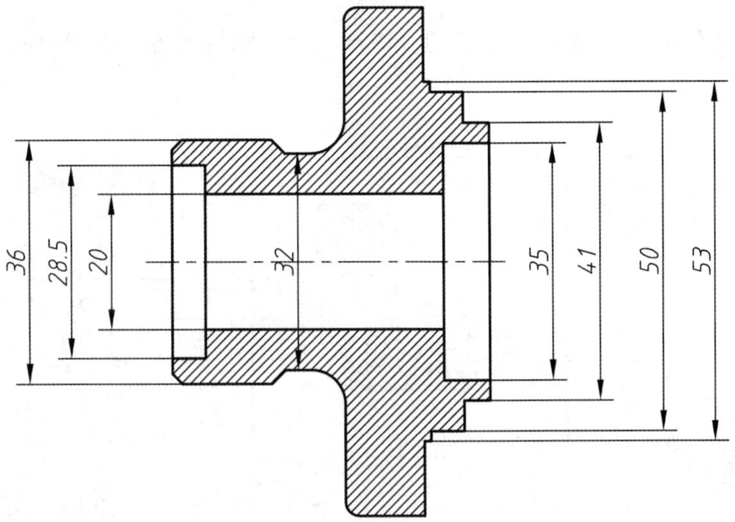

图 5-46　竖直线性尺寸标注

②修改竖直线性尺寸标注。

利用【编辑标注】命令中的【新建】,从左到右依次对已经标好的尺寸进行修改。修改的内容依次为 M36×2;%%C28.5;%%c20;%%c32;%%c35H11(+0.160^0),选中(+0.160^0),点【堆叠】按钮;

%%c41;%%c50h11(0^-0.160),选中(0^-0.160),点【堆叠】按钮;%%c53。结果如图 5-47 所示。

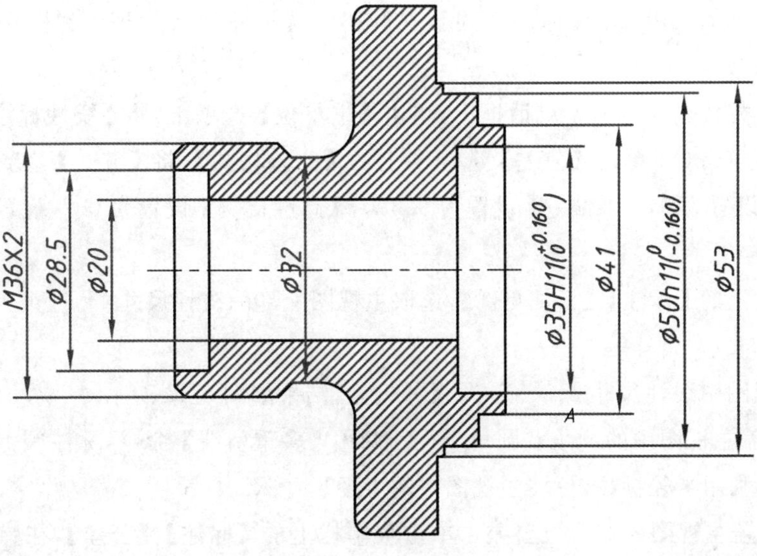

图 5-47　修改竖直线性尺寸标注

③标注主视图水平线性尺寸。

利用【线性】【连续标注】【基线标注】等标注命令，标注阀盖主视图中的水平线性尺寸。结果如图5-48所示。

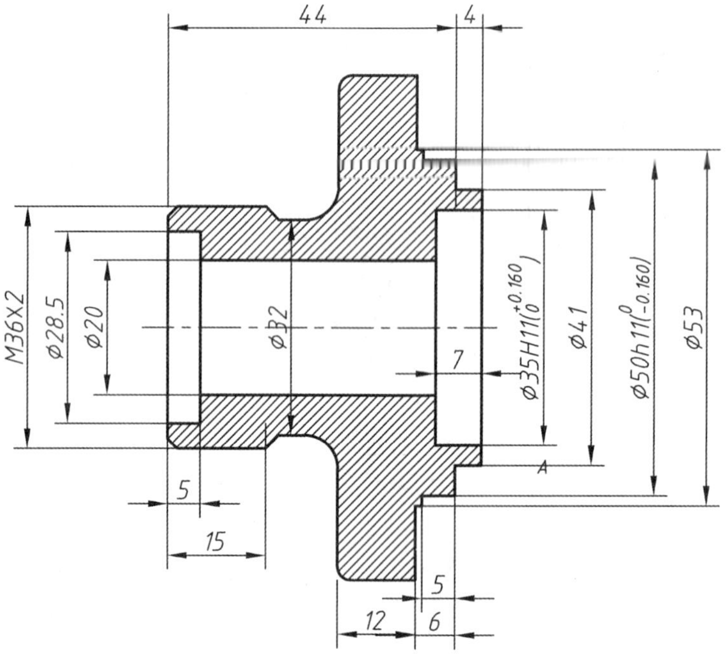

图 5-48 主视图水平线性标注

④为水平线性尺寸标注更新。

单击菜单栏上的【格式】|【标注样式】，在弹出的【标注样式管理器】样式列表中选择【GB-35】，单击【替代】按钮。

在弹出的【替代当前样式】对话框中，单击【主单位】选项卡，将【线性标注】选项中的【精度】值设置为0.000；单击【公差】选项卡上的【公差格式】，将【方式】设置为【极限偏差】，【上偏差】设置为0，【下偏差】设置为0.390，【高度比例】设置为0.7，设置完成后单击【确定】按钮。

单击菜单栏上的【标注】|【标注更新】，选取主视图上部的线性尺寸44，即可为该尺寸添加尺寸偏差。

分别为主视图中线性尺寸4、7、5注写尺寸偏差，结果如图5-49所示

(5)标注阀盖主视图中的倒角及圆角半径。调用【多重引线】命令，标注阀盖主视图中的倒角尺寸 $C1.5$；利用半径标注，标注主视图中的半径尺寸 $R5$。

(6) 标注阀盖主视图中的形位公差。单击菜单栏上的【标注】|【公差】，在弹出的对话框中设置参数，如图5-50所示：

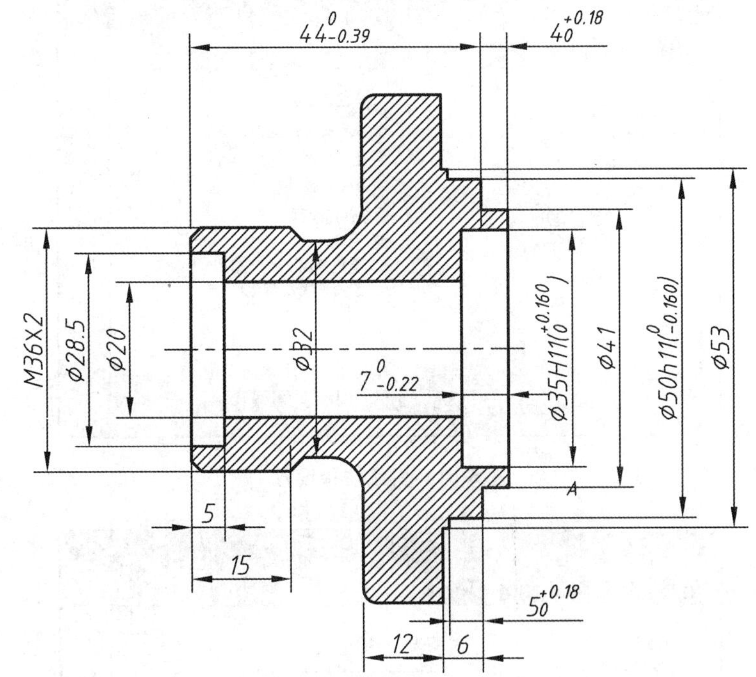

图 5-49　修改水平线性尺寸标注

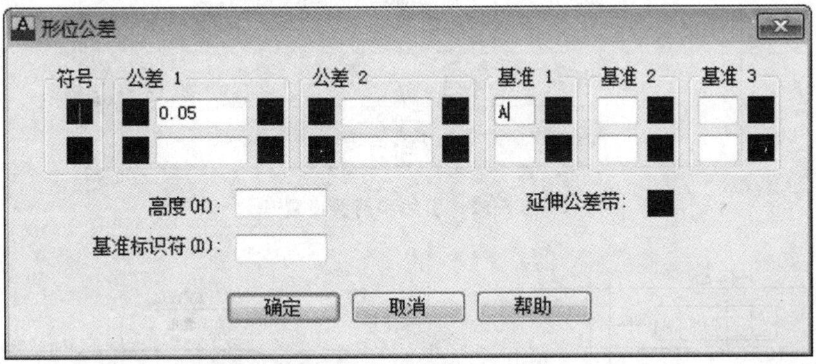

图 5-50　形位公差设置

将所得【公差】插入在主视图尺寸 44 右端尺寸界线左侧；在命令行输入“QLEADER”回车，按命令行提示，输入 S 进行设置，设置的参数如图 5-51，图 5-52 所示。

单击【确定】后为【公差】添加引线。

绘制一个“基准符号”插入到尺寸 ϕ35 尺寸界线的下面适当位置处，属性值为 A，结果如图 5-53 所示。

(7)标注阀盖左视图中的尺寸。利用前面学过的知识标注左视图中的线性尺寸 75；半径尺寸 R 2.5；直径尺寸 4×ϕ14；角度标注 45°。

(8)文件保存。将标注完成的图形以“阀盖尺寸标注.dwg”文件名保存在指定的路径中。

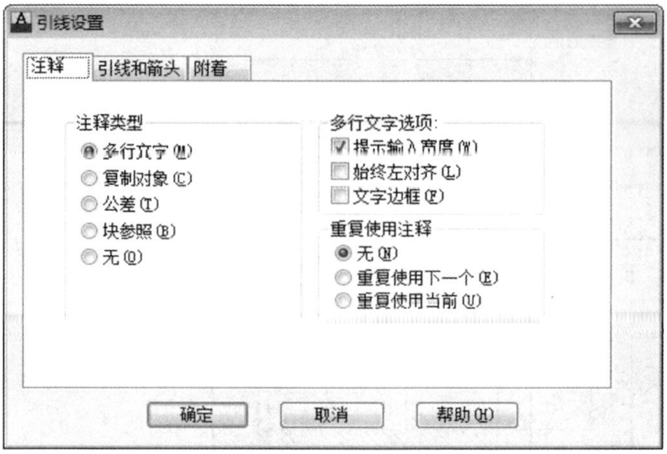

图 5-51 引线注释设置

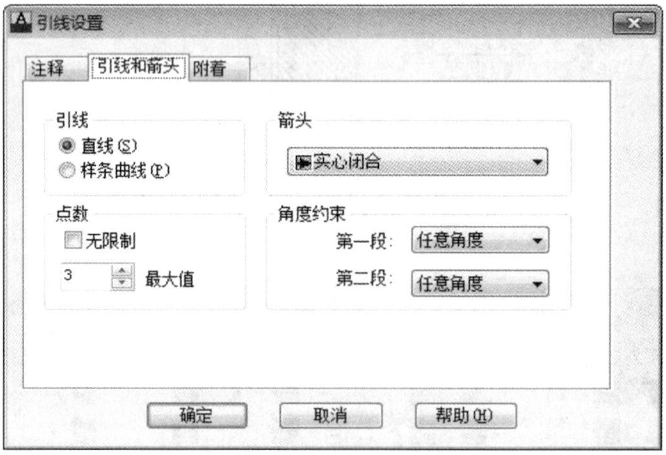

图 5-52 引线和箭头设置

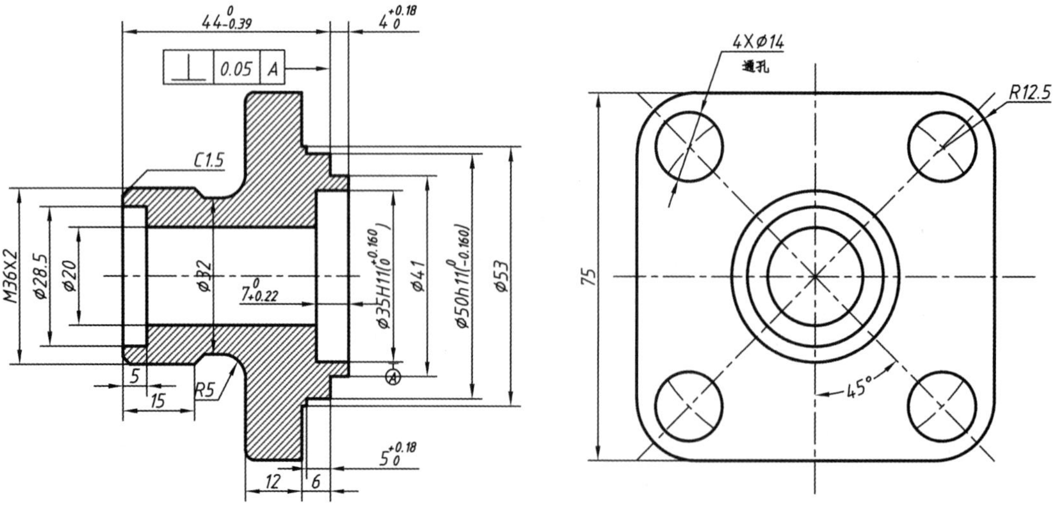

图 5-53 阀盖标注

课后作业

1. 标注一个对象的长度时，为何用线性标注和对齐标注的结果相同？

2. 进行尺寸标注时，为什么标注出来的尺寸标注没有出现箭头？

3. 在使用基线标注命令标注图形时，为什么标注出来的尺寸标注会出现重叠的情况，如何解决？

4. 创建引线标注时，为什么输入的文字垂直排列？如何解决这个问题？

5. 运用所学知识为下列图形进行标注。

(1)绘制并标注 5-54 所示机件。

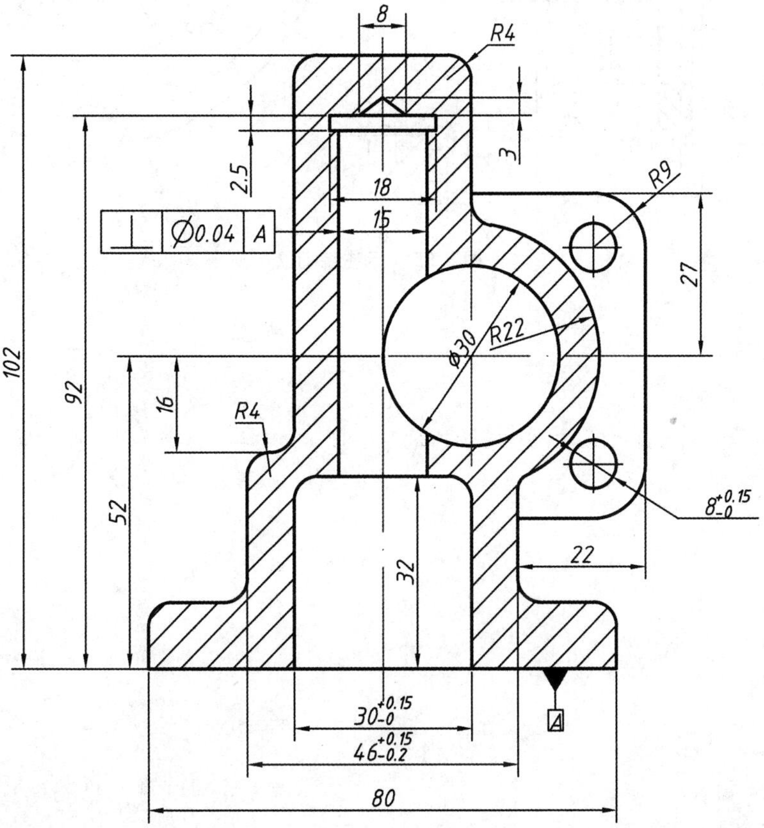

图 5-54　标注练习 1

(2)绘制并标注 5-55 所示机件。

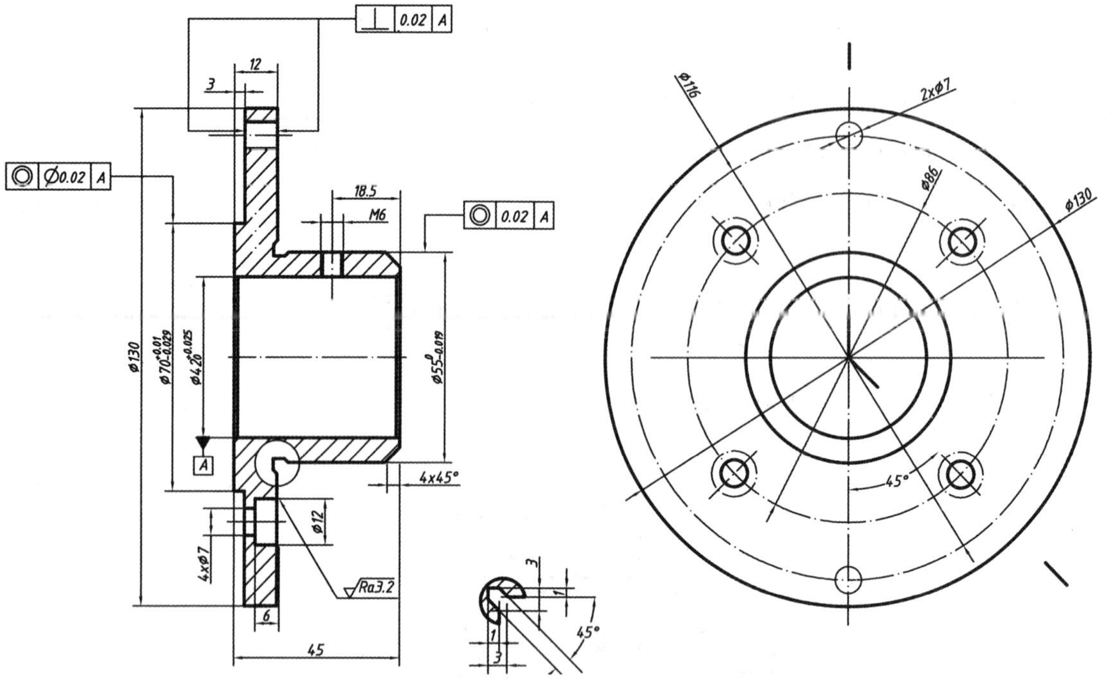
0.02 A
Ø0.02 A
0.02 A
12
3
18.5
M6
Ø130
Ø70
Ø42
Ø55
A
4x45°
Ø12
4xØ7
Ra3.2
6
45
3
1
45°
1
3
Ø116
2xØ7
Ø86
Ø130
45°

图 5-55 标注练习 2

项目 6

查询信息、块及外部参照

AutoCAD 2013 提供的查询功能可查询图形的距离、面积、周长、半径、角度等几何信息。

图块就是将多个实体组合成一个整体，并给这个整体命名保存，在以后的图形编辑中这个整体就被视为一个实体。一个图块包括可见的实体如线、圆弧、圆以及可见或不可见的属性数据。

图块能帮我们更好地组织工作，快速创建与修改图形，减少图形文件的大小。使用图块，可以创建一个自己经常要使用的符号库，然后以图块的形式插入一个符号，而不是从空白开始重画该符号。创建图块并保存，根据制图需要在不同地方插入一个或多个图块，系统插入的仅仅是一个图块定义的多个引用，这样会大大减小绘图文件大小。同时只要修改图块的定义，图形中所有的图块引用体都会自动更新。

本项目主要学习在 AutoCAD 2013 中如何建立、插入与重新定义图块；定义、编辑属性；属性块的制作与插入；图形的信息查询；图形使用外部引用等以提高绘图效率。图块的运用是 AutoCAD 2013 的一项重要功能。

学习目标

1. 了解图形信息的查询方法及使用 ，熟练掌握图块的制作与使用。
2. 掌握块的属性定义与使用，了解块的外部参照与引用。

任务 1　获取图形信息方法

【知识目标】

了解 AutoCAD 2013 中图形查询方法，熟练掌握距离、面积、坐标等常用图形查询。

【技能目标】

能够熟练使用图形查询命令。

【必备知识】

一、距离查询

1. 功能

AutoCAD 2013 中使用各种查询命令来获取图形相应的信息。

2. 命令执行方式

- 菜单栏：【工具】|【查询】|【距离】
- 工具栏：【测量工具】工具栏中按钮
- 功能区：【实用工具】功能区中 距离 按钮
- 命令行：dist ↙

3. 操作格式与说明

执行 dist 命令后，根据提示分别指定第一点和第二点，查询结果包括如下内容：

距离：两点间的距离。

xy 平面中的倾角：两点连线在 xy 平面上的投影与 X 轴间的夹角如图 6-1a 所示。

与 xy 平面的夹角：两点连线与 xy 平面间的夹角如图 6-1a 所示。

X 增量：两点的 x 坐标差值。

Y 增量：两点的 y 坐标差值。

Z 增量：两点的 z 坐标差值。

执行 dist 命令后，系统提示：距离起始点：指定所测线段的起始点，终点：指定所测线段的终点。使用 dist 命令时，两点的选择顺序不影响距离值，但影响该命令的其他测量值。

(1)计算线段构成的连续线长度。启动 dist 或 men 命令，选择【多个点(M)】选项，然后指定连续线的端点就能计算出连续线的长度，如图 6-1(b)所示。

(2)计算包含圆弧的连续线长度。启动 dist 或 men 命令，选择【多个点(M)】/【圆弧(A)】或【长度(L)】选项，就可以像绘制多段线一样测量含圆弧的连续线的长度，如图 6-1(c)所示。

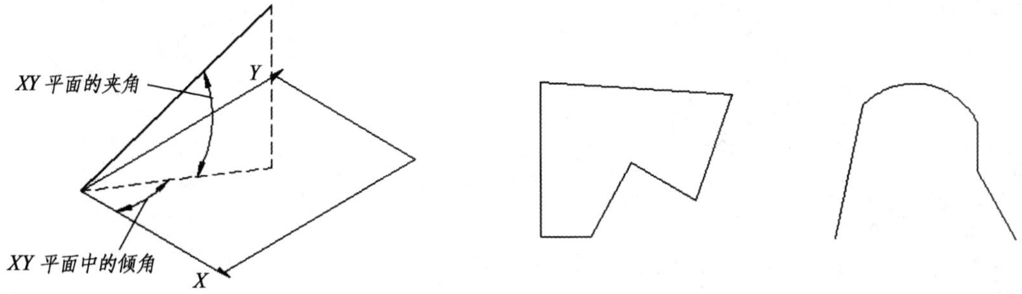

(a)　　(b)　　(c)

图 6-1　距离查询

二、半径及角度查询

1. 测量半径及直径

单击【实用工具】功能区上的按钮，选择圆弧或圆，AutoCAD 2013 打开动态提示，在屏幕上显示测量的结果，如图 6-2 所示。完成一次测量的同时将弹出快捷菜单，单击其中选项，可继续进行测量。

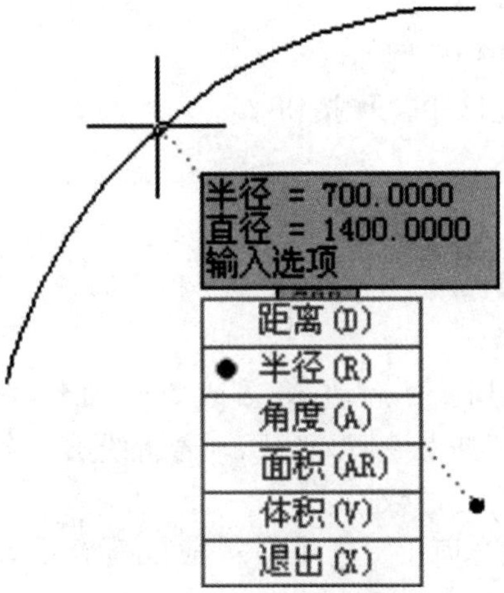

图 6-2　半径、直径查询

2. 测量角度

单击【实用工具】功能区上的按钮可测量角度。

(1)两条线段的夹角。单击按钮，选择夹角的两条边，如图 6-3(a)所示。

(2)测量圆心角。单击按钮，选择圆弧，或在圆上选择两点，如图 6-3(b)所示。

(3)测量 3 点构成的角度。单击按钮，先选择夹角的顶点，再选择另外两点，如图 6-3(c)所示。

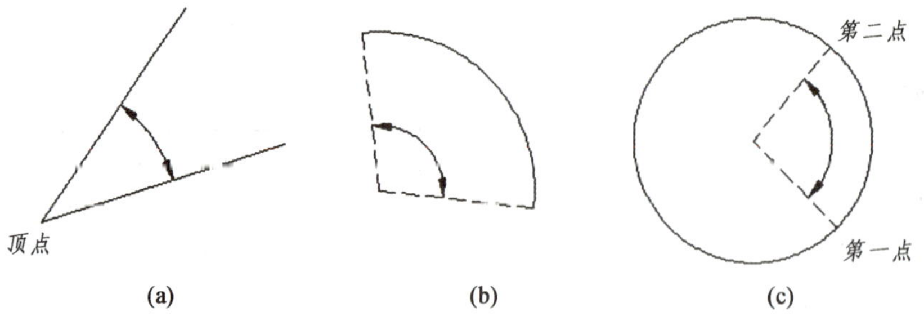

图6-3 角度查询种类

三、面积和周长查询

1. 功能

AutoCAD 2013中的面积查询命令可以计算一系列指定点之间的面积和周长，或者计算多种图像的面积和周长。此外，该命令还可以使用加模和减模式来计算组合面积。

2. 命令执行方式：

执行面积和周长查询命令的方法主要有以下几种：

- 菜单栏:【工具】|【查询】|【面积】
- 工具栏:【测量工具】工具栏中的按钮
- 功能区:【实用工具】功能区中面积按钮
- 命令行：area↙

3. 操作格式与说明

Area或Mea命令(【面积】选项)可测量图形面积及周长。使用Mea命令时，屏幕上将显示测量结果。

测量多边形区域的面积及周长。启动Area或Mea命令，然后指定折线的端点就能计算出折线包围区域的面积及周长，如图6-4(a)所示。若折线不闭合，则AutoCAD假定将其闭合进行计算，所得周长是折线闭合后的数值。

测量包含圆弧区域的面积及周长。启动area或mea命令，选择【圆弧(A)】或【长度(L)】选项，就可以像创建多段线一样绘制图形的外轮廓，如图6-4(b)所示。绘制完成，AutoCAD显示面积及周长。

若轮廓不闭合，则AutoCAD假定将其闭合进行计算，所得周长是轮廓闭合后的数值。

根据提示指定一系列角点，AutoCAD 2013将其视为用一系列点定义的一个封闭图形的面积和周长，用圆、封闭样条线、正多边形、椭圆、或封闭多段线所定义的一个面积和周长，由多个图形组成的复合面积。一个封闭多边形的各个顶点，并计算和报告该封闭多变形的面积和周长。则命令选项：

(1)对象(O):求出所选对象的面积，有以下两种情况。

①用户选择的对象是圆、椭圆、面域、正多边形及矩形等闭合图形。

②对于非封闭的多段线及样条曲线，AutoCAD 2013将假定有一条连线使其闭合，然后计

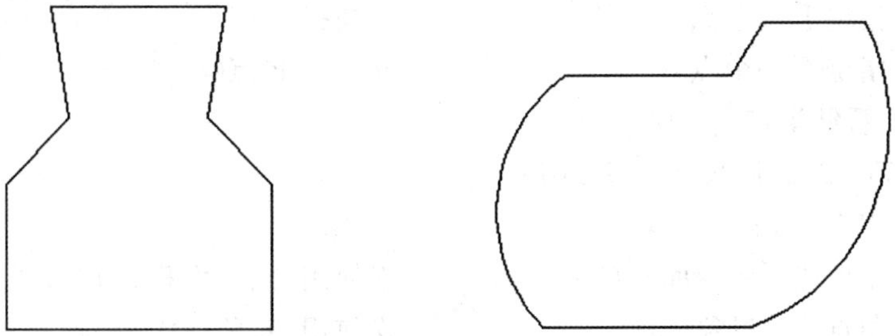

(a)　　　　(b)

图 6-4　面积查询

算出闭合区域的面积，而所计算出的周长却是多段线或样条曲线的实际长度。

(2)增加面积(A)：进入“加”模式。该选项使用户可以将新测量的面积加入到总面积中。

(3)减少面积(S)：利用此选项可使 AutoCAD 2013 把新测量的面积从总面积中扣除。

(4)<第一点>：可以对由多个点定义的封闭区域的面积和周长进行计算。程序依靠连接每个点所构成的虚拟多边形围成的空间来计算面积和周长。

【实例解析】用 MEA 命令计算图形阴影部分的面积

用 MEA 命令计算图形阴影部分的面积，如图 6-5 所示。

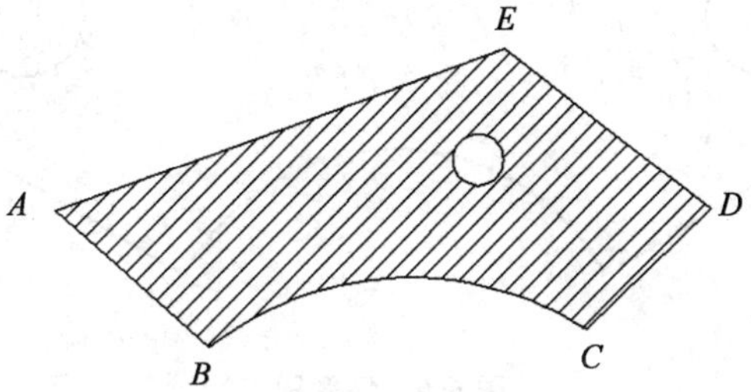

图 6-5　图例

单击【实用工具】功能区中【查询】面板上的按钮，启动 MEA 命令，AutoCAD 提示如下。

命令：_MEASUREGEOM

指定第一个角点或［增加面积(A)］<对象(O)>：a

//使用“增加面积(A)”选项

指定第一个角点：　//捕捉 A 点

(“加”模式)指定下一个点：　//捕捉 B 点

(“加”模式)指定下一个点或［圆弧(A)］：a　//使用“圆弧(A)”选项

指定圆弧的端点或［第二个点(S)］：s　//使用“第二个点(S)”选项

指定圆弧上的第二个点：nea 到　//捕捉圆弧上的一点

指定圆弧的端点：　//捕捉 C 点

指定圆弧的端点或［直线(L)］：l　//使用“直线(L)”选项

("加"模式)指定下一个点： //捕捉 D 点
("加"模式)指定下一个点： //捕捉 E 点
按 Enter 键,看结果。
面积 = 5655.1278,周长 =357.2074
总面积 = 5655.1278
指定第一个角点或[减少面积(S)]：s //使用"减少面积(S)"选项
指定第一个角点或[对象(O)]：o //使用"对象(O)"选项
("减"模式) 选择对象： //选择圆
面积 = 113.0973,圆周长 = 37.6991
总面积 =5542.0305
("减"模式) 选择对象： //按 Enter 键

课后作业

操作题：用 MEA 命令计算图形面积,如图 6-6 所示。

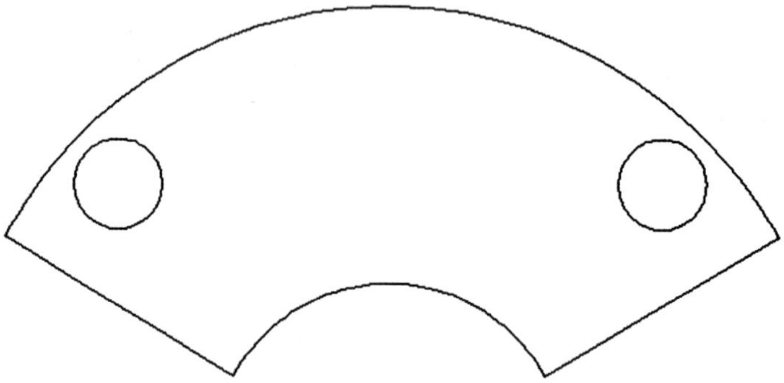

图 6-6 例题图

任务 2 块及块属性

【知识目标】

了解块在 AutoCAD 2013 中的应用和作用,熟练掌握建立图块、定义图块属性、插入块、编辑图块属性的方法,掌握插入外部参照和使用外部参照的方法。

【技能目标】

能够熟练绘制机械制图中各种常用块,例如"表面粗糙度"。

【必备知识】

一、块的基本概念

用 AutoCAD 2013 绘图时，常常需要绘制一些形状相同的图形，如果把这些经常需要绘制的图形分别定义成块(也可以说是定义成图形库)，需要绘制它们时就可以用插入块的方法实现，即把绘图变成了拼图。这样做既避免了重复性工作，又可以提高绘图的效率。块可用 BLOCK 命令建立，也可以用 WBLOCK 命令建立图形文件。两者之间的主要区别是一个“写块(WBLOCK)”，可被插入到任何其他图形文件中，一个是“块(BLOCK)”，只能插入到建立它的图形文件中。块的特点如下：

(1)提高了绘图速度。将图形创建成块，需要时可以直接用插入块的方法实现绘图，这样可以避免大量重复性工作。

(2)使用块的另一个优点，是可以建立与保存块以便以后使用。因此，可以根据不同的需要建立一个定制的对象库。例如，如果图形与齿轮有关，就可以先建立齿轮的块，然后用定制菜单(见二次开发部分)集成这些块。以这种方式，可以在 AutoCAD 中建立自己的应用环境。

(3)当向图形中增加对象时，图形文件的容量会增加。AutoCAD 会记下图中每一个对象的大小与位置信息，譬如点、比例因子、半径等。如果用 BLOCK 命令建立块，把几个对象合并为一个对象，对块中的所有对象就只有单个比例因子、旋转角度、位置等，因此节省了存储空间。每一个多次重复插入的对象，只需在块的定义中定义一次即可。

(4)如果对象的规范改变了，图形就需要修改。如果需要查出每一个发生变化的点，然后单独编辑这些点，那将是一件很繁重的工作。但如果该对象被定义为一个块，就可以重新定义块，那么无论块出现在哪里，都将自动更正。

(5)属性(文本信息)可以包含在块中。在每一个块的插入时，可定义不同属性值。

二、创建块

1. 功能

定义图块就是将图形中选定的一个或多个对象组合成一个整体，为其命名保存，并在以后使用过程中将它视为一个独立、完整的对象进行调用和编辑。

2. 命令执行方式

- 菜单栏:【绘图】|【块】|【创建(M)…】
- 工具栏:【绘图】工具栏按钮
- 功能区:【块】功能区中按钮
- 命令行:block ↙

3. 操作格式与说明

定义图块时需要执行在命令行中输入 block 命令，并按空格键执行命令；或在 AutoCAD 2013 常用工具栏中单击【创建块】按钮如图 6-7。

用上述方法中的任一种启动命令后，AutoCAD 会弹出如图 6-8 所示的【块定义】对话框。

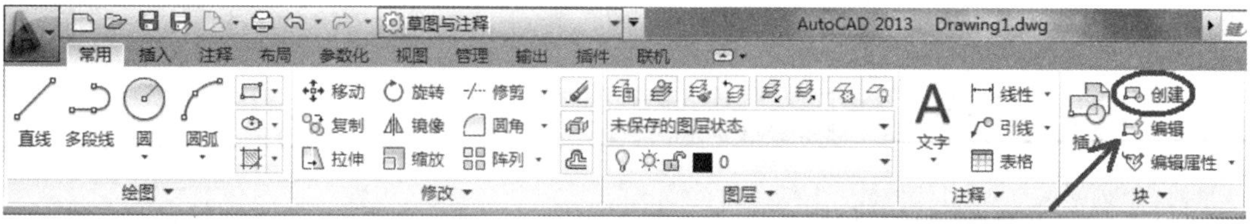

图 6-7 创建块

该对话框中各选项的含义如下：

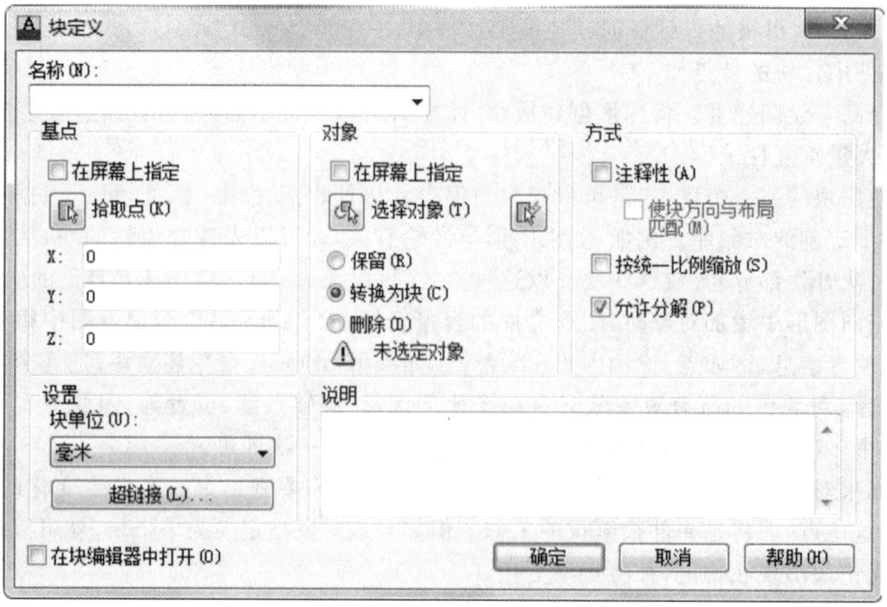

图 6-8 【定义块】对话框

【块定义】对话框参数介绍：

(1)【名称】文本框：

在此列表框中输入新建图块的名称，最多可使用 255 个字符。单击下拉箭头，打开列表框，该列表中显示了当前图形的所有图块。

(2)【基点】选项组：

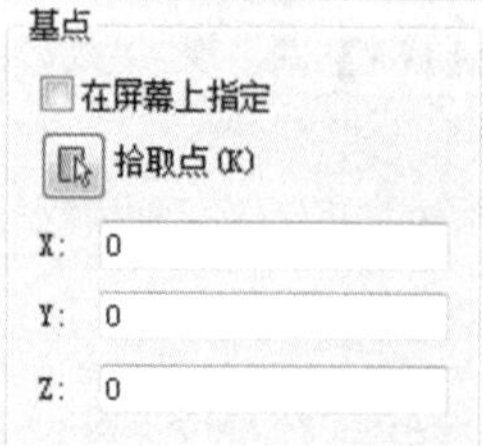

确定块的插入基点位置。可以直接在“X”“Y”和“Z”文本框中输入对应的坐标值；也可以单击【拾取点】按钮，切换到绘图屏幕指定基点；还可以选中【在屏幕上指定】复选框，等关闭对话框后再根据提示指定基点。注意：从理论上讲，可以选择块上或块外的任意一点作为插入

基点,但为了以后使块的插入更方便、更准确,一般应根据图形的结构来选择基点。通常将基点选在块的中心点、对称线上某一点或其他有特征的点。

(3)【对象】选项组:

①【在屏幕上指定】复选框。如果选中此复选框,通过对话框完成其他设置后,单击【确定】按钮关闭对话框时,AutoCAD 2013 会提示用户选择组成块的对象。

②【选择对象】按钮: 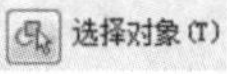

选择组成块的对象。单击此按钮,AutoCAD 2013 临时切换到绘图屏幕,并提示:选择对象:在此提示下选择组成块的各对象后按回车键,AutoCAD 2013 返回上图所示的【块定义】对话框,同时在【名称】文本框的右侧显示出由所选对象构成块的预览图标,并在【对象】选项组中的最后一行将“未选定对象”替换为“已选择 n 个对象”。

③快速选择按钮:  该按钮用于快速选择满足指定条件的对象钮,单击此按钮

AutoCAD 2013 弹出【快速选择】对话框,用户可通过此对话框确定选择对象的过滤条件,快速选择满足指定条件的对象。

(4)【保留】【转换为块】和【删除】单选按钮。 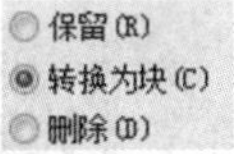

确定将指定的图形定义成块后,如何处理这些用于定义块的图形。【保留】指保留这些图形,【转换为块】指将对应的图形转换成块,【删除】则表示定义块后删除对应的图形。

(5)【方式】选项组指定块的设置。 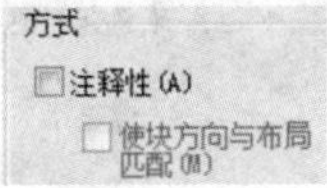

①【注释性】复选框:指定块是否为注释性对象。

②【按统一比例缩放】复选框: 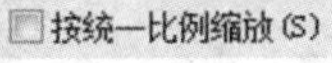

指定插入块时是按统一的比例缩放,还是沿各坐标轴方向采用不同的缩放比例。

③【允许分解】复选框: 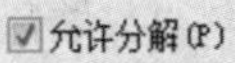

指定插入块后是否可以将其分解,即分解成组成块的各基本对象。(注:如果选中【允许分解】复选框,插入块后,可以用【EXPLODE】命令分解块。)

(6)【设置】选项组:指定块的插入单位和超链接。

①【块单位】下拉列表框。 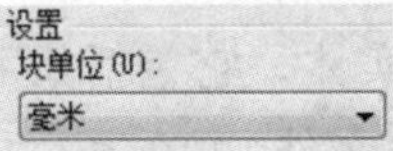

指定插入块时的插入单位,通过对应的下拉列表选择即可。

②【超链接】按钮。 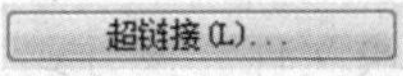

通过【插入超链接】对话框使超链接与块定义相关联。

(7)【说明】框:指定块的文字说明部分(如果有的话),在其中输入即可。

(8)【在块编辑器中打开】复选框: 

确定当单击对话框中的【确定】按钮创建出块后,是否立即在块编辑器中打开当前的块定义。如果打开了块定义,可以对块定义进行编辑。

通过【块定义】对话框完成各设置后,单击【确定】按钮,即可创建出对应的块。

三、写块

1. 功能

前面定义的图块，只能在当前图形文件中使用，如果需要在其他图形中使用已经定义的图块，如标题栏、图框以及一些通用的图形对象等，可以将图块以图形文件形式保存下来。这时，它就和一般图形文件没有什么区别，可以被打开、编辑，也可以以图块形式方便地插入到其他图形文件中。【保存图块】也就是我们通常所说的写块。

2. 命令执行方式

命令行：wblock ↙

3. 操作格式与说明

AutoCAD 2013 弹出【写块】对话框，如图 6-9 所示：

图 6-9 【写块】对话框

(1)源：该区域用于定义写入外部块的源实体。它包括如下内容：

①块：该单选项指定将内部块写入外部块文件，可在其后的输入框中输入块名，或在下拉列表框中选择需要写入文件的内部图块的名称。

②整个图形：该单选项指定将整个图形写入外部块文件。该方式生成的外部块的插入基点为坐标原点(0,0,0)。

(2)对象：该单选项将用户选取的实体写入外部块文件。

(3)基点：该区域用于指定图块插入基点，该区域只对源实体为对象时有效。

(4)对象：该区域用于指定组成外部块的实体，以及生成块后源实体是保留、消除或是转换成图块。该区域只对源实体为对象时有效。

(5)目标:该区域用于指定外部块文件的文件名、储存位置以及采用的单位制式。

4. 操作提示

(1)用 wblock 命令定义的外部块其实就是一个 DWG 图形文件。当 wblock 命令将图形文件中的整个图形定义成外部块写入一个新文件时,它自动删除文件中未用的层定义、块定义、线型定义等,相当于用 purge 命令的 All 选项清理文件后,再将其复制为一个新生文件,与原文件相比,大大减少了文件的字节数。

(2)所有的 Dwg 图形文件均可视为外部块插入到其他的图形文件中,不同的是,用 wblock 命令定义的外部块文件其插入基点是由用户设定好的,而用 new 命令创建的图形文件,在插入其他图形中时将以坐标原点(0,0,0)作为其插入基点。

四、插入块

1. 功能

在绘图过程中,若需要应用图块时,可以利用【插入块】命令将已创建的图块插入到当前图形中。在插入图块时,用户需要指定图块的名称、插入点、缩放比例和旋转角度等。

2. 命令执行方式:

- 菜单栏:【插入】|【块】
- 工具栏:【绘图】工具栏 插入 按钮
- 功能区:【块】功能区中 块(B)... 按钮
- 命令行:insert ↙

3. 操作格式与说明

AutoCAD 2013 弹出【插入】对话框,如图 6-10 所示。

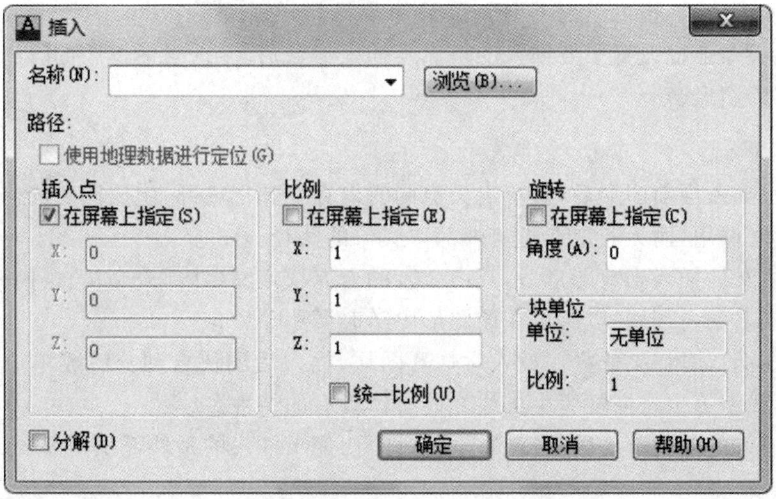

图 6-10　【插入块】对话框

利用上述任意一种方法启用【插入块】命令，下面介绍对话框中主要项的功能。

(1)【名称】下拉列表框：指定所插入块或图形的名称，可以直接输入名称，或通过下拉列表框选择块，也可以单击【浏览】按钮，从弹出的【选择图形文件】对话框中选择图形文件。选择图形文件。

(2)【插入点】选项组：确定块在图形中的插入位置，可以直接在"X""Y"和"Z"文本框中输入点的坐标，也可以选中【在屏幕上指定】复选框，当单击对话框中的【确定】按钮关闭对话框后，在绘图窗口中指定插入点。

(3)【比例】选项组：确定块的插入比例，可以直接在"X""Y"和"Z"文本框中输入块沿3个坐标轴方向的比例，也可以选中【在屏幕上指定】复选框，当单击对话框中的【确定】按钮关闭对话框后再指定插入比例。需要说明的是，如果在定义块时选择了按统一比例缩放(通过【按统一比例缩放】复选框设置)，那么只需要指定沿X轴方向的缩放比例。

(4)【旋转】选项组：确定块插入时的旋转角度，可以直接在【角度】文本框中输入角度值，也可以选中【在屏幕上指定】复选框，当单击对话框中的【确定】按钮关闭对话框后，再指定旋转角度。

(5)【块单位】选项组：显示有关块单位的信息。

(6)【分解】复选框：利用此复选框，可以将插入的块分解成组成块的各个基本对象。当在图形中使用块时，AutoCAD 2013将块作为单个的对象处理，只能对整个块进行编辑。如果用户需要编辑组成块的某个对象时，需要将块的组成对象分解为单一个体。

将图块分解，有以下几种方法。

①插入图块时，在【插入】对话框中，选择【分解】复选框，再单击【确定】按钮，插入的图形仍保持原来的形式，但可以对其中某个对象进行修改。

②插入图块对象后，使用【分解】命令，单击工具栏中的按钮，将图块分解为多个对象。分解后的对象将还原为原始的图层属性设置状态。如果分解带有属性的块，属性值将丢失，并重新显示其属性定义。

③此外，插入块后，也可以用EXPLODE命令将其分解。

通过【插入】对话框设置了要插入的块以及插入参数后，单击对话框中的【确定】按钮，即可将块插入到当前图形。

4. 操作提示

(1)外部块插入当前图形后，其块定义也同时储存在图形内部，生成同名的内部块，以后可在该图形中随时调用，而无需重新指定外部块文件的路径。

(2)外部块文件插入当前图形后，其内包含的所有块定义(外部嵌套块)也同时带入当前图形中，并生成同名的内部块，以后可在该图形中随时调用。

(3)图块在插入时如果选择了插入时炸开图块，插入后图块自动分解成单个的实体，其特性如层、颜色、线型等也将恢复为生成块之前实体具有的特性。

(4)如果插入的是内部块则直接输入块名即可；如果插入的是外部块则需要给出块文件的路径。

五、创建带属性的块

1. 功能

图块属性是附加在图块上的文字信息，在 AutoCAD 2008 中经常利用图块属性来预定义文字的位置、内容或缺省值等。在插入图块时，输入不同的文字信息，可以使相同的图块表达不同的信息，如表面粗糙度就是利用图块属性设置的。

2. 命令执行方式

- 菜单栏:【绘图】|【块】|【定义属性(D)…】
- 功能区:【块】功能区 

按钮
- 命令行:attdef ↙

3. 操作格式与说明

AutoCAD 2013 弹出【属性定义】对话框，如图 6-11 所示。

图 6-11 【属性定义】对话框

(1)【模式】选项组:

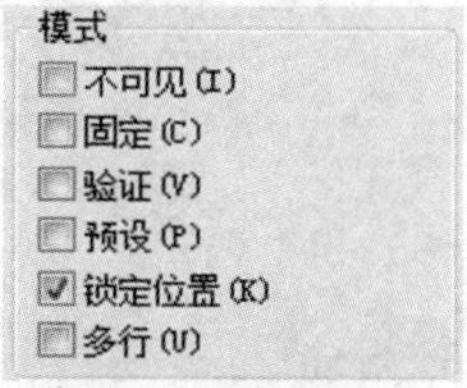

设置当在图形中插入块时，与块对应的属性值的模式。

①【不可见】复选框。设置插入块后是否显示属性值。选中复选框表示属性不可见，即属

性值不在块中显示，否则在块中显示出对应的属性值。

②【固定】复选框。设置属性是否为固定值。选中复选框表示属性为固定值(此值应通过【属性】选项组中的【默认】文本框给定)。如果将属性设为非固定值，插入块的时候用户可以输入新值。

③【验证】复选框。设置插入块时是否校验属性值。如果选中该复选框，插入块时，当用户根据提示输入属性值后，AutoCAD 2013 会再给出一次提示，以便让用户校验所输入的属性值是否正确，否则不要求用户校验。

④【预设】复选框。表示是否将属性值直接设置成它的默认值。

⑤【锁定位置】复选框。确定是否锁定属性在块中的位置。如果没有锁定位置，插入块后，可以利用夹点功能改变属性的位置。

⑥【多行】复选框。指定属性值是否可以包含多行文字。如果选中此复选框，可以通过【文字设置】选项组中的【边界宽度】文本框指定边界宽度。

(2)【属性】选项组：

【属性】选项组中，【标记】文本框用于确定属性的标记(用户必须指定该标记)；【提示】文本框用于确定插入块时 AutoCAD 2013 提示用户输入属性值的提示信息；【默认】文本框用于设置属性的默认值。在各文本框中输入对应信息即可。

(3)【插入点】选项组：

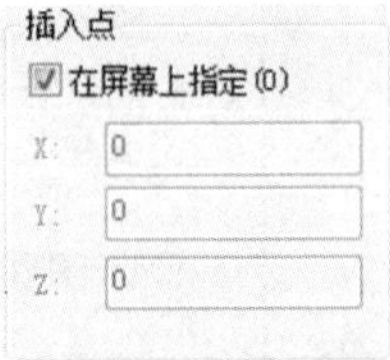

确定属性值的插入点，即属性文字排列的参考点。指定插入点后，AutoCAD 以该点为参考点，按照在【文字设置】选项组中【对正】下拉列表框确定的文字对齐方式放置属性值。用户可以直接在"X""Y""Z"文本框中输入插入点的坐标，也可以选中【在屏幕上指定】复选框，以便通过绘图窗口指定插入点。

(4)【文字设置】选项组该选项组用于确定属性文字的格式：

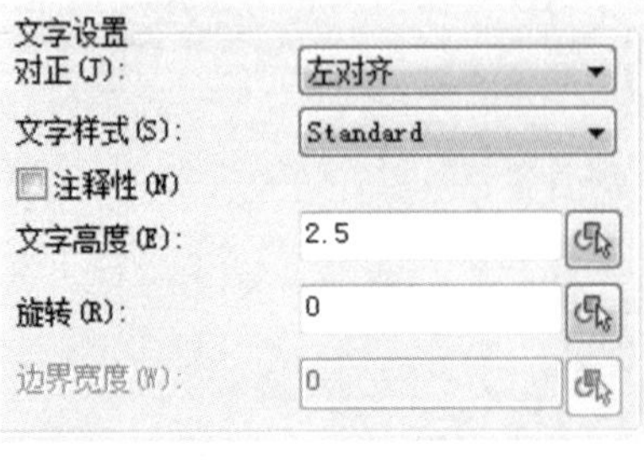

①【对正】下拉列表框。确定属性文字相对于在【插入点】选项组中确定的插入点的排列方式。

②【文字样式】下拉列表框。确定属性文字的样式，从对应的下拉列表中选择即可。提示：如果选中【注释性】复选框，表示属性为注释性对象。

③【文字高度】项。指定属性文字的高度，可以直接在对应的文本框中输入高度值，在绘图屏幕上指定。

④【旋转】项。指定属性文字行的旋转角度，可以直接在对应的文本框中输入角度值，也可以单击对的按钮，在绘图屏幕上指定。

⑤【边界宽度】项。当属性值采用多行文字时，指定多行文字属性的最大长度。可以直接在对应的文本框中输入宽度值，也可以单击对应按钮，在绘图屏幕上指定。0 值表示没有限制。

(5)【在上一个属性定义下对齐】复选框：

当定义多个属性时，选中此复选框，表示当前属性将采用前一个属性的文字样式、字高以及旋转角度，并另起一行按上一个属性的对正方式排列。选中【在上一个属性定义下对齐】复选框后，【插入点】与【文字选项】选项组均以灰颜色显示，即不能再通过它们确定具体的值。确定了【属性定义】对话框中的各项内容后，单击对话框中的【确定】按钮，AutoCAD 完成一次属性定义，并在图形中按指定的文字样式、对齐方式显示出属性标记。用户可以用上述方法为同一个块定义多个属性。

六、编辑块属性

1. 功能

当定义了图块属性，甚至图块已经插入到图形中以后，用户还可以对图块属性进行编辑。不仅可以修改属性值，还可以对属性的位置、文字设置等进行编辑。

2. 命令执行方式

- 菜单栏：【修改】|【对象】|【属性】|【单个(S)…】
- 工具栏：【常用】|【块】工具栏中按钮
- 功能区：|【块】功能区按钮
- 命令行：eattedit ↙

3. 操作格式与说明

在绘图窗口中选择了块以后，则弹出【增强属性编辑器】对话框，如图 6-12 所示。在该对话框中可以对块的属性进行编辑与修改。

该对话框中包含三个选项卡，具体功能如下：

(1)【属性】选项卡：该选项卡显示了所选择的【快引用】中各属性的标记，提示及其对应的属性值。单击某一属性值，就可在下方的 值 文本框中直接进行修改。

(2)【文字选项】选项卡：在该选项卡中可以直接修改属性的文字样式，对正方式，高度，文字角度等，如图 6-13 所示。其中各项的含义与设置文字样式所对应的选项相同，这里不再重复。

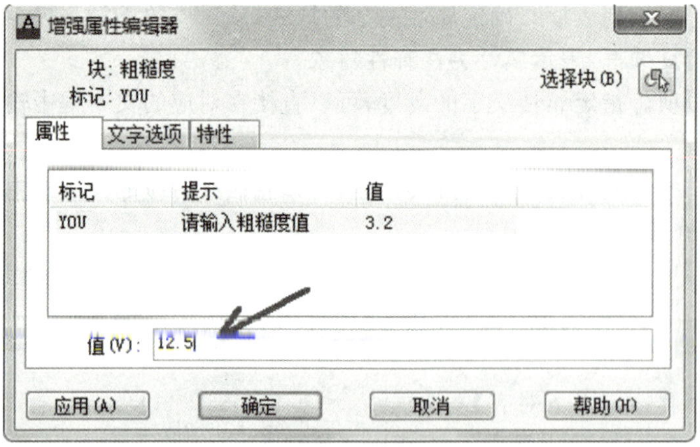

图 6-12 【增强属性编辑器】对话框

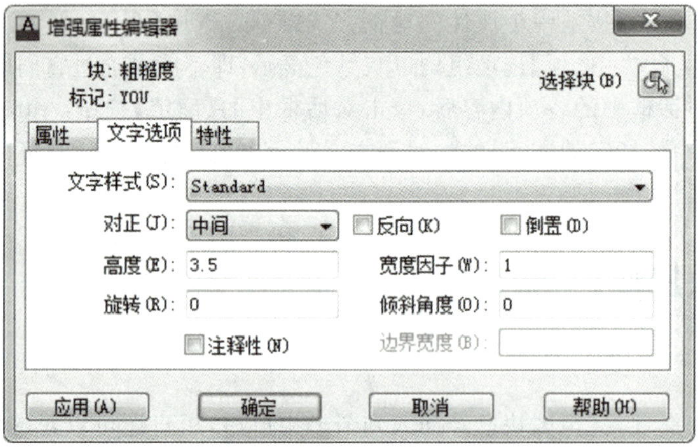

图 6-13 文字选项

(3)【特性】选项卡:在该选项卡中可以直接修改属性文字所在的图层、颜色、线性、线宽和打印样式等特征,如图 6-14 所示。

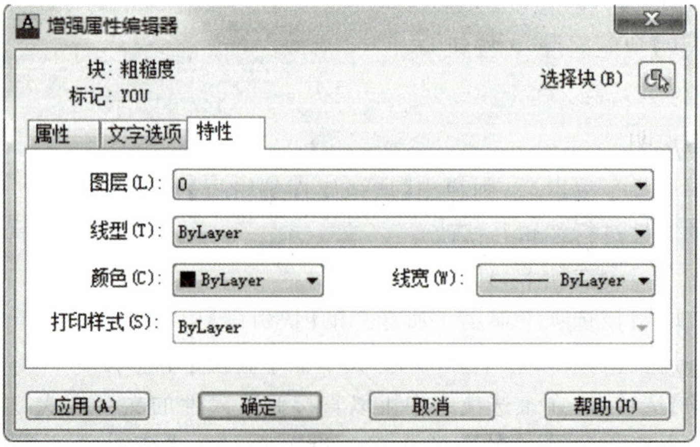

图 6-14 特性选项

七、创建动态块

1. 功能

所谓动态块实际上就是定义了参数及其关联动作的块。它的主要特点有两个：一是一个动态块相当于集成了一组块，用户可以直接通过选择某个参数快速改变块的外观；二是用户可直接利用块夹点编辑块内容，而无需像编辑普通块那样，只有先炸开块，然后才能编辑其内容。

动态块可以具有自定义夹点和自定义特性。根据块的定义方式，可以通过这些自定义夹点和自定义特性来操作块。动态块中不同类型的自定义夹点，见表6-1所示。

表6-1　动态块中不同类型的自定义夹点

夹点类型	图例	夹点在图形中的操作方式
标准		平面内的任意方向
线性		按规定方向或沿某一条轴往返移动
旋转		围绕某一条轴旋转
翻转		单击以翻转动态块参照
对齐		平面内的任意方向，如果在某个对象上移动，则使块参照与该对象对齐
查寻		单击以显示项目列表

2. 命令执行方式

- 菜单栏：【工具】|【块编辑器】
- 功能区：【块】功能区中  编辑 按钮
- 命令行：bedit ↙

3. 动态块的操作与说明

可以使用块编辑器创建动态块。块编辑器是一个专门的编写区域，用于添加能够使块成为动态块的元素。可以从头创建块，也可以向现有的块定义中添加动态行为。向块中添加参数和动作可以使其成为动态块。

(1)一般经过以下几个步骤创建动态块。

①在创建动态块之前规划动态块的内容。在创建动态块之前，应当了解其外观以及在图形中的使用方式。

②绘制几何图形。可以在绘图区域或块编辑器中绘制动态块中的几何图形。也可以使用图形中的现有几何图形或现有的块定义。

③了解块元素如何共同作用。在向块定义中添加参数和动作之前，应了解它们相互之间以及它们与块中的几何图形的相关性。在向块定义添加动作时，需要将动作与参数以及几何

图形的选择集相关联。

④添加参数。按照命令行上的提示向动态块定义中添加适当的参数。使用块编写选项板的【参数集】选项卡可以同时添加参数和关联动作。

⑤添加动作。向动态块定义中添加适当的动作。按照命令行上的提示进行操作，确保将动作与正确的参数和几何图形相关联。

⑥定义动态块参照的操作方式。指定在图形中操作动态块参照的方式。可以通过自定义夹点和自定义特性来操作动态块参照。

⑦保存块然后在图形中进行测试。保存动态块定义并退出块编辑器。然后将动态块参照插入到一个图形中，并测试该块的功能。

(2)动态块中的参数。动态块中参数、夹点和动作之间的关系，见表 6-2 所示。

表 6-2　动态块中参数、夹点和动作之间的关系

参数类型	夹点类型		可与参数关联的动作	说明
点		标准	移动、拉伸	在图形中定义一个 X 和 Y 位置。在块编辑器中，外观类似于坐标标注
线性		线性	移动、缩放、拉伸、阵列	可显示出两个固定点之间的距离。约束夹点沿预置角度的移动。在块编辑器中，外观类似于对齐标注
极轴		标准	移动、缩放、拉伸、极轴拉伸、阵列	可显示出两个固定点之间的距离并显示角度值。可以使用夹点和“特性”选项板来共同更改距离值和角度值。在块编辑器中，外观类似于对齐标注
XY		标准	移动、缩放、拉伸、阵列	可显示出距参数基点的 X 距离和 Y 距离。在块编辑器中，显示为一对标注(水平标注和垂直标注)
旋转		旋转	旋转	可定义角度在块编辑器中，显示为一个圆
翻转		翻转	翻转	翻转对象。在块编辑器中，显示为一条投影线。可以围绕这条投影线翻转对象。将显示一个值，该值显示出了块参照是否已被翻转
对齐		对齐	无(此动作隐含在参数中)	可定义 X 和 Y 位置以及一个角度。对齐参数总是应用于整个块，并且无需与任何动作相关联。对齐参数允许块参照自动围绕一个点旋转，以便与图形中的另一对象对齐。对齐参数会影响块参照的旋转特性。在块编辑器中，外观类似于对齐线

续表 6-2

参数类型	夹点类型		可与参数关联的动作	说明
可见性		查寻	无(此动作时隐含的,并且受可见性状态的控制)	可控制对象在块中的可见性。可见性参数总是应用于整个块,并且无需与任何动作相关联。在图形中单击夹点可以显示块参照中所有可见性状态的列表。在块编辑器中,显示为带有关联夹点的文字
查寻		查寻	查寻	定义一个可以指定或设置为计算用户定义的列表或表中的值的自定义特性。该参数可以与单个查寻夹点相关联。在块参照中单击该夹点可以显示可用值的列表。在块编辑器中,显示为带有关联夹点的文字
基点		标准	无	在动态块参照中相对于该块中的几何图形定义一个基点。无法与任何动作相关联,但可以归属于某个动作的选择集。在块编辑器中,显示为带有十字光标的圆

(3)动态块中的动作。动态块通常至少包含一个动作。通常情况下,向动态块定义中添加动作后,必须将该动作与参数、参数上的关键点以及几何图形相关联。关键点是参数上的点,编辑参数时该点将会驱动与参数相关联的动作。与动作相关联的几何图形称为选择集。

例如,定义的动态块中包含表示书桌的几何图形、带有一个夹点(为其端点指定的)的线性参数以及与参数端点和书桌右侧的几何图形相关联的拉伸动作。参数的端点为关键点。书桌右侧的几何图形是选择集,如图 6-15 所示。

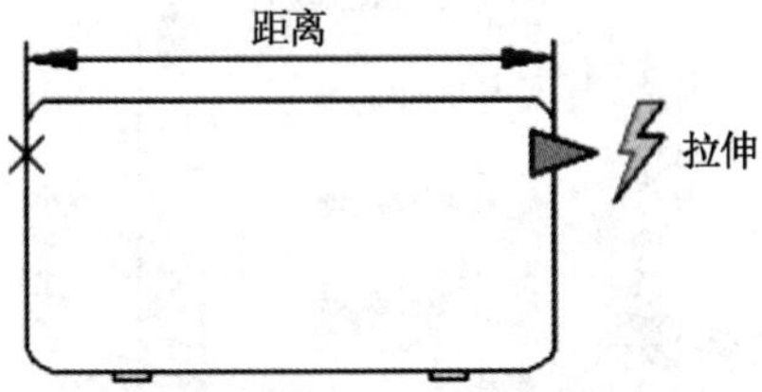

图 6-15　定义的书桌动态块

在图形中使用并修改块参照时,可以通过移动夹点来拉伸书桌,如图 6-16 所示。

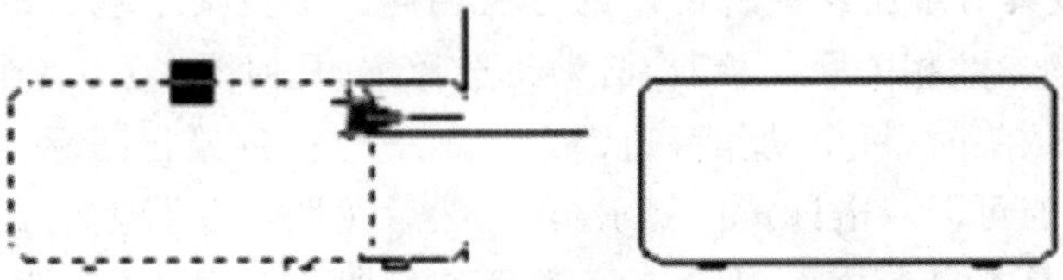

图 6-16　动态块的使用

可以在动态块中使用的动作类型与每种动作类型相关联的参数，见表 6-3 所示。

表 6-3　动作类型与每种动作类型相关联的参数

动作类型	参数
移动	点、线性、极轴、XY
缩放	线性、极轴、XY
拉伸	点、线性、极轴、XY
极轴拉伸	极轴
旋转	旋转
翻转	翻转
阵列	线性、极轴、XY
查寻	查寻

（4）动态块参数集。使用块编写选项板上的【参数集】选项卡可以向动态块定义添加一般成对的参数和动作，如图 6-17 所示。

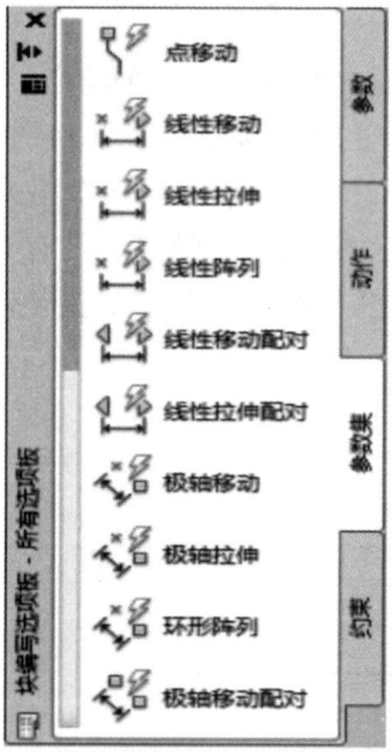

图 6-17　块编写选项板的【参数集】选项卡形式

向块中添加参数集与添加参数所使用的方法相同。参数集中包含的动作将自动添加到块定义中，并与添加的参数相关联。接着，必须将选择集（几何图形）与各个动作相关联。首次向动态块定义添加参数集时，每个动作旁边都会显示一个黄色警告图标。这表示需要将选择集与各个动作相关联。可以双击该黄色警示图标，然后按照命令行上的提示将动作与选择集相关联。如果插入的是查寻参数集，双击黄色警示图标时将会显示【特性查寻表】对话框。与查寻动作相关联的是添加到此表中的数据，而不是选择集。块编写选项板的【参数集】选项卡上选项类型及说明，见表 6-4 所示。

表 6-4　块编写选项板的【参数集】选项卡上选项类型及说明

参数集选项类型	说明
点移动	向动态块定义中添加带有一个夹点的点参数和相关联的移动动作
线性移动	向动态块定义添加带有一个夹点的线性参数和关联移动动作
线性拉伸	向动态块定义添加带有一个夹点的线性参数和关联拉伸动作
线性阵列	向动态块定义添加带有一个夹点的线性参数和关联阵列动作
线性移动配对	向动态块定义添加带有两个夹点的线性参数和与每个夹点相关联的移动动作
线性拉伸配对	向动态块定义添加带有两个夹点的线性参数和与每个夹点相关联的拉伸动作
极轴移动	向动态块定义添加带有一个夹点的极轴参数和关联移动动作
极轴拉伸	向动态块定义添加带有一个夹点的极轴参数和关联拉伸动作
环形阵列	向动态块定义添加带有一个夹点的极轴参数和关联阵列动作
极轴移动配对	向动态块定义添加带有两个夹点的极轴参数和与每个夹点相关联的移动动作
极轴拉伸配对	向动态块定义添加带有两个夹点的极轴参数和与每个夹点相关联的拉伸动作
XY 移动	向动态块定义添加带有一个夹点的 XY 参数和关联移动动作
XY 移动配对	向动态块定义添加带有两个夹点的 XY 参数和与每个夹点相关联的移动动作
XY 移动方格集	向动态块定义添加带有四个夹点的 XY 参数和与每个夹点相关联的移动动作
XY 拉伸方格集	向动态块定义添加带有四个夹点的 XY 参数和与每个夹点相关联的拉伸动作
XY 阵列方格集	向动态块定义添加带有四个夹点的 XY 参数和与每个夹点相关联的阵列动作
旋转集	向动态块定义添加带有一个夹点的旋转参数和关联旋转动作
翻转集	向动态块定义添加带有一个夹点的翻转参数和关联翻转动作
可见性集	添加带有一个夹点的可见性参数。无需将任何动作与可见性参数相关联
查寻集	向动态块定义添加带有一个夹点的查寻参数和查寻动作

(5)为动态块指定夹点。向动态块定义中添加参数时,会自动向块中添加与该参数的关键点相关联的自定义夹点。可以在图形中使用这些自定义夹点来操作动态块参照中的几何图形。如果动态块定义中包含可见性状态或查寻表,则可以将块定义为只显示查寻夹点。在块参照上单击此夹点时,将显示一个下拉列表,如图 6-18 所示。如果从该列表中选择一个项目,块参照的显示可能会更改。

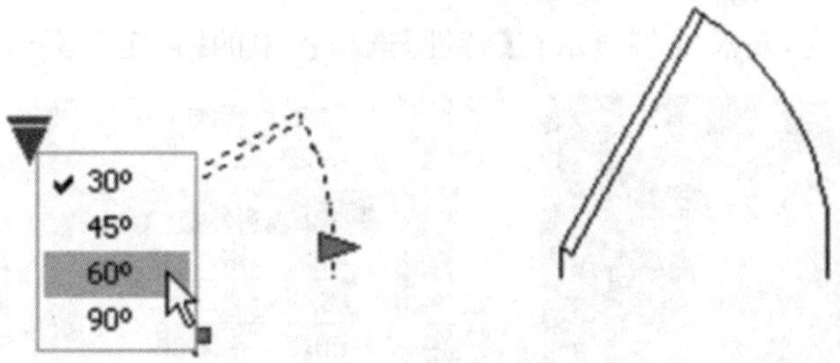

图 6-18　夹点的下拉列表显示

(6)使用查寻表将数据指定给动态块。可以使用查寻表为动态块定义特性以及为其指定特性值。使用查寻表是将动态块参照的参数值与用户指定的其他数据相关联的有效方式。用户可以像提取块属性数据那样从图形中的块参照中提取此数据。完成后，查寻表会根据动态块参照在图形中的操作方式向其指定特性值。相反，用户可以通过查寻夹点或【特性】选项板来修改块参照的查寻特性值，从而修改块参照在图形中的显示方式。例如，在图形中选定的长方形的【特性】选项板的【自定义】区域将显示此块的尺寸特性，如图 6-19 所示。此特性是在块的查寻表中已定义。

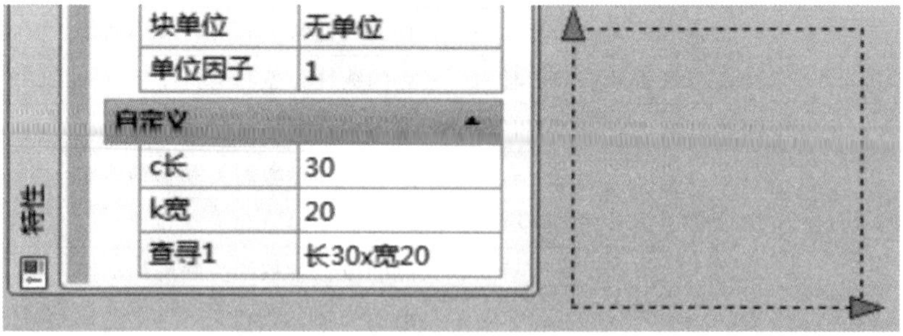

(a)长方形的【特性】选项板　　　　(b)长方形动态块

图 6-19　长方形动态块的【特性】选项板的显示

如果使用自定义夹点在图形中修改长方形的尺寸，【特性】选项板中的尺寸特性也将随之而修改，如图 6-20 所示。

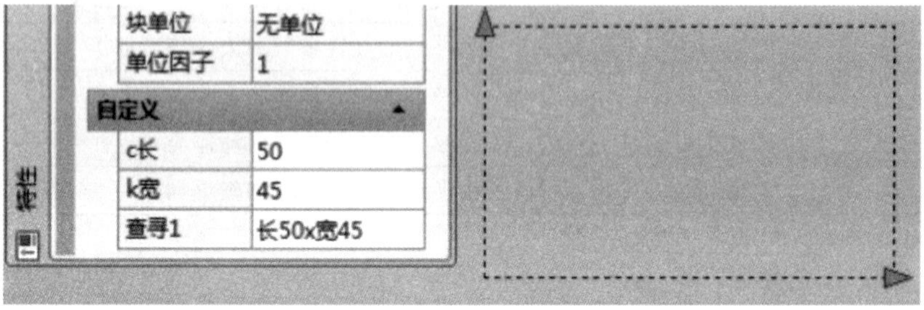

(a)长方形动态块修改后【特性】选项板　　　　(b)长方形动态块修改后

图 6-20　长方形动态块修改后的【特性】选项板的显示

也可以使用查寻夹点修改块参照的显示，如果单击夹点时从显示的列表中选择一个尺寸，块的几何图形将改变，新尺寸将显示在【特性】选项板中的【自定义】下，如图 6-21 所示。

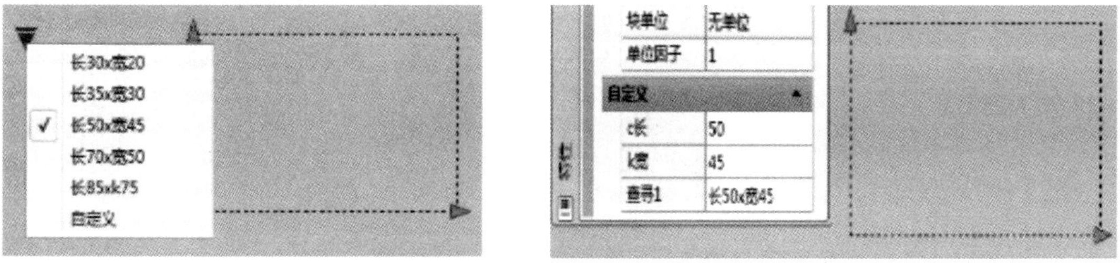

(a) 使用查询夹点修改长方形动态块　　　　(b) 长方形的【特性】选项板显示及修改后的长方形动态块

图 6-21　使用查询夹点修改长方形动态块及其【特性】选项板的显示

绘制几何图形并添加动态块功能所需的相应参数和动作后，可以向块定义添加查寻表。向动态块定义添加查寻参数，然后添加查寻动作并将其与查寻参数相关联后，将创建空查寻表。查寻表将显示在【特性查寻表】对话框中。

特性查寻表由输入特性和查寻特性组成。每个输入特性和查寻特性都按列显示在表中。

①输入特性。除了查寻参数之外的参数（例如，标有【宽度】的线性参数）。可以在【输入特性】下为块定义中的每个参数（查寻参数、对齐参数和基点参数除外）创建一列。

②查寻特性。查寻参数。对于要添加到查寻表中的每个查寻特性列，都要向动态块定义添加一个查寻参数。查寻参数标签被用作特性名。

向表中添加特性（列）后，向各列中的单元添加值。单击一个单元，然后输入值。如果在表中为输入特性（参数）定义了值集，则单击列中的单元时将显示可用值的下拉列表。长方形动态块的特性查寻表，如图 6-22 所示。标有【长度】和【宽度】的线性参数已作为输入特性添加。【尺寸】已作为查寻特性添加。【长度】和【宽度】下面的值取自为每个参数定义的值集。【尺寸】下面的值是手动输入的。

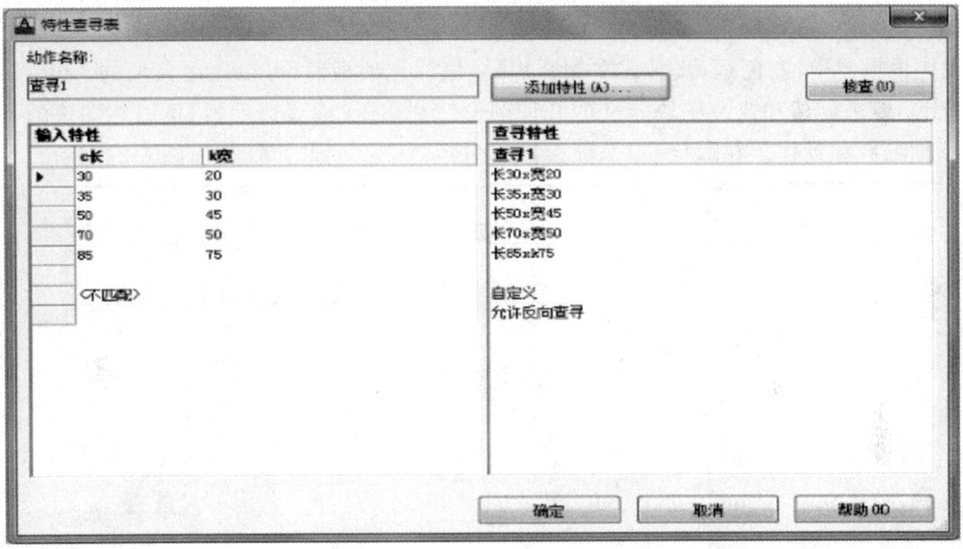

图 6-22 长方形动态块的特性查寻表

4. 使用块编辑器

在动态块定义中大部分工作都是在块编辑器中完成的，可以使用块编辑器向块中添加动态行为，它提供了为块增添智能性和灵活性所需的全部工具。块编辑器中创建动态块的基本操作步骤：添加参数、调整参数、为参数添加动作、为参数选定对象和保存参数。

块编辑器的调用方法：

- 菜单栏：【工具】|【块编辑器】
- 命令行：bedit ↙
- 【块定义】对话框：并选定对话框左下角的【在块编辑器中打开复选按钮】
- 快捷菜单：选定块后，单击右键在弹出的右键快捷菜单中，选择【块编辑器】，此时弹出【编辑块定义】对话框，如图 6-23 所示。在该对话框中，显示出当前图形文件中所有定义的块，选择要编辑的块并单击【确定】按钮。

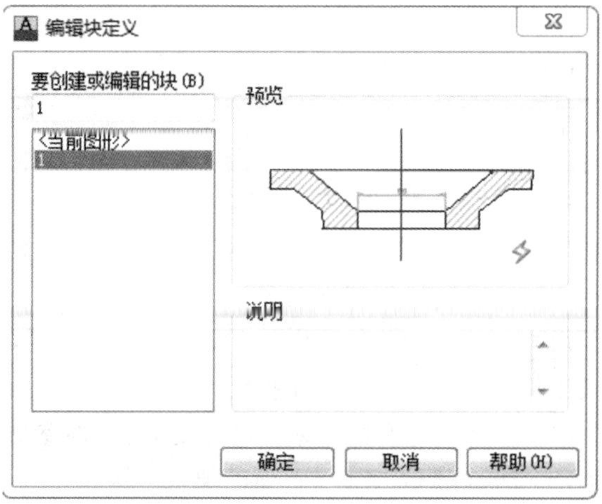

图 6-23　【编辑块定义】对话框

在块编辑器中，底色是黄色，在左侧弹出【块编写选项板】。可以使用典型的AutoCAD图形的编辑功能来创建和修改图块定义的几何图形。利用【块编写选项板】可以在图块的几何图形中，添加参数和动作。在【块编写选项板】中，包括三个选项卡，其形式，图 6-24 所示。

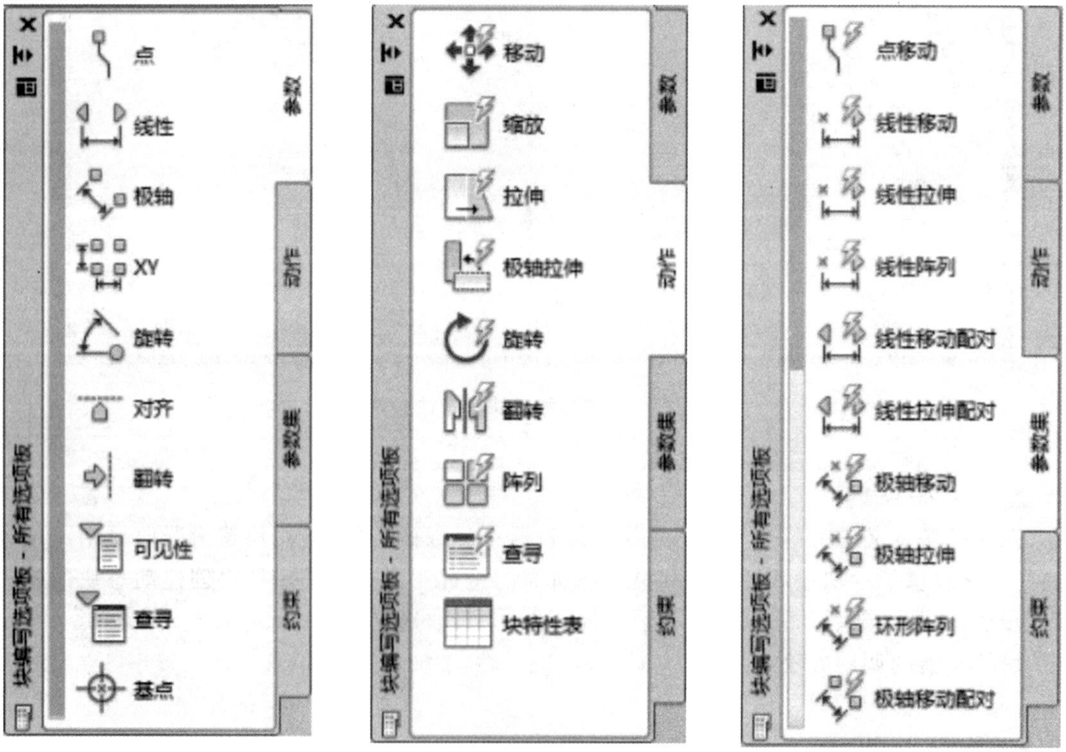

(a) 参数选项卡形式　　(b)动作选项卡形式　　(c)参数集选项卡形式

图 6-24　图块编写选项板

【实例解析】

一、创建插入粗糙度块

本实例通过创建和插入粗糙度块，使其熟悉和掌握块的创建及插入块的过程。

步骤：

(1)启动 AutoCAD 2013 中文版软件，在 AutoCAD 2013 绘图窗口中绘制图形，如图 6-25 所示。

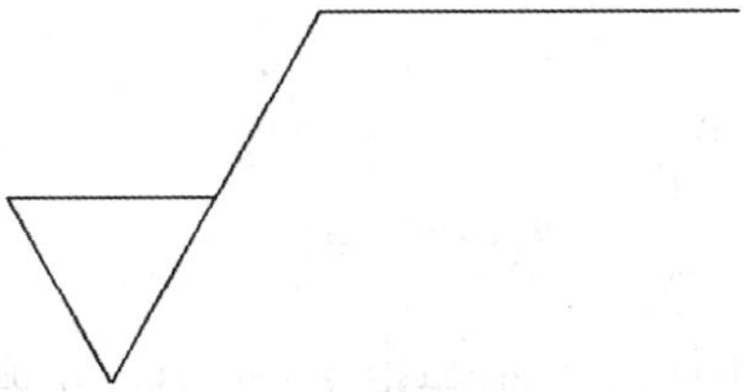

图 6-25　表面粗糙度符号

(2)AutoCAD 2013 常用工具栏中单击【创建块】按钮，如图 6-26 所示。

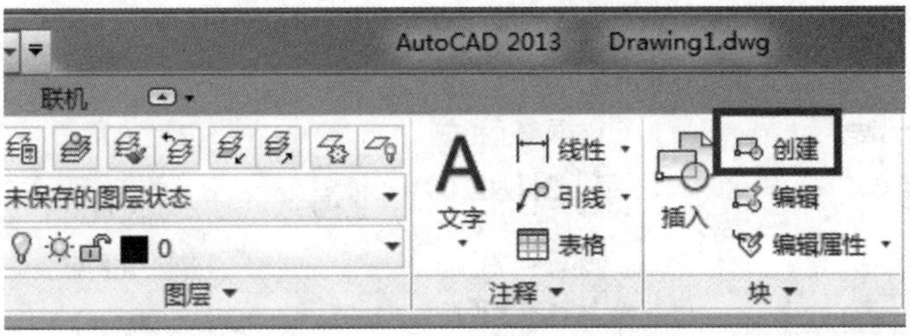

图 6-26　【块创建】命令按钮

(3)AutoCAD 2013 弹出【块定义】对话框，如图 6-27 所示。

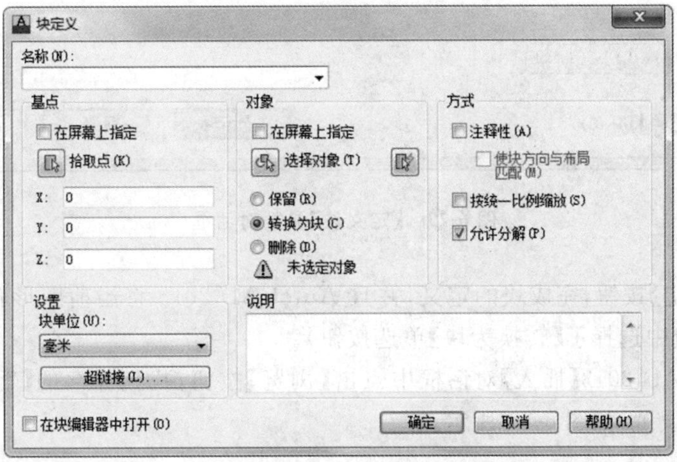

图 6-27　【块定义】对话框

(4)这里我们在【块定义】对话框中单击【选择对象】按钮，在 AutoCAD 2013 绘图窗口中框选组成块的对象后按回车键，如图 6-28(a)；在对话框中单击【拾取点】即插入的基点，如图 6-28(b)。

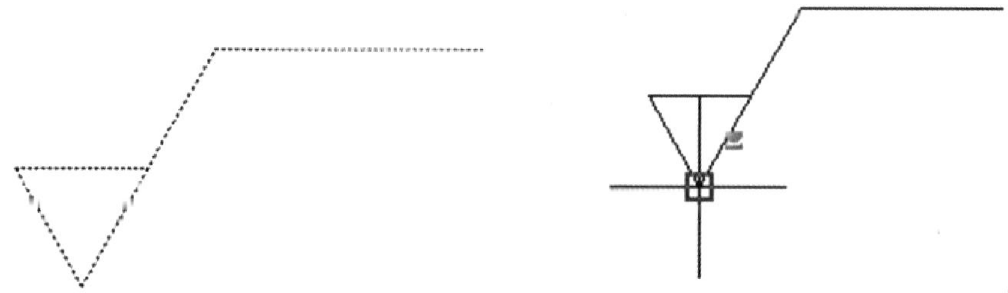

(a) (b)

图 6-28 拾取对象

(5)AutoCAD 2013 返回上图所示的【块定义】对话框，从中进行相应的参数设置，如图 6-29 所示。

图 6-29 【定义块】参数对话框

(6)单击【确定】按钮，完成块的定义，并且 AutoCAD 2013 将当前图形转换为块(因为在上图【对象】选项组中选择了【转换为块】单选按钮)。

(7)在 AutoCAD 2013【插入】对话框中点击【浏览】按钮，找到保存的【粗糙度.dwg】块文件，并进行对应的设置，如图 6-30 所示。

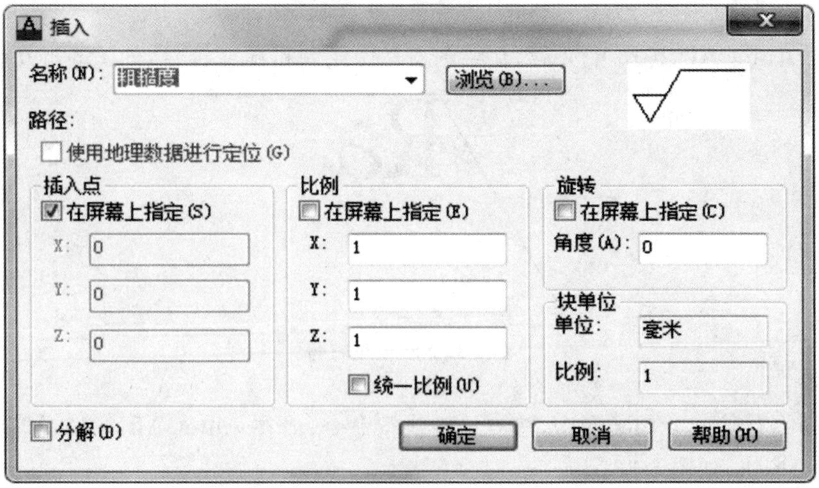

图 6-30　【插入】块对话框

(8)单击【确定】按钮。AutoCAD 2013 绘图窗口中图形的合适位置单击鼠标，确定插入块的位置，完成块的插入，如图 6-31 所示。

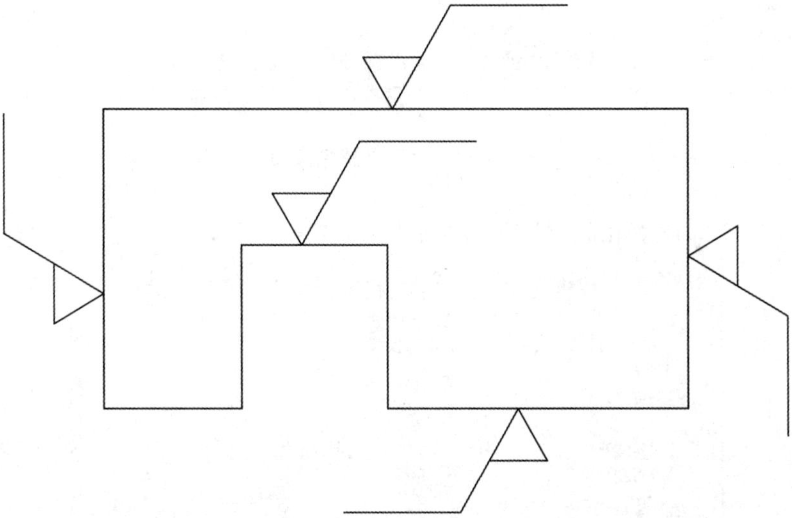

图 6-31　粗糙度练习

二、块及属性综合练习

本实例通过块及属性综合练习，使其熟悉和掌握块的属性。AutoCAD 2013 属性是从属于块的文字信息，是块的组成部分。本节介绍如何为块定义属性，如何使用有属性的块以及如何编辑属性。

步骤：

(1)启动 AutoCAD 2013 中文版，在绘图窗口中绘制粗糙度符号，如图 6-32 所示。

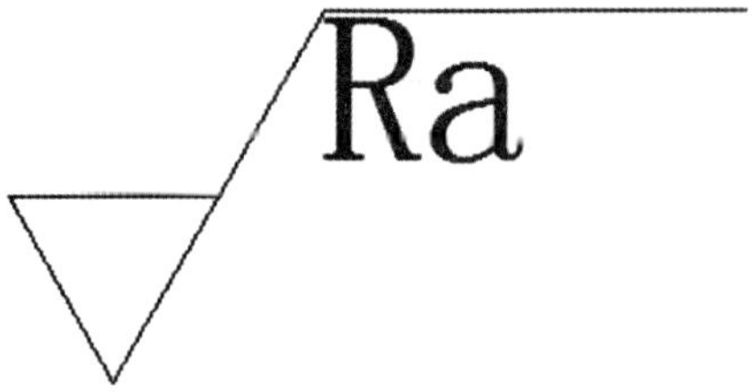

图 6-32 粗糙度符号

(2)在命令行输入 attdef 命令，按空格键执行命令；或在 AutoCAD 2013 常用工具栏中选择【定义属性】按钮，如图 6-33。

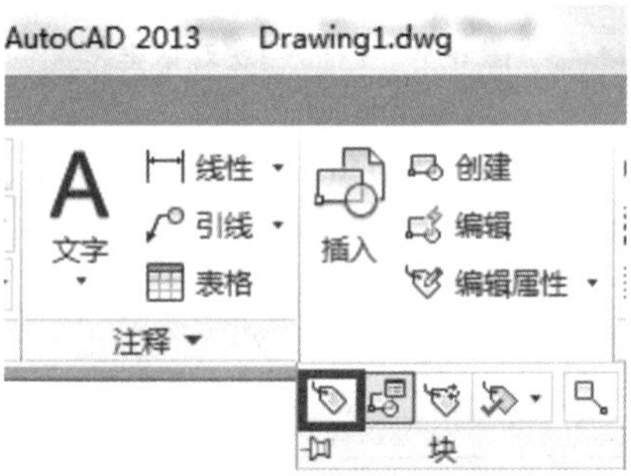

图 6-33 块定义属性按钮

(3)AutoCAD 2013 弹出【属性定义】对话框，如图 6-34 所示。

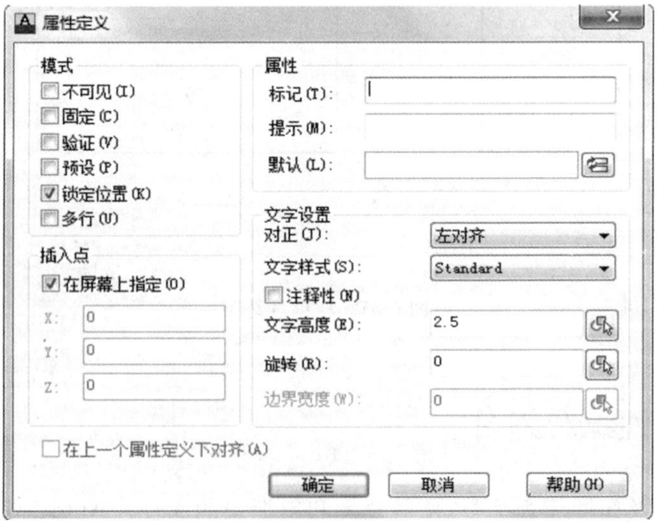

图 6-34 块属性参数

(4)从图 6-35 中可以看出，已将属性标记设为“ROU”，将属性提示设为【输入粗糙度值】，将粗糙度的默认值设为“3.2”，在绘图屏幕确定块属性插入点，通过【文字选项】中的【文字样式】下拉列表选择文字样式，通过【对正】下拉列表框将文字的对齐方式选择为

“左对齐”。

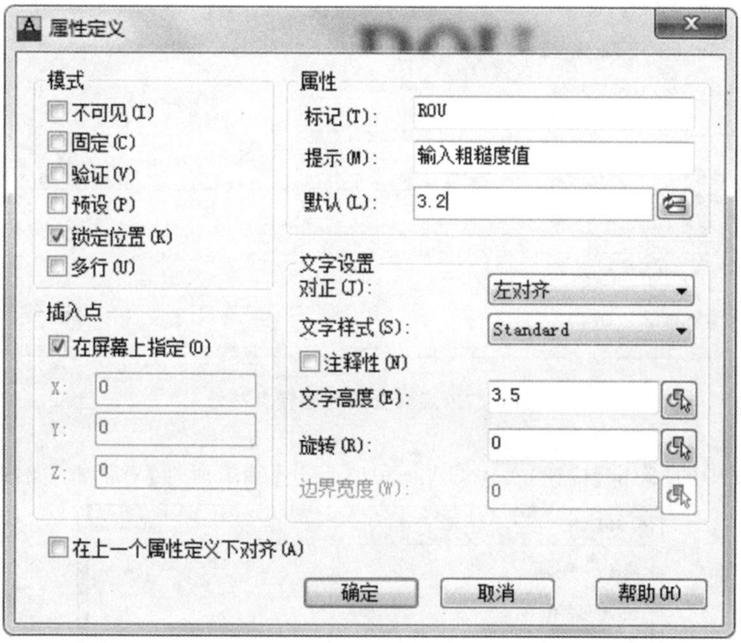

图 6-35 填写块属性

(5)单击对话框中的【确定】按钮，AutoCAD 2013 提示：指定起点：在此提示下确定属性在块中的插入点位置，即可完成标记为 ROU 的属性定义，且 AutoCAD 2013 将该标记按指定的文字样式和对齐方式显示在对应位置，如图 6-36 所示。

图 6-36 粗糙度值书写位置

(6)定义块。执行 BLOCK 命令，AutoCAD 2013 弹出【块定义】对话框，在该对话框中进行对应的设置，如图 6-37 所示。从下图中可以看出，块名仍为“粗糙度”，并通过【选择对象】按钮，选择上图中表示粗糙度符号的 4 条线以及块标记 ROU 作为块的对象，同时还进行其他设置。

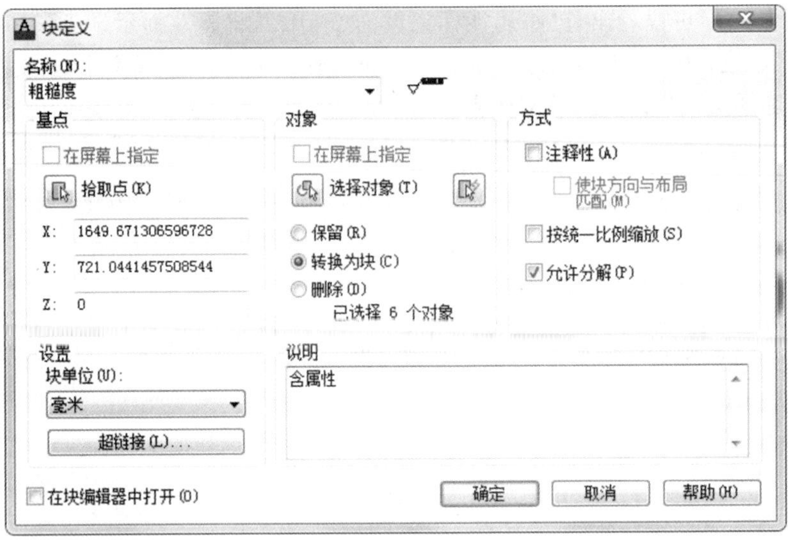

图 6-37 定义含属性粗糙度符号

(7)单击对话框中的【确定】按钮，AutoCAD 2013 弹出【编辑属性】对话框，如图 6-38 所示。

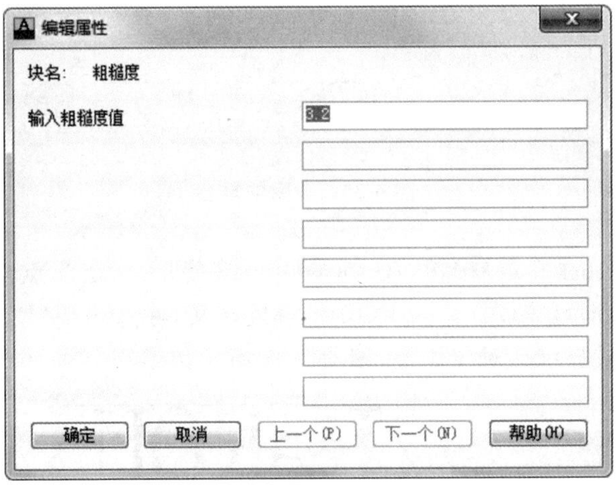

图 6-38 块编辑属性对话框

(8)单击对话框中的【确定】按钮，完成块的定义，显示出一个对应的块，如图 6-39 所示。

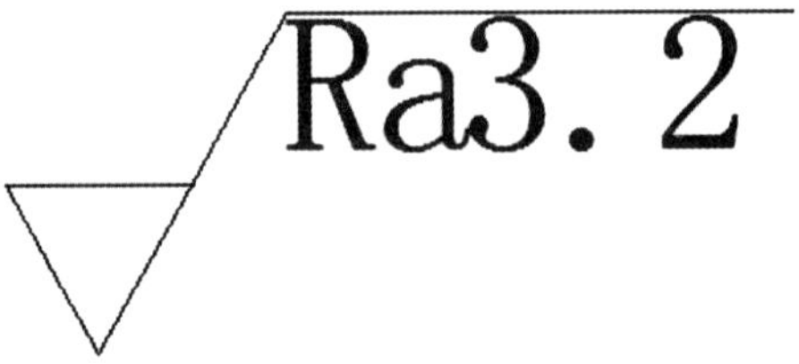

图 6-39 定义的粗糙度符号

最后，将定义有本粗糙度块的图形保存到磁盘，建议文件名：粗糙度块(含属性).dwg。

课后作业

运用带有属性块的方法完成下题，如图 6-40。

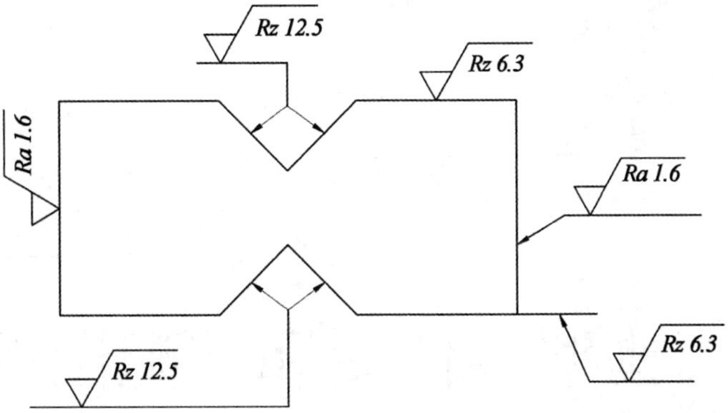

图 6-40　例题

任务 3　外部参照的使用

二维码 6-1　任务 3　外部参照的使用

项目 7

典型零件图和装配图的绘制

学习目标

常见零件图和装配图的绘制。

任务 1　典型零件图绘制

【知识目标】

1. 常见零件图绘制。

2. 利用 MOVE 命令和块插入法绘制装配图

【技能目标】

1. 掌握创建、编辑图块的操作方法，并能够给图块添加属性。

2. 掌握尺寸公差、形位公差的标注方法。

3. 掌握创建和编辑文字的方法。

4. 掌握零件图的绘制方法。

【必备知识】

按照零件的成组理论，可以将零件分为四大类：轴类零件、盘盖类零件、叉架类零件和箱体类零件。对于一张完整的零件图而言，包含四部分内容：一组完整的视图、完整的尺寸标注、必要的技术要求和标题栏。利用 CAD 来绘制一张完整的零件图，仅仅掌握绘图命令是不够的，要做到能够高效准确地作图，还必须掌握 CAD 绘图的基本步骤。下面就具体阐述一下 Auto CAD 软件绘制零件图的一般流程：

(1)打开已经绘制好的模板，也就是带标题栏的图框，并在标题栏中输入合适的内容。

(2)设置绘图环境，包括图形界限的设置，图层设置和线型比例的设置。

(3)对于这几种零件图而言，无非是采用投影规律中的“长对正、宽相等、高平齐”三等规律来绘制的，因此在绘制零件图时，一定要采用对象捕捉和对象追踪，以及前面所学的二维绘图命令、修改命令绘制出完整的一组视图。

(4)运用尺寸标注命令标注出全部的尺寸，包括形位公差和尺寸公差的标注。

(5)运用多行文字命令写出零件图中的技术要求。

(6)检查图形。

一、轴套类零件的绘制

轴套类零件包括各种轴、丝杠、套筒等。轴类零件是用来支承传动零件和传递动力的；套类零件通常是装在轴上，起轴向定位、传动或连接等作用。其结构特点为：一般是同一轴线，不同直径的数段回转体组成。这类零件一般只需用一个轴向主视图和若干个剖视图，就可以完整地表达。

下面我们就以图 7-1 所示的长轴零件图为例，介绍一下轴类零件图的绘制。

打开素材文件“项目 7\任务 1\图 7-1. dwg”。

绘制步骤如下：

(1)调用已经带图框的模板，如下图 7-2 所示。

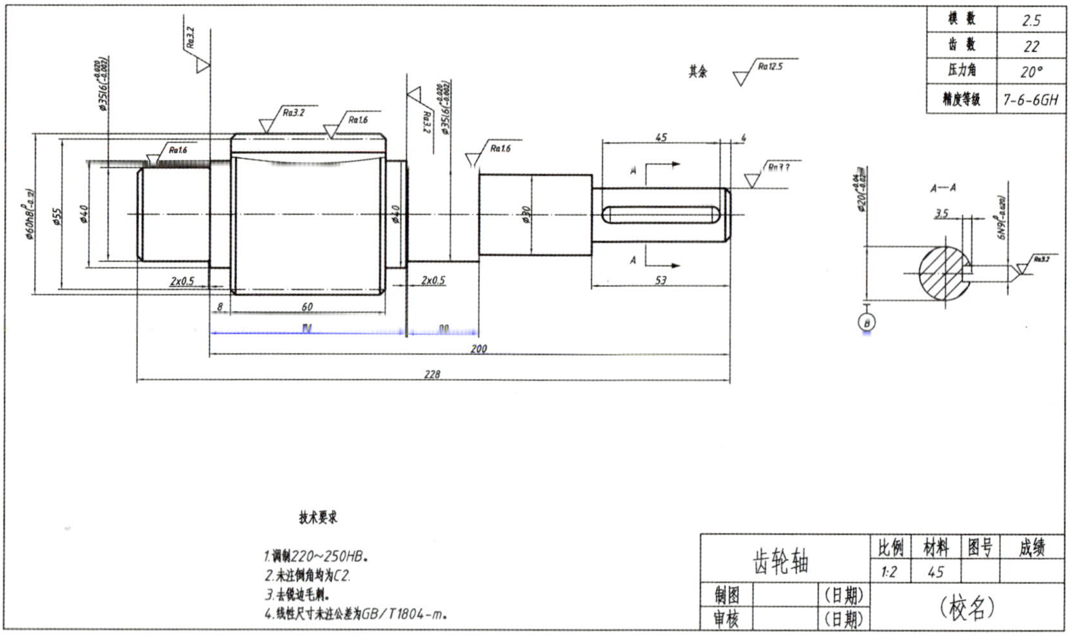

图 7-1 齿轮轴零件图

(2)根据图形大小计算图幅为 A4,出图比例采用 1∶1,并设置好图层(可以设置中心线层、粗实线层、剖面线层、标注图层、文字图层,对于图层的颜色和线宽按项目 1 中讲述的进行设置)和线型比例。

(3)绘制轴的对称中心线。利用直线、圆、偏移、修剪、倒角命令绘制如下图 7-3 所示的图形。

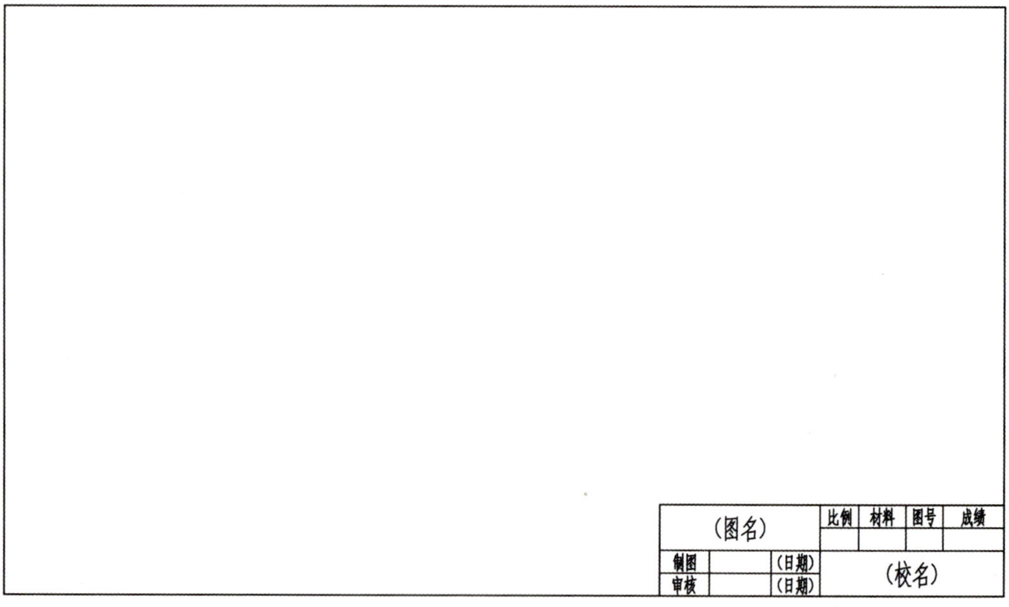

图 7-2 带图框的模板

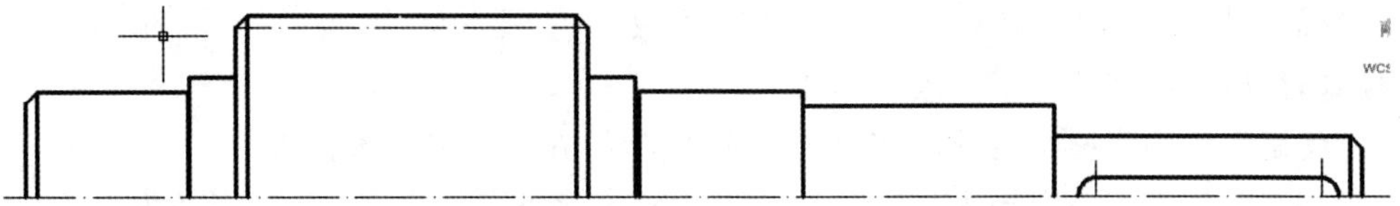

图 7-3　利用直线、圆、偏移、修剪、倒角命令绘制的图形

(4)通过镜像命令绘制如图 7-4 所示的图形。

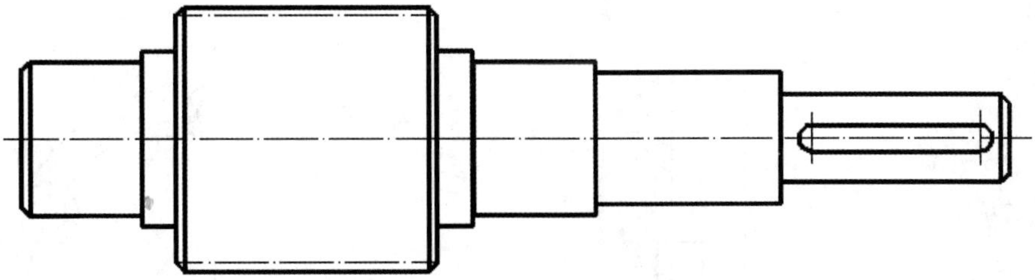

图 7-4　通过镜像命令绘制的图形

(5)绘制移出断面图和局部剖视图。

(6)绘制右上角的齿轮参数表。

(7)标注尺寸。注意公差尺寸的标注。

(8)将表面粗糙度和基准代号制作成带属性的图块。

(9)在相应的地方插入表面粗糙度和基准代号。

(10)利用创建多行文字命令输入零件图的技术要求。

(11)填写标题栏,检查图形。

二、盘盖类零件的绘制

盘盖类零件一般包括法兰盘、端盖、压盖和各种轮子等。这类零件在机器中主要起轴向定位、防尘、密封及传递扭矩等作用。其结构特点为:主体一般为同轴线不同直径的回转体可其他几何形状的扁平板状。这类零件一般常用主、左(或右)两个视图来表达。

下面我们就以图 7-5 所示的端盖零件图为例,介绍一下盘盖类零件图的绘制。

打开素材文件"项目 7\任务 1\图 7-5. dwg"。

绘制步骤如下:

(1)打开带标题栏的图框模板,如图 7-2 所示。

(2)根据图形大小计算图幅采用 A3 图纸,出图比例为 2∶1,并设置好图层(可以设置中心线层、粗实线层、剖面线层、标注图层、文字图层,对于图层的颜色和线宽按项目 1 中讲述的进行设置)和线型比例。

(3)利用二维绘图命令和修改命令在设置好的图层上绘制反映内外结构和形状特征的主视图和左视图。对于这类零件来说,一般先画反映圆的那面视图。注意在作图的过程中,一般先作定位基准线,然后利用对象捕捉、对象追踪和前面学过的绘图命令和修改命令绘制出具有三等规律的一组视图。

(4)标注尺寸。先建立不同的尺寸标注样式,如一般线性标注、角度标注、直径标注、公差标注样式;然后依次在适当的位置上标注上尺寸。

(5)将制作好的带属性的外部图块—粗糙度符号,在合适的位置插入。

(6)利用多行文字命令输入技术说明。先设置文字的样式为仿宋体,字高为 3.5,然后输入技术说明。

(7)检查整理图形。

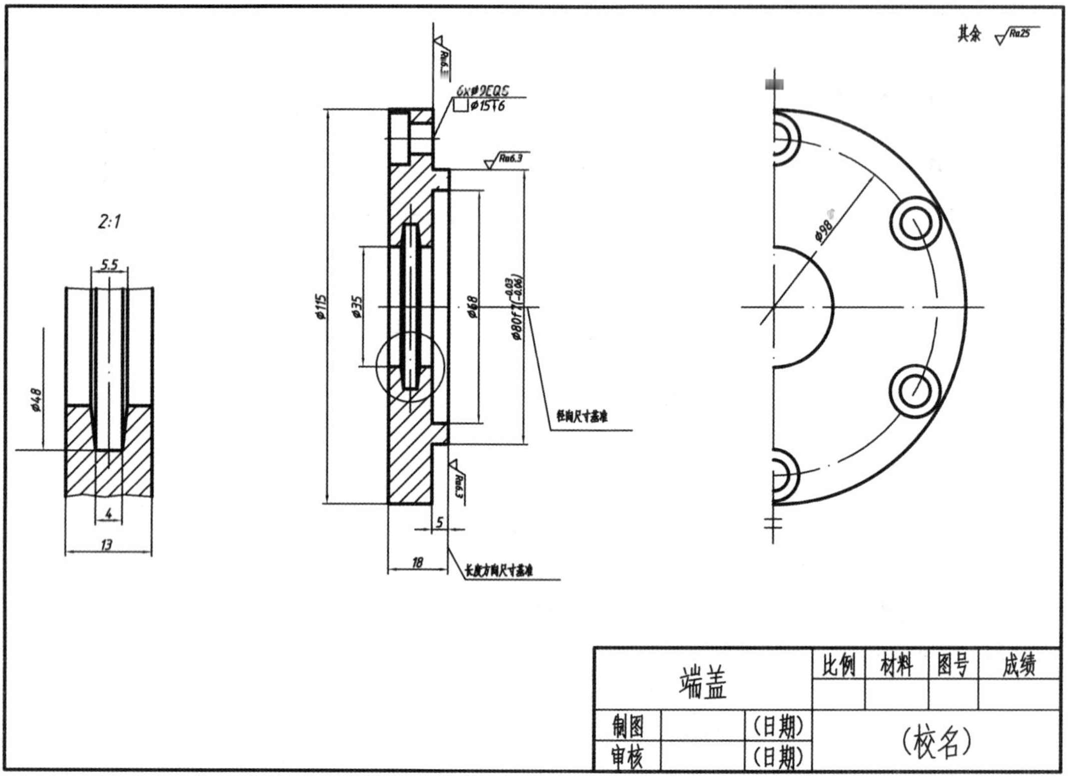

图 7-5　端盖零件图

三、叉架类零件和箱体类零件的绘制

叉架类零件是机器操纵装置中常用的一种零件,用来支承轴类零件,如拨叉、连杆、杠杆、轴承座、支架、吊架等。其结构特点为:由支承部分、工作部分和连接部分三部分组成。这类零件一般需要两个基本视图。为表达内部结构,常采用全剖或局部剖视图。对倾斜部分结构,往往采用斜视图或斜剖切面剖切来表达。连接部分、肋板的断面形状常采用断面图来表达。

箱体类零件用来支承、包容、保护运动零件或其他零件,也起定位和密封作用。如各种机床的主轴箱箱体,减速器箱体,油泵泵体,车、铣床尾座体等。其结构特点是:结构比较复杂,常有内腔、轴承孔、凸台或凹坑、肋板、螺孔与螺栓通孔等结构。表达这类零件,一般需要三个以上的视图,并常取剖视。

对于这两类零件的绘制方法参考盘盖类零件,这里不再叙述。

【实例解析】完成泵盖零件图的绘制

完成下图 7-6 泵盖零件图的绘制。素材文件“项目 7\任务 1\图 7-6. dwg”.

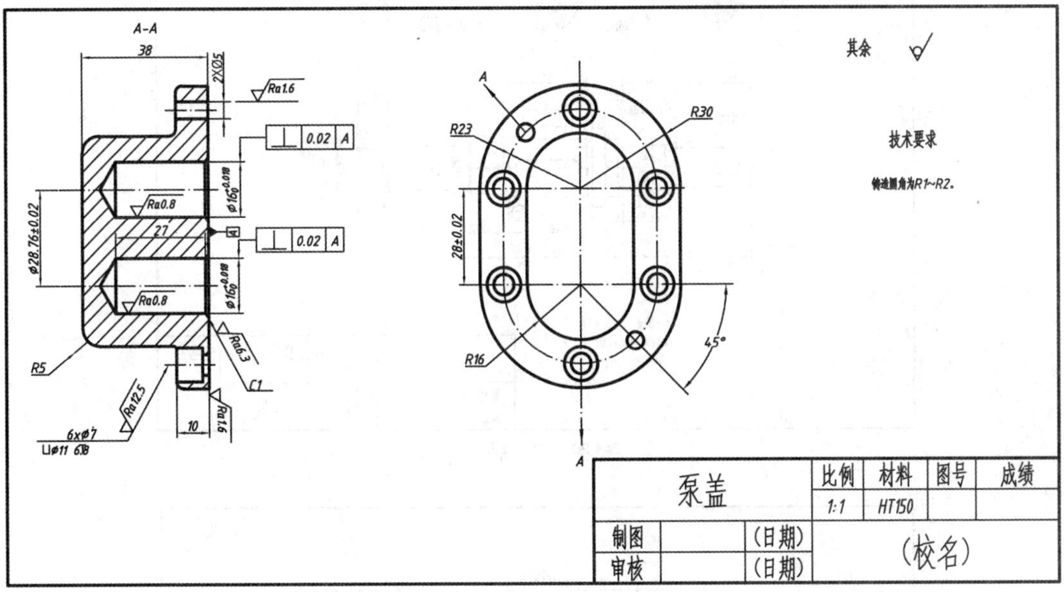

图 7-6　泵盖

操作步骤：

(1)打开带标题栏的图框模板，并设置好图层(可以设置中心线层、粗实线层、剖面线层、标注图层、文字图层)。

(2)利用直线、偏移、镜像、极轴追踪命令在中心线层上画出定位基准线。

(3)利用圆形、修剪、直线命令在粗实线层上画出左视图。

(4)利用直线、镜像、倒角、倒圆角、对象追踪、修剪、图案填充等命令在相应图层上画出主视图，注意三视图之间的三等规律。

(5)设置标注样式，并在标注图层上进行尺寸标注。

(6)将制作好的带属性的外部图块——粗糙度符号，在合适的位置插入。

(7)利用多行文字命令输入技术说明。先设置文字的样式为仿宋体，字高为 3.5，然后输入技术说明。

(8)检查整理图形。

课后作业

1. 完成下面轴零件图绘制。(素材文件“项目 7\任务 1\图 7-7. dwg”)

2. 完成下面支架零件图绘制。(素材文件“项目 7\任务 1\图 7-8. dwg”)

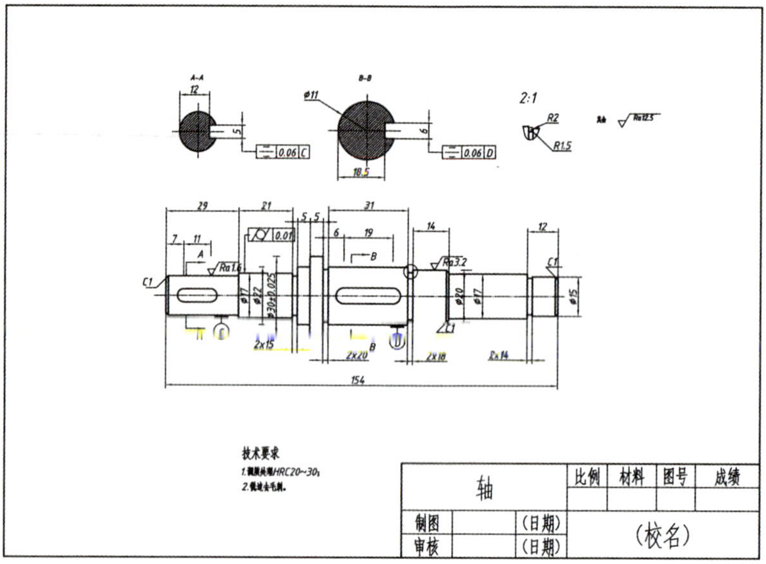

图 7-7 轴

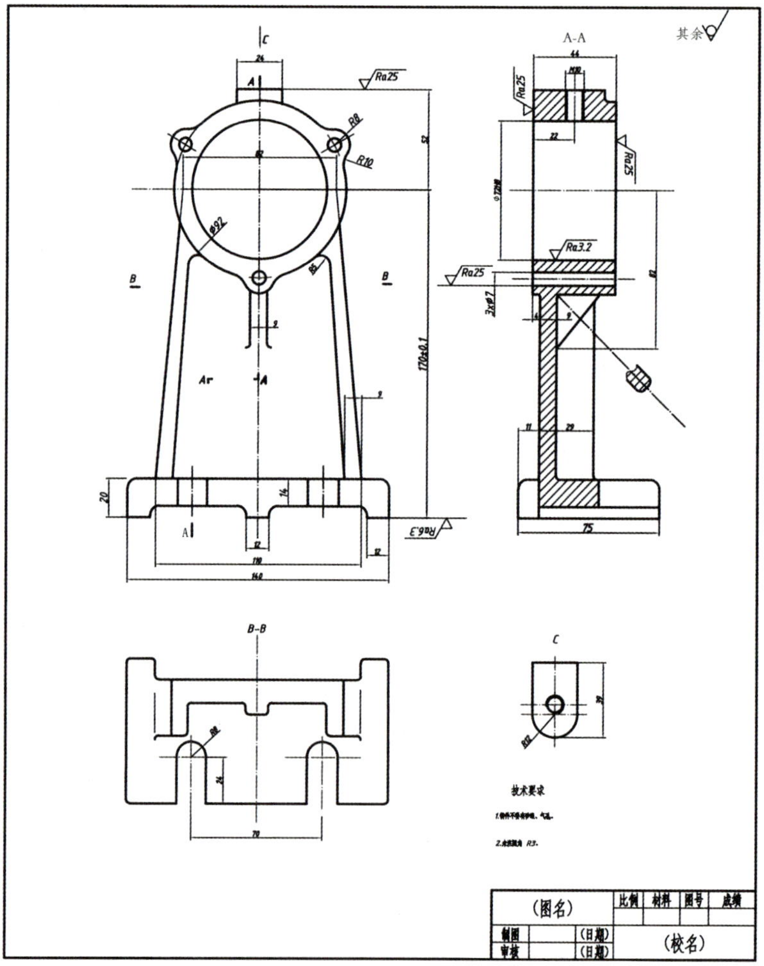

图 7-8 支架

任务 2　装配图的绘制

【知识目标】

利用 MOVE 命令和块插入法绘制装配图

【技能目标】

掌握利用 MOVE 命令和块插入法绘制装配图的方法。

装配图是用来表达机器(或部件)的工作原理、装配关系的图样。完整的装配图是由一组视图、尺寸标注、技术要求、明细栏和标题栏组成。对于经常绘制装配图的用户,将常用零件、部件、标准件和专业符号等做成图库。如将轴承、弹簧、螺钉、螺栓等制作成公用图块库,在绘制装配图时采用块插入的方法插入到装配图中,然后删除或修剪不需要的线条,再对其进行填充,最后进行标注、零件编号即可,也可以打开已有零件图,从中选择可用零件组成所需装配图。本节将通过实例的绘制过程学习装配图的绘制方法。

【实例解析】

一、由箱体类零件图绘制装配图实例

打开素材文件“项目 7\任务 2\图 7-9. dwg”。

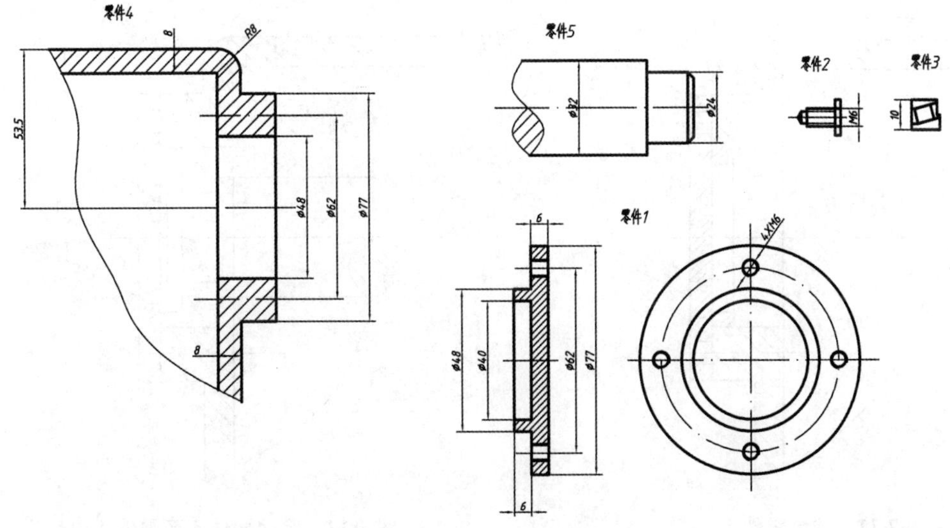

图 7-9　零件图

其具体操作如下:

(1)用 MOVE 命令,将零件 1 与零件 4 相结合,得到如图 7-11 所示的效果。

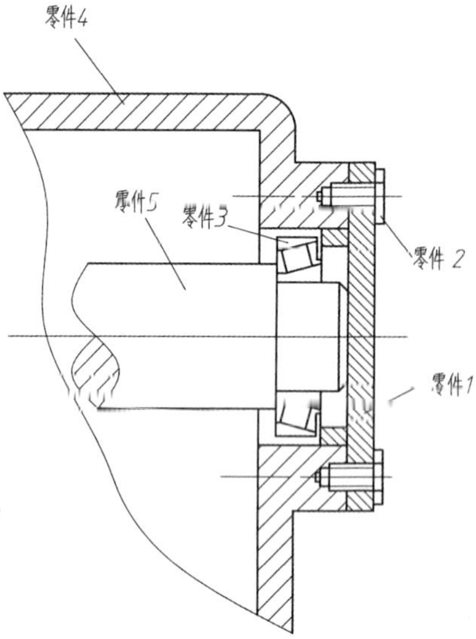

图 7-10　装配图

其命令行操作如下：

①命令行输入 MOVE；

②选择零件 1 为移动对象，点 A 为移动基点；

③捕捉零件 4 右端面与水平线交点为位移第二点；

(2)用 MOVE 命令将零件 5 移至零件 4 右侧圆孔内，使它们轴线交点重合，效果如图 7-12 所示；

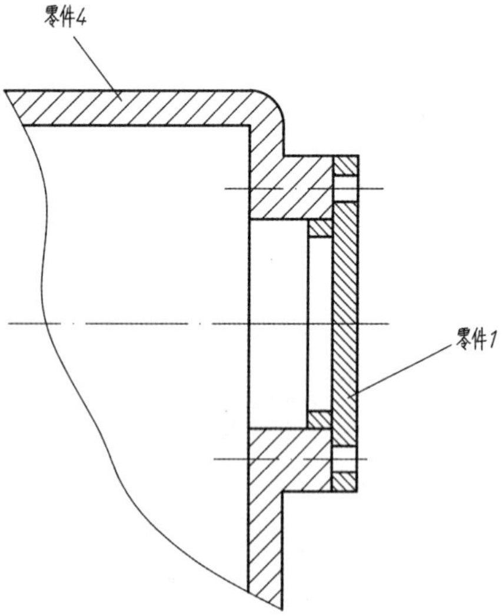

图 7-11　结合零件 1、4

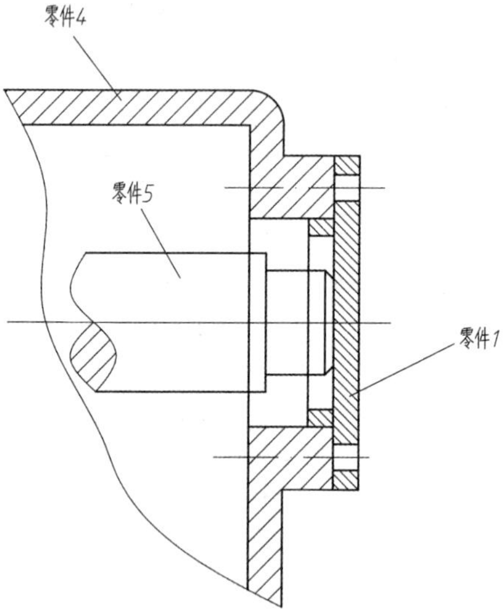

图 7-12　移动零件 5 至零件 4 内部

(3)用同样的方法分别将零件 2、3 移至所需位置，如图 7-13 所示；

(4)用修剪命令将装配后会被挡住的部分以遮挡物的轮廓线为裁剪边界进行修剪，再将多余的线条删除得到如图 7-14 所示的效果。

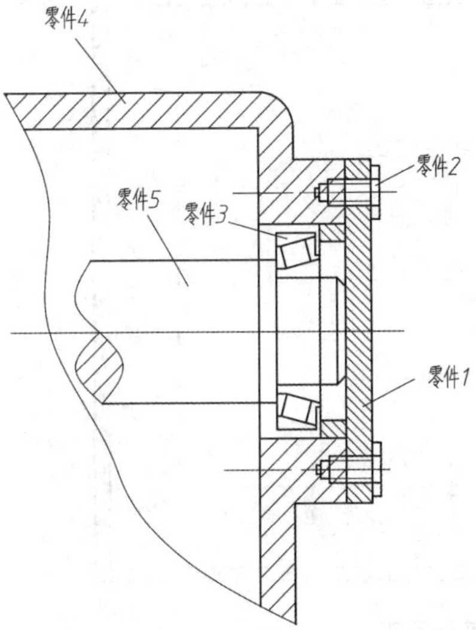

图 7-13　移动零件 2、3 至所需位置

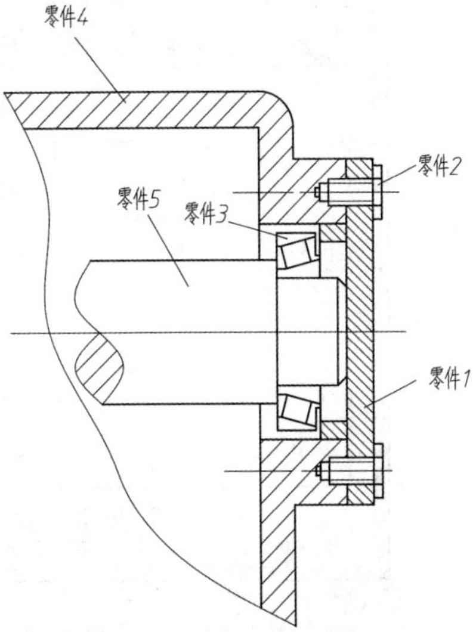

图 7-14　修剪并删除不需要的线条

(5)用快速引线命令编注零件序号,操作如下:

①命令行输入 le,回车确定,输入【设置(S)】选项。

②单击弹出的【引线设置】对话框中的【引线和箭头】选项卡,在【箭头】列表中选择“小点”选项,将“点数”栏的“最大值”设为 2,其他参数保持默认设置,如图 7-15 所示。

③单击“附着”选项卡,选中 ☑最后一行加下划线(U) 复选框如图 7-16 所示。

④单击确定返回绘图区。

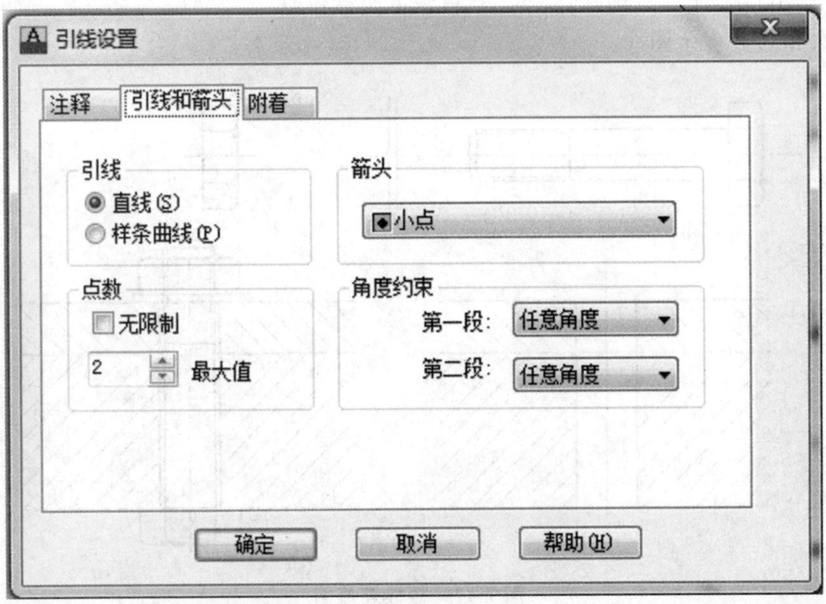

图 7-15　设置引线标注箭头样式

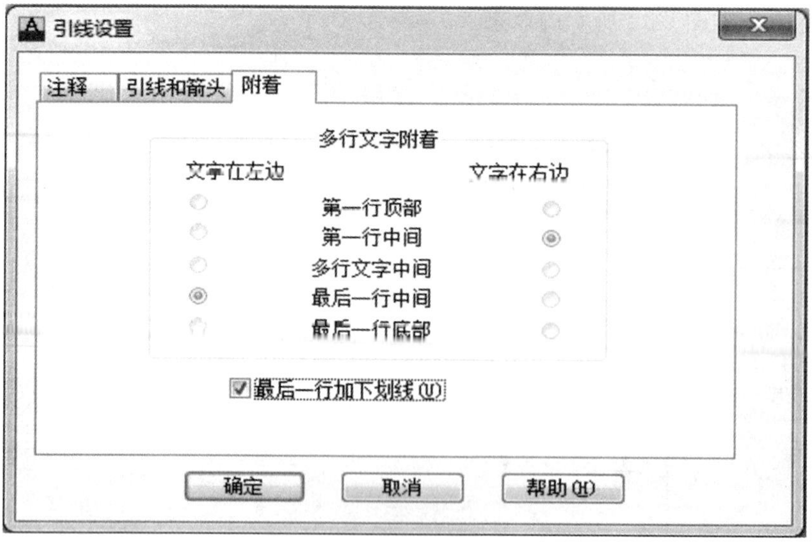

图 7-16 设置引线标注对齐方式

⑤在零件 1 中适当位置拾取一点，零件 1 左上方拾取一点绘制引线，根据命令行提示设置文本宽度，输入零件编号，依次对其他零件编号，单击<Enter>结束。效果如图 7-10 所示。

二、完成图示螺栓联接图形绘制

操作步骤(图 7-17)：

(1)先绘制公称直径为 M10 的螺栓、螺母、垫圈以及两个厚度分别为 10、30 的被联接件。

(2)利用 MOVE 命令将螺栓、螺母、垫圈移至所需位置。

(3)删除和修剪多余图线。

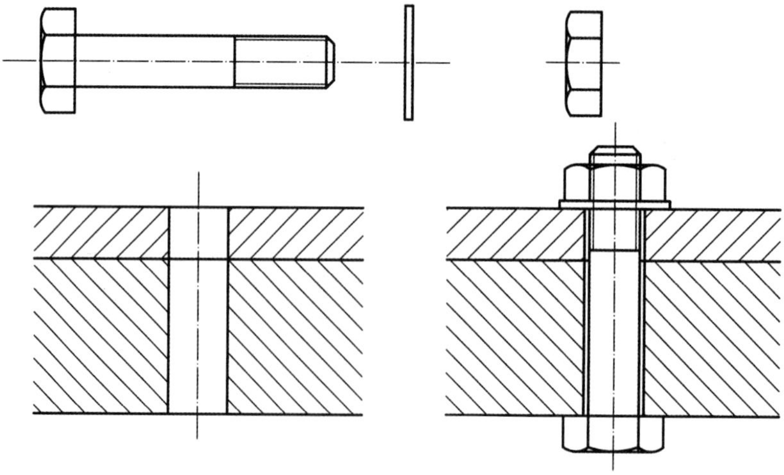

图 7-17 螺栓连接图

课后作业

根据图 7-18 至图 7-21 所示零件图绘制 7-22 所示装配图。

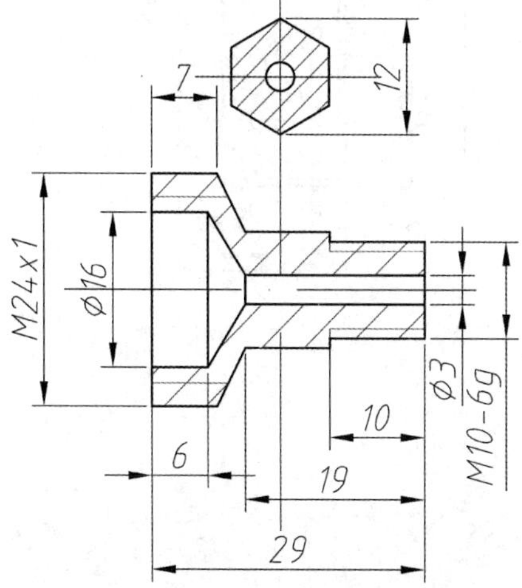

图 7-18　油杯零件图

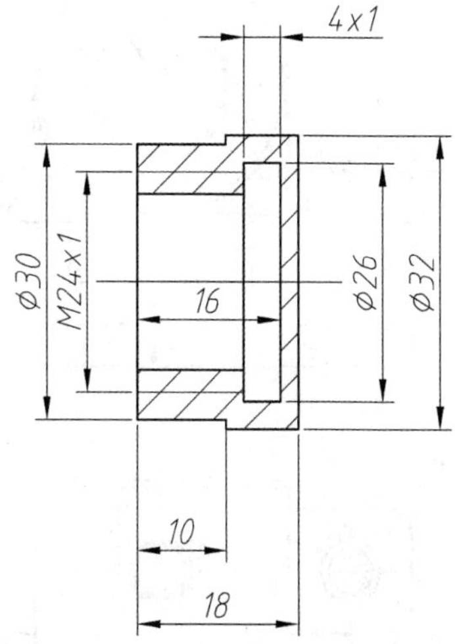

图 7-19　杯盖零件图

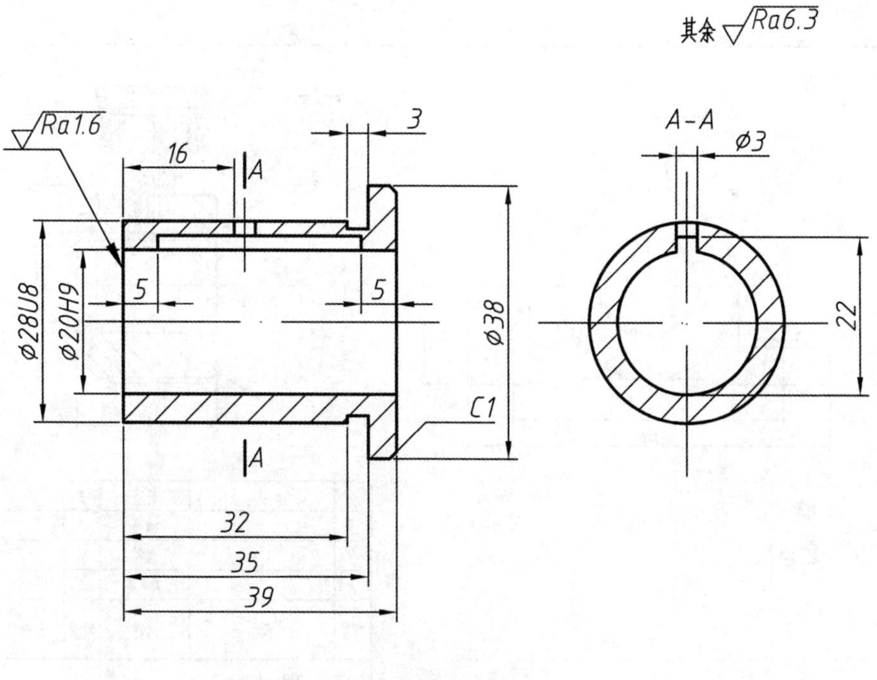

图 7-20　轴衬零件图

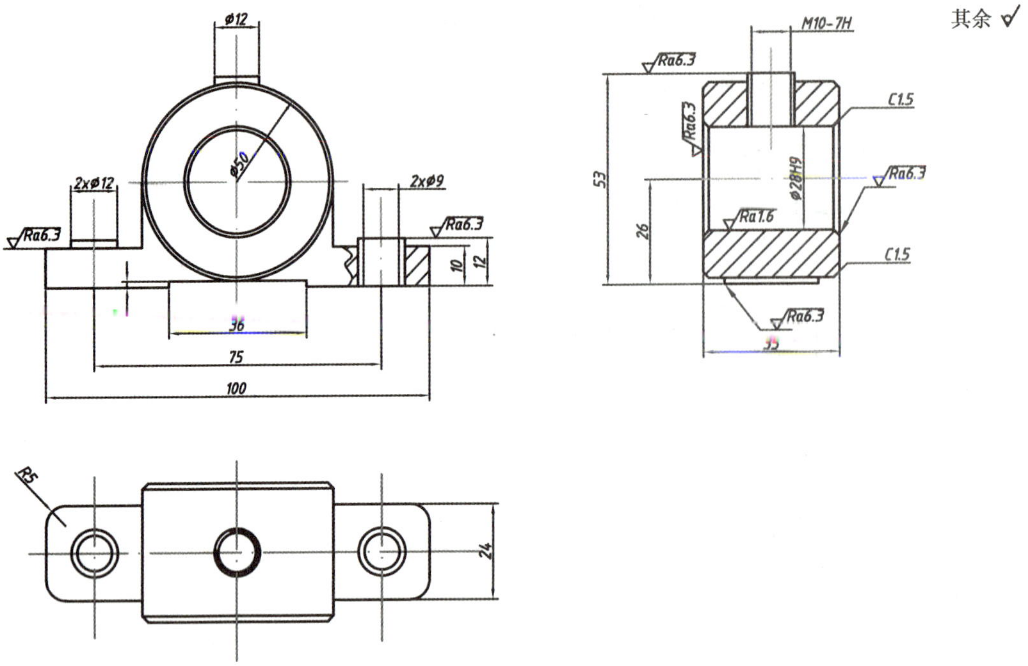

图 7-21 轴承座零件图

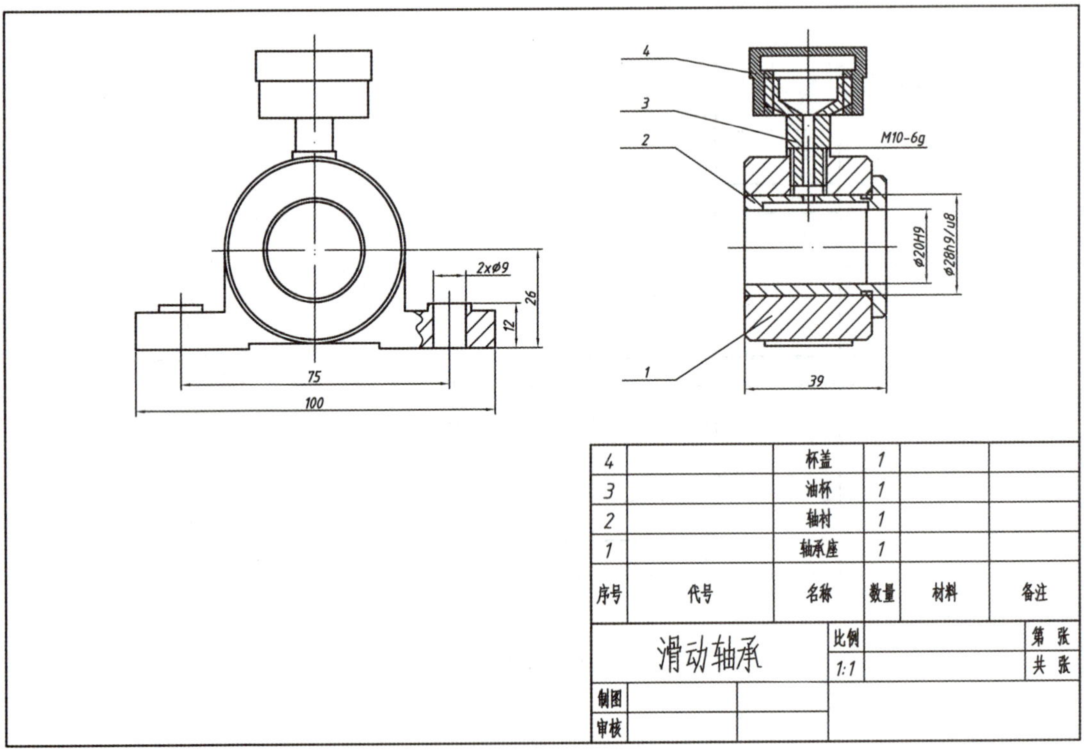

4		杯盖	1		
3		油杯	1		
2		轴衬	1		
1		轴承座	1		
序号	代号	名称	数量	材料	备注

滑动轴承	比例		第 张
	1:1		共 张
制图			
审核			

图 7-22 装配图

项目 8

三维建模

学习目标

1. 认识三维建模空间。
2. 学会用标准视点观察模型。
3. 学会绘制三维曲面。
4. 学会视觉样式的使用。
5. 掌握创建三维基本体的方法。
6. 掌握绘制三维实体的方法。

任务1 简单三维实体的创建

【知识目标】

1. 掌握三维绘图环境设置：三维坐标系、对象相关尺寸预设等操作。
2. 能操作三维图形视图观察形式。
3. 掌握基本三维图形绘制和编辑等操作方法。

【技能目标】

熟练使用AutoCAD软件创建简单的三维实体。

【必备知识】

一、三维建模空间

当开始进行三维制图时，可将工作空间切换至【三维建模】如图8-1所示，这样您将拥有一个几乎集成所有三维功能面板的多重选项卡。当然如果您习惯于继续使用经典空间，也可以在经典空间下加载您三维制图所需要的工作面板(比如UCS、实体编辑、动态观察等)，并且所有指令在不同空间下是通用的。

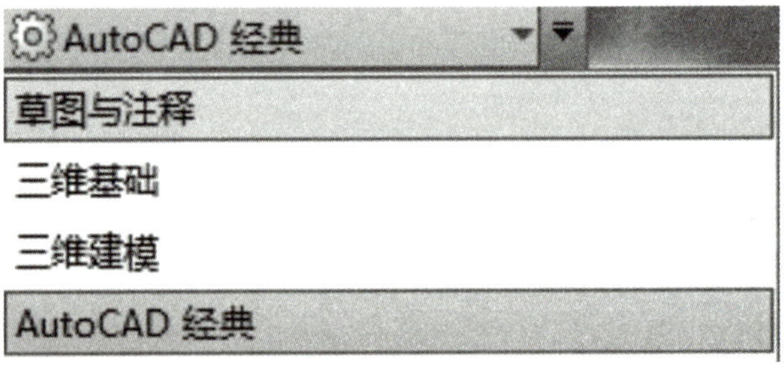

图8-1 工作空间选项卡

使用三维建模空间(图8-2所示)，可以更加方便地在三维空间中绘制图形。在功能区选项板中集成了【三维建模】【视觉样式】【光源】【材质】【渲染】和【导航】等面板，从而为绘制三维图形、观察图形、创建动画、设置光源、为三维对象附加材质等操作提供了非常便利的环境。

三维建模工作空间中的【选项卡】如图8-3所示。

选项卡中包含【面板】内容如图8-4至图8-17所示。

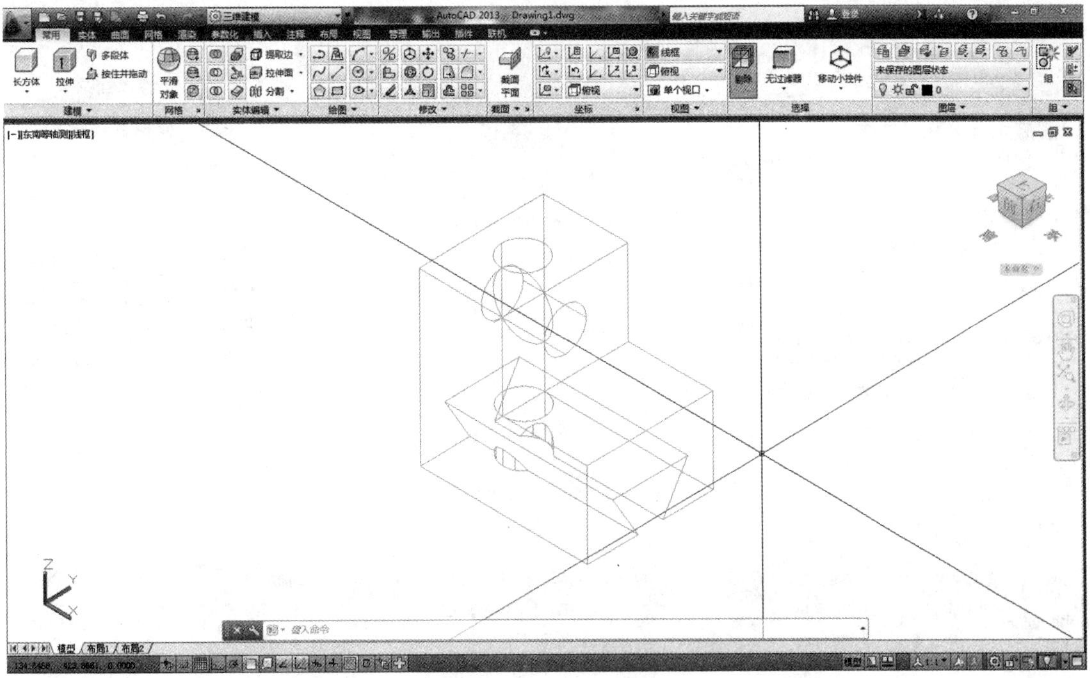

图 8-2　三维建模空间示例

图 8-3　三维建模空间选项卡

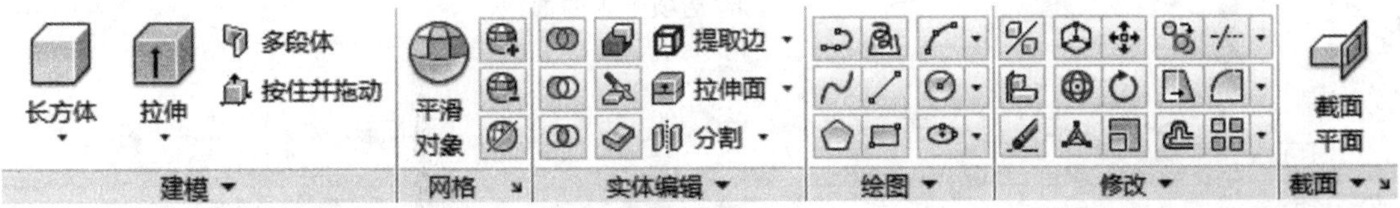

(a) 面板左半部

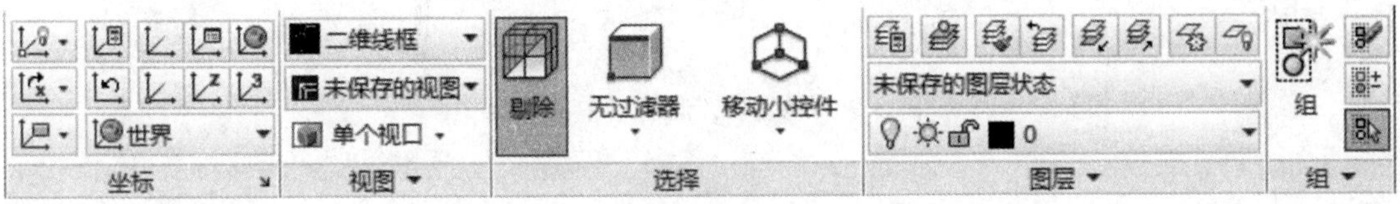

(b) 面板右半部

图 8-4　"常用"选项卡中的面板

图 8-5　"实体"选项卡中的面板

(a) 面板左半部

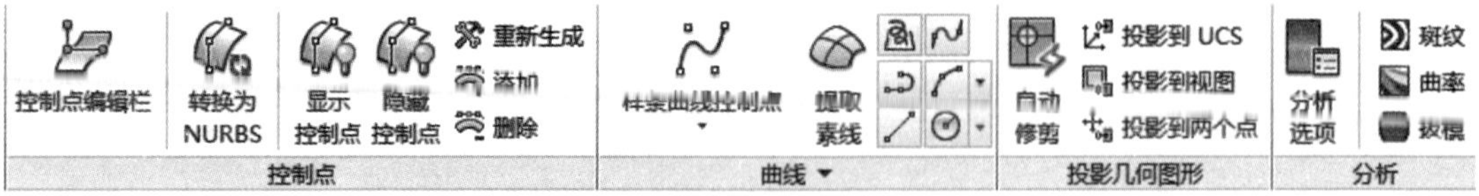

(b) 面板右半部

图 8-6 “曲面”选项卡中的面板

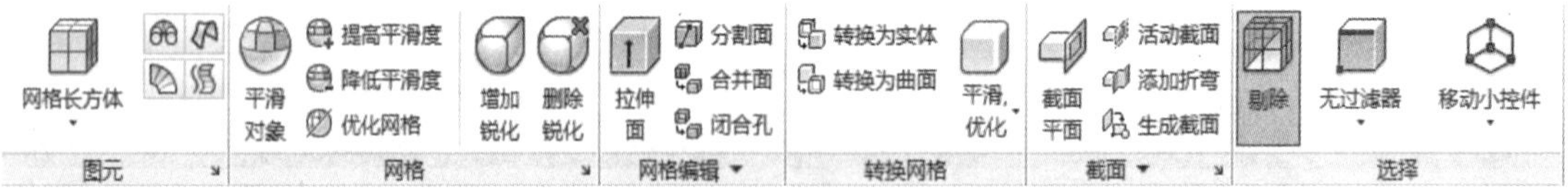

图 8-7 “网络”选项卡中的面板

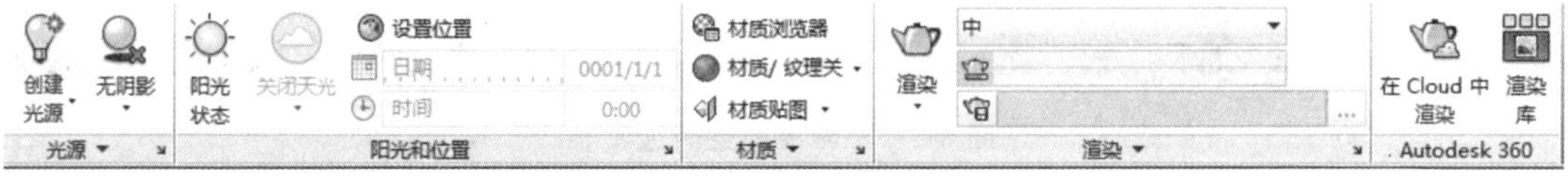

图 8-8 “渲染”选项卡中的面板

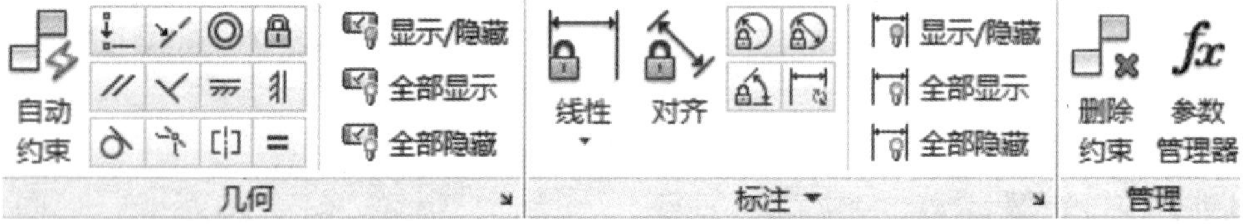

图 8-9 “参数化”选项卡中的面板

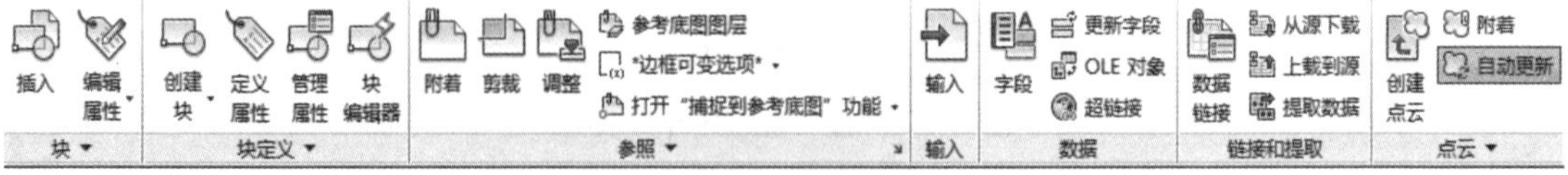

图 8-10 “插入”选项卡中的面板

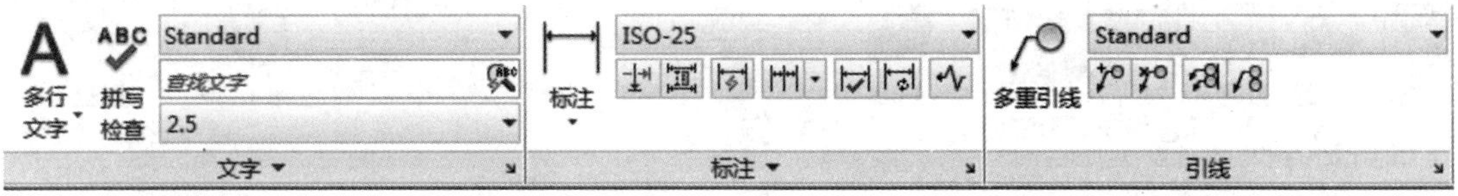

(a) 面板左半部

(b) 面板右半部

图 8-11　“注释”选项卡中的面板

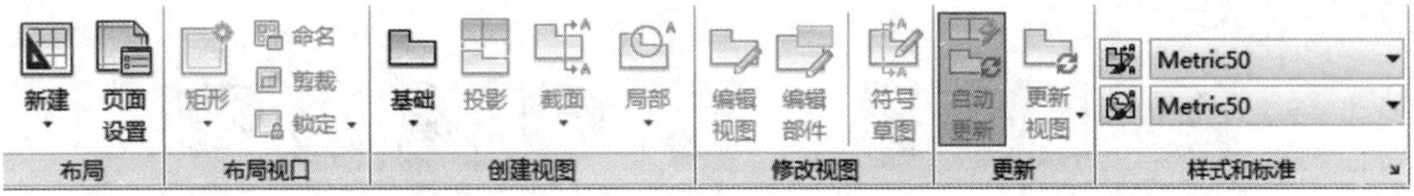

图 8-12　“布局”选项卡中的面板

(a) 面板左半部

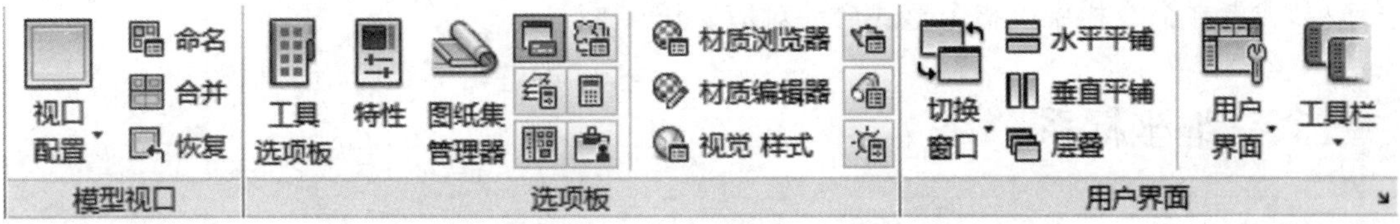

(b) 面板右半部

图 8-13　“视图”选项卡中的面板

图 8-14　“管理”选项卡中的面板

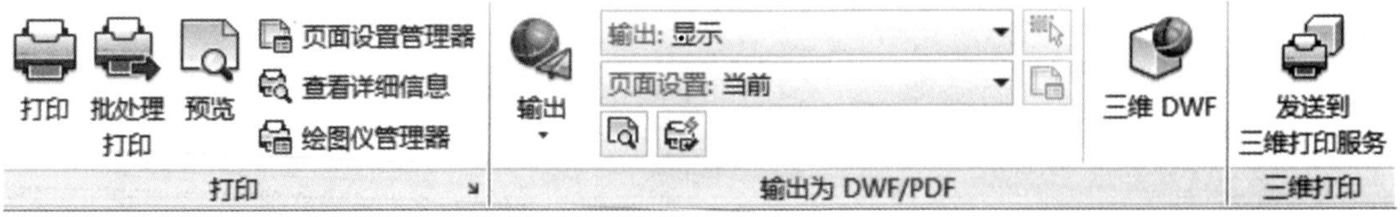

图 8-15 “输出”选项卡中的面板

图 8-16 “插件”选项卡中的面板

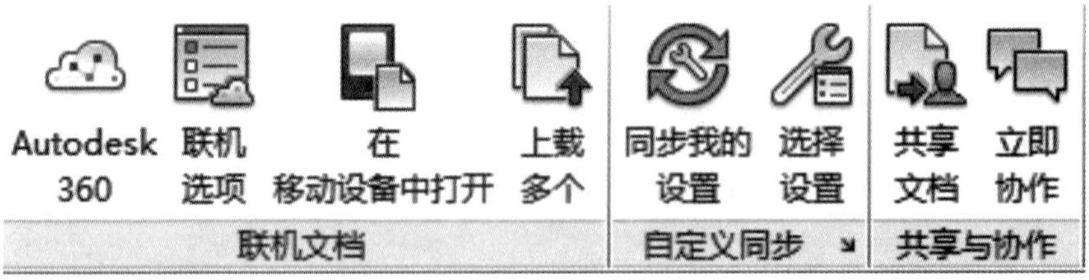

图 8-17 “联机”选项卡中的面板

如图在“AutoCAD 经典”工作空间绘制和修改三维实体图形，其对应的操作工具在【绘图】|【建模】【修改】|【三位操作】以及【修改】|【实体编辑】等位置。也可以在工具栏加载对应的功能面板，或者在命令栏中以指令形式启动对应操作。

二、三维坐标系

在三维绘图中，其应用的坐标系统与二维坐标系不同。三维坐标系统主要有直角坐标系、柱坐标系和球坐标系。使用这 3 种坐标系的“定点”格式分别是：

(1)直角坐标系： x,y,z(绝对坐标)　　@$\Delta x,\Delta y,\Delta z$(相对坐标)

(2)柱坐标系： $a<m,z$(绝对坐标)　　@$a<m,z$(相对坐标)

(3)球坐标系： $b<m<n$(绝对坐标)　　@$b<m<n$(相对坐标)

在绝对坐标关系中：直角坐标系的“x,y,z”分别表示点在 3 个坐标轴上的坐标值；柱坐标系的“$a<m$”表示点在 XY 平面上的投影距离原点的距离为 a 且与 X 轴夹角为 $m°$，“z”表示点的 Z 轴坐标值；球坐标系的“$b<m<n$”表示点与原点距离为 b，b 在 XY 平面的投影与 X 轴夹角为 $m°$，b 与 XY 平面的夹角为 $n°$。

在相对坐标关系中：各坐标系中点参数由与坐标原点间的直接关系，替换为与前一点或指定点之间的增量关系。

三、三维视图观察

三维图形的视图观察对应于【视图】选项卡，其中包括有【导航】【视图】【坐标】【视觉样式】【视口】【选项板】【窗口】等面板。前面关于视图显示控制的有关视图操作的方法，比如：【平移】【缩放】【命名视图】【三维视图】【动态观察】等，均在三维视图观察控制中得到应用。

其中视图面板中对应的选项，可以让你在二维六视图与四向等轴测之间进行快速切换。动态观察选项可以让你实现各种方式旋转三维视图。

四、视觉样式

三维图形具有其特别的视觉样式，可以分别选择以便观察。在 AutoCAD 中，三维模型的视觉样式有 3 类：线框模型、曲面模型以及实体模型，如图 8-18 所示。

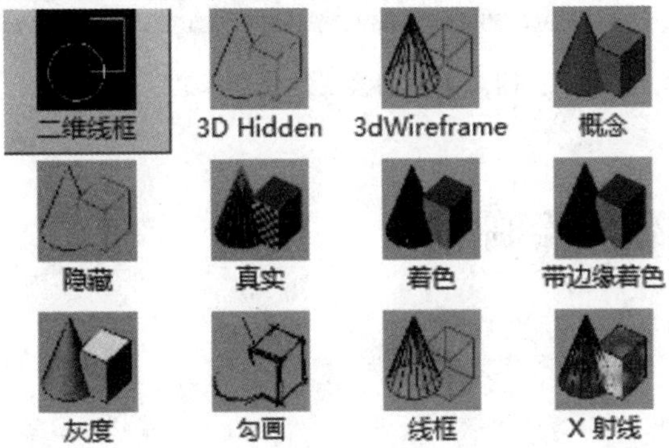

图 8-18　视觉样式选择图示

(1)线框模型——用三维的直线或曲线来表示模型轮廓，不含面的信息。使用系统变量 Isolines 可以设置曲面所用的网线条数(素线)。

(2)曲面模型——使用多边形网格定义镶嵌面，网格近似不透明的曲面。

(3)实体模型——包含空间和质量的实体概念，可以进行各种相加、相减和求交运算来创建复杂实体对象。

三种表现形式可以相互切换，切换方法：点击【视图】|【视觉样式】面板中的相应选择框，从弹出的选择框中选择一种表现形式即可。其中：概念对应的是曲面模型，真实对应的是实体模型，如图 8-19 所示。

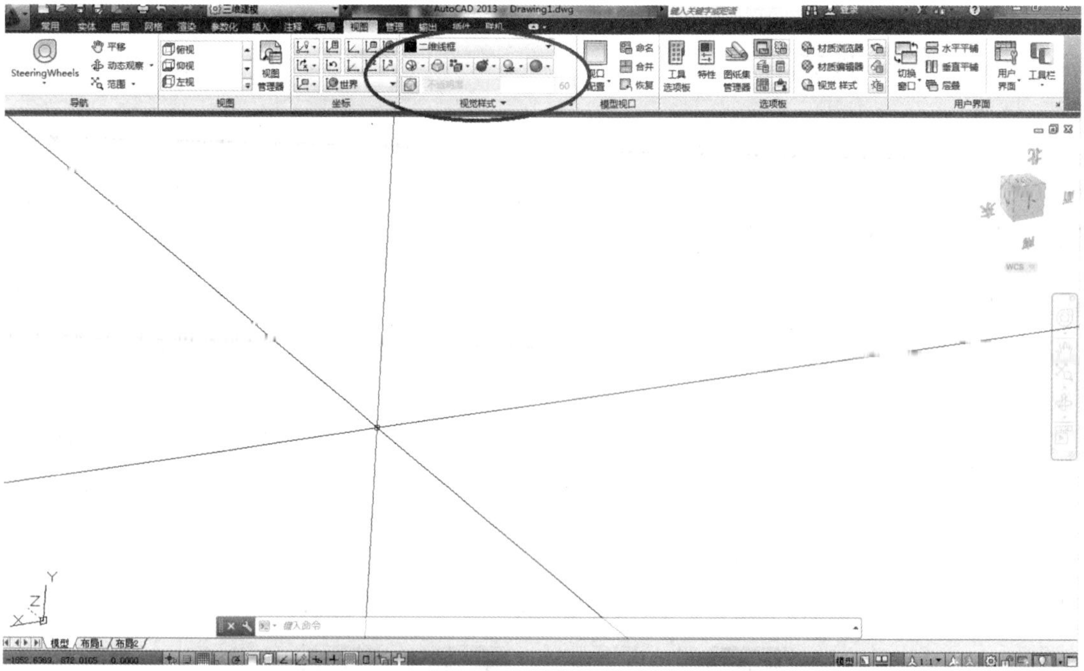

图 8-19 切换三维视觉样式

五、基本三维实体的绘制

(一)绘制多段体

1. 功能

绘制拥有高度的多段线,以形成多段体。

2. 执行命令的方式

- 工具栏:【常用】|【建模】或【实体】|【图元】中的
- 命令栏:polysolid

3. 命令的执行

命令提示行显示:

POLYSOLID 指定起点或 [对象(O) 高度(H) 宽度(W) 对正(J)] <对象>:

可选项:①对象 O:以预先绘制的二维曲线对象为轮廓创建多段体;②高度 H:设置多段体高度值;③宽度 W:设置多段体宽度值;④对正 J:指定光标基点对准多段体底面的左端、中点、还是右端。

其绘制过程需不断指定下一特征点,可以在直线和圆弧之间进行切换,最后可以使用 C 指令完成多段体的闭合(绘制过程与二维多段线相同),绘制结果如图 8-20 所示。

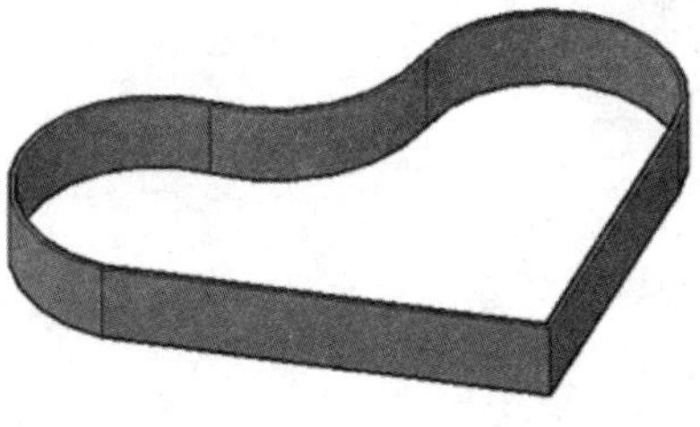

图 8-20　多段体绘制概念样式结果图

(二)绘制长方体

1. 功能

绘制拥有长、宽、高参数的长方体。

2. 执行命令的方式

- 菜单栏:【绘图】|【建模】|【长方体】
- 工具栏:【建模】工具栏的按钮
- 功能区:【常用】选项卡中,【建模】功能区的按钮
- 功能区:【实体】选项卡中,【图元】功能区的按钮
- 命令行:box

3. 命令的执行

命令提示行显示:

可选项:①中心 C:指定一点为中心点。

绘制过程需要指定底面两个对角特征点,从而确定底面大小。当指定第一特征点后出现新的提示:

可选项:①立方体 C:只需要确定一个尺寸从而绘制出特殊长方体——立方体;②长度 L:分别输入两个值确定底面的长和宽,默认 X 方向为长,Y 方向为宽。

底面大小确定后,需要指定第三特征点来确定高度,此时也有其他方式指定高度:

可选项:①两点 2P:在平面上指定两点,两点之间的距离为高度值。

完成长方体绘制如图 8-21 所示。

图 8-21　长方体绘制概念样式结果图

(三)绘制楔体

1. 功能

绘制只有一侧有高度参数的楔形体。

2. 执行命令的方式

- 菜单栏:【绘图】|【建模】|【楔体】
- 工具栏:【建模】工具栏的按钮
- 功能区:【常用】选项卡中,【建模】功能区的按钮
- 功能区:【实体】选项卡中,【图元】功能区的按钮
- 命令行:wedge↙

3. 命令的执行

指令提示行显示:

可选项:①中心:指定一点为中心点。

绘制过程与绘制长方体方法相似,默认楔体的底面与 XY 平面平行。指定第一特征点作为底面一个对角点或中心点后命令提示:

可选项:①立方体:只需确定一个尺寸绘制长宽高相等的楔体;②长度 L:分别输入两个值确定底面的长和宽,默认 X 方向为长,Y 方向为宽。

确定底面后需指定第三特征点以确定楔体高度:

可选项:①两点 2P:在平面上指定两点,两点之间的距离为高度值。

完成楔体绘制如图 8-22 所示。

图 8-22 楔体绘制概念样式结果图

(四)绘制棱锥体

1. 功能

绘制一种多面体,其一个面是多边形,其余各面是只有一个公共顶点的三角形。

2. 执行命令的方式

- 菜单栏:【绘图】|【建模】|【棱锥体】
- 工具栏:【建模】工具栏的按钮
- 功能区:【常用】选项卡中,【建模】功能区的按钮
- 功能区:【实体】选项卡中,【图元】功能区的按钮
- 命令行:pyramil↙

3. 命令的执行

指令行提示:

PYRAMID 指定底面的中心点或 [边(E) 侧面(S)]:

可选项:①边 E:指定底面正多边形的一边以确定底面;②侧面 S:指定底面正多边形的边数。

指定第一特征点后,为确定底面有新的指令提示:

PYRAMID 指定底面半径或 [内接(I)] <160.3259>:

可选项:①内接 I:以内接于一圆的形式绘制底面正多边形,与二维多边形绘制相同。

指定第二特征点后,为确定高度又新的指令提示:

PYRAMID 指定高度或 [两点(2P) 轴端点(A) 顶面半径(T)] <209.3569>:

可选项:①两点 2P:在平面上指定两点,两点间距离为高度值;②轴端点 A:指定顶点在三维空间位置,使用它可使所绘制的棱锥面改变方向;③顶面半径 T:指定顶面半径值,绘制棱锥台。

完成棱锥体绘制,结果如图 8-23 所示。

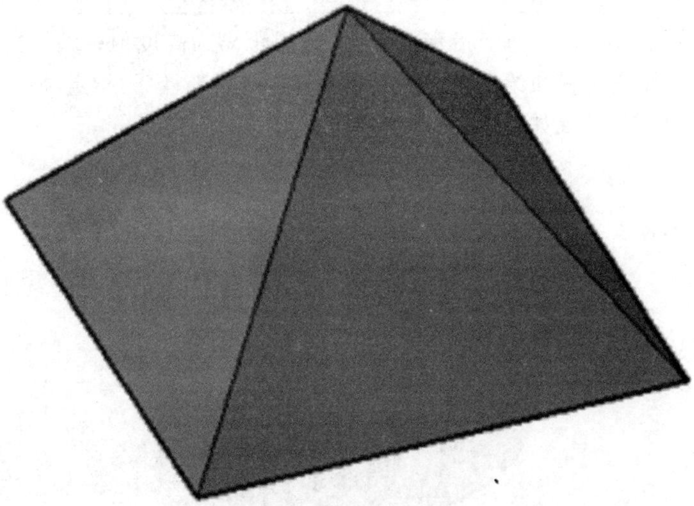

图 8-23 棱锥体绘制概念样式结果图

(五)绘制圆锥体

1. 功能

绘制一个圆且圆上所有点与一个在圆所在平面外的点有连线的多面体。

2. 执行命令的方式

- 菜单栏:【绘图】|【建模】|【圆锥体】
- 工具栏:【建模】工具栏的△按钮
- 功能区:【常用】选项卡中,【建模】功能区的△按钮
- 功能区:【实体】选项卡中,【图元】功能区的△按钮
- 命令行:cone ↙

3. 命令的执行

指令行提示:

可选项:①三点 3P:三点定圆,选择后提示指定三点;②两点 2P:两点定圆,选择后提示指定两点(作为直径端点);③切点、切点、半径 T:确认两个切点,并提供半径值的形式绘制圆;④椭圆 E:绘制椭圆为底面,作椭圆锥。

指定第一特征点后,为确定底面有新的指令提示:

可选项:①直径 D:输入数值或指定第二特征点以确定直径。

指定第二特征点后,为确定高度有新的指令提示:

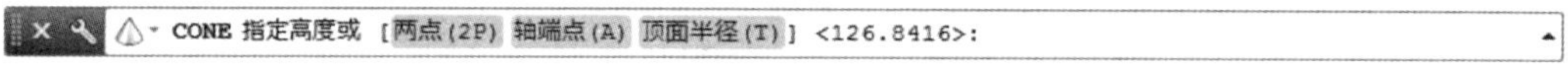

可选项:①两点 2P:在平面上指定两点,两点间距离为高度值;②轴端点 A:指定顶点在三维空间的位置,使用它可使所绘制的圆改变方向;③顶面半径 T:指定顶面半径值,绘制圆台。

完成圆锥体绘制,结果如图 8-24 所示。

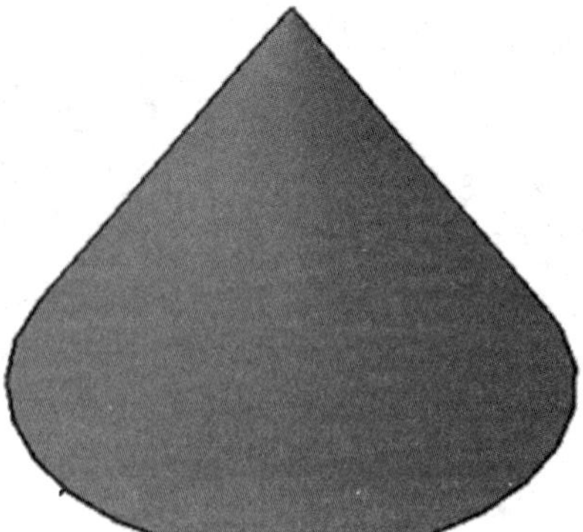

图 8-24 圆锥体绘制概念样式结果图

(六)绘制圆球体

1. 功能

绘制一个圆球体。

2. 执行命令的方式

- 菜单栏:【绘图】|【建模】|【圆球体】
- 工具栏:【建模】工具栏的 按钮
- 功能区:【常用】选项卡中,【建模】功能区的 按钮
- 功能区:【实体】选项卡中,【图元】功能区的 按钮
- 命令行:sphere ↙

3. 命令的执行

指令行提示:

可选项:①三点 3P:三点定圆,选择后提示指定三点;②两点 2P:两点定圆,选择后提示指定两点(作为直径端点);③切点、切点、半径 T:确认两个切点,并提供半径值的形式绘制圆。

指定第一特征点后,为确定过球心截面有新的指令提示:

可选项:①直径 D:输入数值或指定第二特征点以确定直径。

完成圆球体绘制,结果如图 8-25 所示。

图 8-25　圆球体绘制概念样式结果图

(七)绘制圆柱体

1. 功能

绘制直圆柱体或锥圆柱体。

2. 执行命令的方式

- 菜单栏:【绘图】|【建模】|【圆柱体】
- 工具栏:【建模】工具栏的 按钮
- 功能区:【常用】选项卡中,【建模】功能区的 按钮

- 功能区:【实体】选项卡中,【图元】功能区的按钮
- 命令行:cylinder↙

3. 命令的执行

指令行提示:

CYLINDER 指定底面的中心点或 [三点(3P) 两点(2P) 切点、切点、半径(T) 椭圆(E)]:

可选项:①三点 3P:三点定圆,选择后提示指定三点;②两点 2P:两点定圆,选择后提示指定两点(作为直径端点);③切点、切点、半径 T:确认两个切点,并提供半径值的形式绘制圆;④椭圆 E:绘制椭圆为底面,作椭圆柱。

指定第一特征点后,为确定底面有新的指令提示:

CYLINDER 指定底面半径或 [直径(D)] <229.2522>:

可选项:①直径 D:输入数值或指定第二特征点以确定直径。

指定第二特征点后,为确定高度有新的指令提示:

CYLINDER 指定高度或 [两点(2P) 轴端点(A)] <376.4647>:

可选项:①两点 2P:在平面上指定两点,两点间距离为高度值;②轴端点 A:指定顶点在三维空间的位置,使用它可使所绘制的圆改变方向。

完成圆柱体绘制,结果如图 8-26 所示。

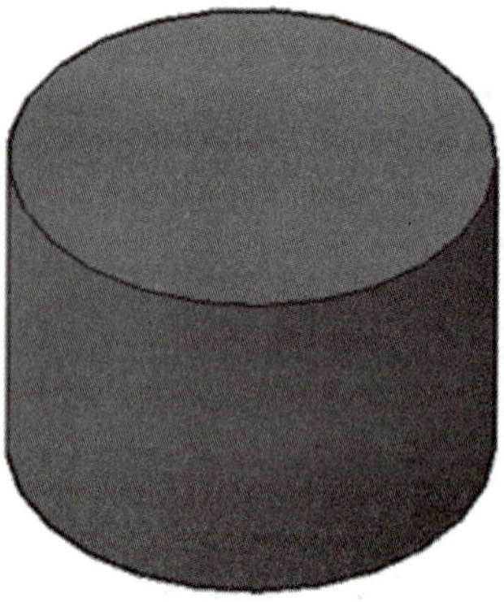

图 8-26 圆柱体绘制概念样式结果图

(八)绘制圆环体

1. 功能

绘制圆环体。

2. 执行命令的方式

- 菜单栏:【绘图】|【建模】|【圆环体】
- 工具栏:【建模】工具栏的按钮
- 功能区:【常用】选项卡中,【建模】功能区的按钮
- 功能区:【实体】选项卡中,【图元】功能区的按钮

- 命令行:torus ↙

3. 命令的执行

指令行提示:

TORUS 指定中心点或 [三点(3P) 两点(2P) 切点、切点、半径(T)]:

可选项:①三点 3P:三点定圆,选择后提示指定三点;②两点 2P:两点定圆,选择后提示指定两点(作为直径端点);③切点、切点、半径 T:确认两个切点,并提供半径值的形式绘制圆。

指定第一特征点后,为确定圆的大小有新的指令提示:

TORUS 指定半径或 [直径(D)] <254.3239>:

可选项:①直径 D:输入数值或指定第二特征点以确定直径。

指定第二特征点后,为确定圆管大小有新的指令提示:

TORUS 指定圆管半径或 [两点(2P) 直径(D)] <10.0000>:

可选项:①两点 2P:在平面上指定两点,两点间距离为高度值;①直径 D:输入数值或指定第三特征点以确定直径。

完成圆环体绘制,结果如图 8-27 所示。

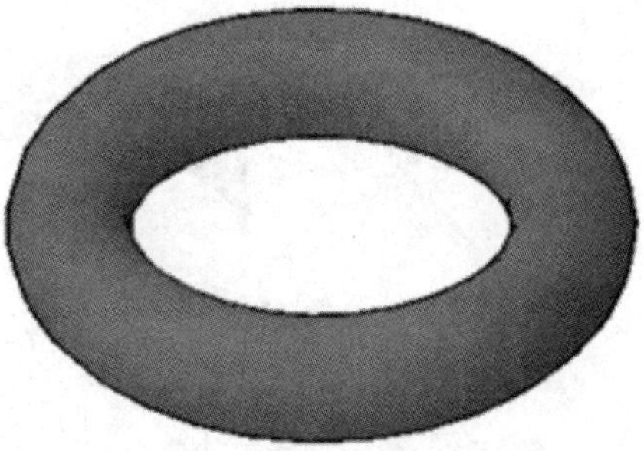

图 8-27　圆环体绘制概念样式结果图

六、拉伸和旋转创建实体

(一)拉伸创建实体

1. 功能

先绘制一个曲线或曲面,然后将曲线或曲面向高度方向上拉伸,即可形成曲面或实体。

2. 执行命令的方式

- 菜单栏:【绘图】|【建模】|【拉伸】
- 工具栏:【建模】工具栏的按钮
- 功能区:【常用】选项卡中,【建模】功能区的按钮
- 功能区:【实体】选项卡中,【实体】功能区的按钮
- 命令行:extrude ↙

3. 命令的执行

指令提示行：

指定对象，指定某一预先绘制的，需要拉伸的平面曲线对象。该对象可以可为任意平面曲线，当对象为一定长度的单线类，比如各类曲线及其形成的封闭图形，拉伸的结果为三维面体（图 8-28）；当对象为单一封闭的图形，其组成部分构成一个整体对象，比如圆、封闭多段线、矩形、正多边形等，拉伸的结果为三维实体（图 8-29）；当对象为封闭曲线生成的面域（可以是经过布尔运算后的面域），拉伸的结果为三维实体（如图 8-30）。指定对象后指令提示行：

可选项：①方向 D：指定起点和端点，两点构成的方向决定拉伸方向，该方向与要拉伸对象不能在同一个平面上；②路径 P：指定一空间曲线作为拉伸的路径，该方向与要拉伸对象不能在同一个平面上；③倾斜角 T：输入一角度，拉伸时边缘线按此角度倾斜，最终形成的上下底面大小不同的椎体或台体；④表达式 E：输入公式或方程式以指定拉伸高度。

指定高度，完成对拉伸实体的创建。

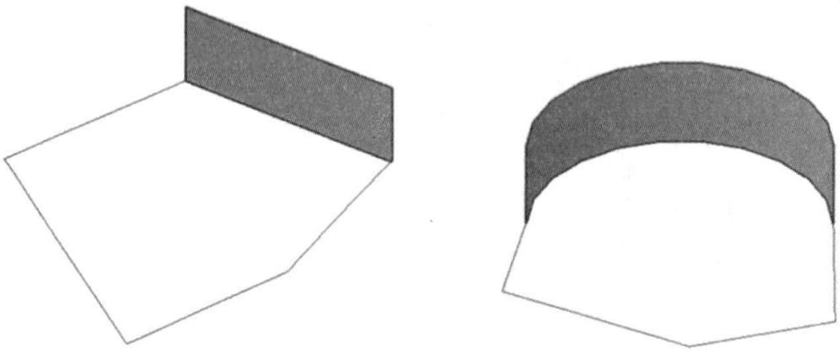

图 8-28 单一曲线拉伸曲面

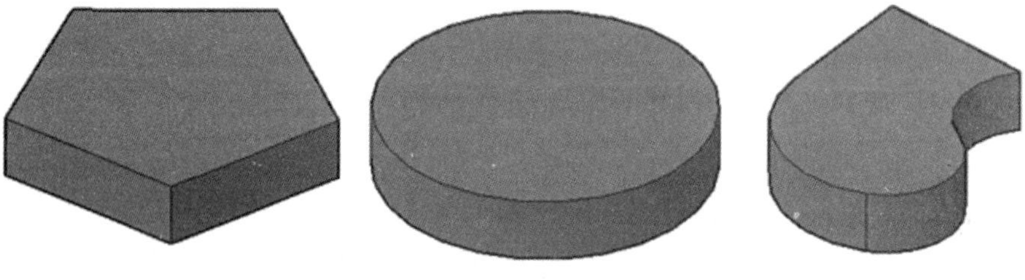

图 8-29 单一封闭图形拉伸实体

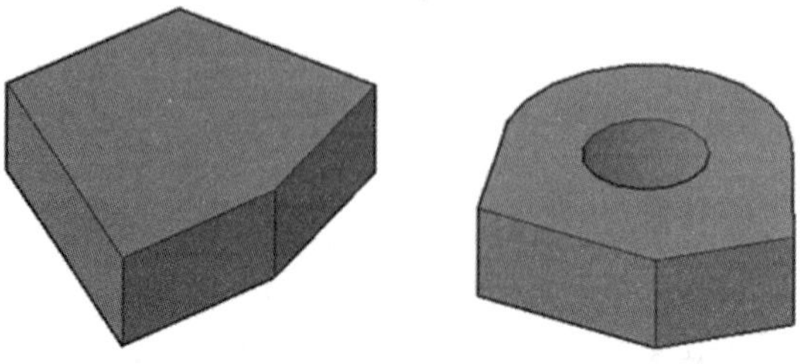

图 8-30 面域拉伸实体

(二)旋转创建实体

1. 功能

一曲线绕中心轴旋转创建实体或曲面。

2. 执行命令的方式

- 菜单栏:【绘图】|【建模】|【旋转】
- 工具栏:【建模】工具栏的按钮
- 功能区:【常用】选项卡中,【建模】功能区的按钮
- 功能区:【实体】选项卡中,【实体】功能区的按钮
- 命令行:revolve↙

3. 命令的执行

指令提示行:

REVOLVE 选择要旋转的对象或 [模式(MO)]:

指定某一预先绘制的、需要旋转的平面曲线对象。该对象可为任意平面曲线,当对象为一定长度的单线类,比如直线及其形成的封闭图形,旋转的图形为三维面体;当对象为单一封闭的图形,其组成部分构成一个整体对象,比如圆、封闭多段线、矩形、正多边形等,则旋转为一个实体。此时指令提示行:

REVOLVE 指定轴起点或根据以下选项之一定义轴 [对象(O) X Y Z] <对象>:

指定轴线,指定两点,两点连线作为旋转轴。要求轴线与旋转对象没有重合部分。之后指令提示行:

REVOLVE 指定旋转角度或 [起点角度(ST) 反转(R) 表达式(EX)] <360>:

指定旋转角度,输入角度值,平面图形绕轴逆时针旋转该角度,结果如图 8-31。

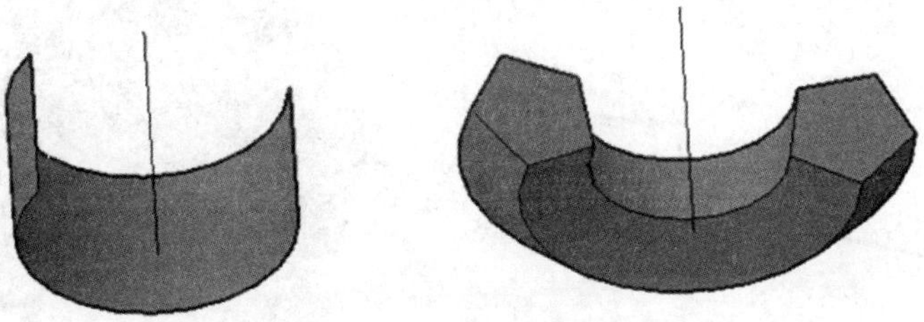

图 8-31　旋转创建实体

七、扫掠、放样和拖曳创建实体

(一)扫掠创建实体

1. 功能

指定曲线作为轮廓对象沿着某曲线路径扫描出实体或曲面。其功能类似拉伸实体的"路

径 P"方式，但两者也有区别。扫掠是轮廓对象移动刀路径起点位置，并与路径曲线垂直；扫掠中路径和轮廓对象可以在同一个平面。如图 8-32 所示，以一个正五边形为轮廓对象，一条多段线作为扫掠路径，生成的实体（如图 8-33 中右图所示）。

2. 执行命令的方式

- 菜单栏：【绘图】|【建模】|【楔体】
- 工具栏：【建模】工具栏的按钮
- 功能区：【常用】选项卡中，【建模】功能区的按钮
- 功能区：【实体】选项卡中，【实体】功能区的按钮
- 命令行：sweep↙

3. 命令的执行

指令提示行：

SWEEP 选择要扫掠的对象或 [模式(MO)]：

指定轮廓对象，指定某一预先绘制的、需要扫掠的平面曲线对象。该对象可为任意平面曲线，当对象为一定长度的单线类，如直线及其形成的封闭图形，扫掠的图形为三维面体；当对象为单一封闭的图形，其组成部分构成一个整体对象，比如圆、封闭多段线、矩形、正多边形等，则扫掠为一实体。此时指令提示行：

SWEEP 选择扫掠路径或 [对齐(A) 基点(B) 比例(S) 扭曲(T)]：

可选项：①对齐 A：指定扫掠时轮廓线是否调整为垂直扫掠路径切线方向。默认是垂直对齐；②基点 B：在轮廓曲线上指定一点为基点，以该基点为准沿路径扫掠；③比例 S：指定轮廓曲线对象扫掠时，其两端面放大或缩小比例；④扭曲 T：指定轮廓曲线对象扫掠时，其两端面按指定角度扭曲。

指定扫掠路径，完成扫掠（如图 8-32）。

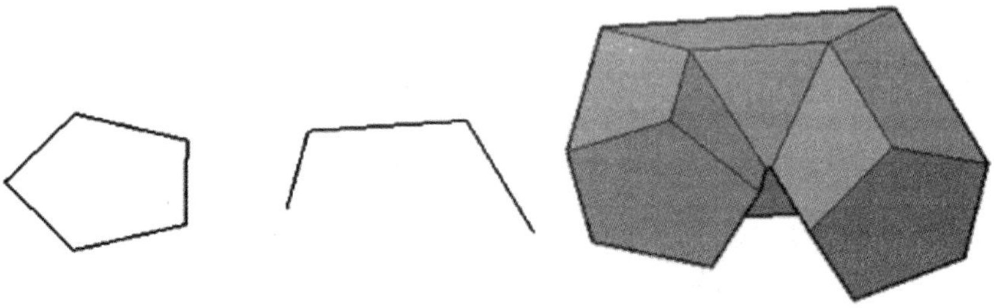

图 8-32 扫掠创建实体

（二）放样创建实体

1. 功能

放样主要用来绘制具有不同截面形状的实体或曲面。放样时若截面曲线是封闭的，就创建实体；若是开放的，则创建曲面；如同时具有闭合和非闭合的二维曲线，则不能执行放样操作。

2. 执行命令的方式

- 【绘图】|【建模】|【放样】
- 工具栏:【建模】工具栏的按钮
- 功能区:【常用】选项卡中,【建模】功能区的按钮
- 功能区:【实体】选项卡中,【实体】功能区的按钮
- 命令行:loft ↙

3. 命令的执行

指令提示行:

指定各截面对象,指定预先绘制的、非同一平面上得截面对象。命令提示行变化:

可选项:①导向 G:指定控制放样实体或曲面形状的导向曲线;②路径 P:将选中的截面曲线沿指定的光滑曲线放样,这些光滑曲线包括样条曲线、圆弧、椭圆弧等;③仅横截面 C:不增加其他约束,此为默认项;④设置 S:弹出如图 8-34 设置面板。

完成放样操作,结果如图 8-33 所示。

图 8-33　放样创建实体

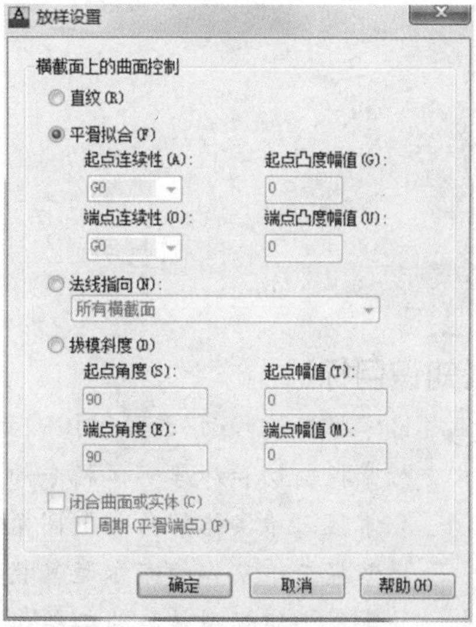

图 8-34　放样设置面板

(三)拖曳创建实体

1. 功能

将闭合曲线转换成面域,然后拖曳鼠标使选中面域延伸成实体。

2. 执行命令的方式

- 菜单栏:【绘图】|【建模】|【拖曳】

- 工具栏:【建模】工具栏的 按钮
- 功能区:【常用】选项卡中,【建模】功能区的 按钮
- 功能区:【实体】选项卡中,【实体】功能区的 按钮
- 命令行:presspull↙

3. 命令的执行

指令提示行:

PRESSPULL 选择对象或边界区域:

指定一闭合曲线并使之转换为面域,此时命令栏提示:已提取 1 个环,已创建 1 个面域。拖动鼠标,指定的面域拖动形成一个实体。

如图 8-35 所示,启动拖曳命令后,指定左图五边形使之转换为面域,拖动鼠标使之成为拥有高度的实体,之后指定七面体一个表面再次进行拖曳,形成右图结果。

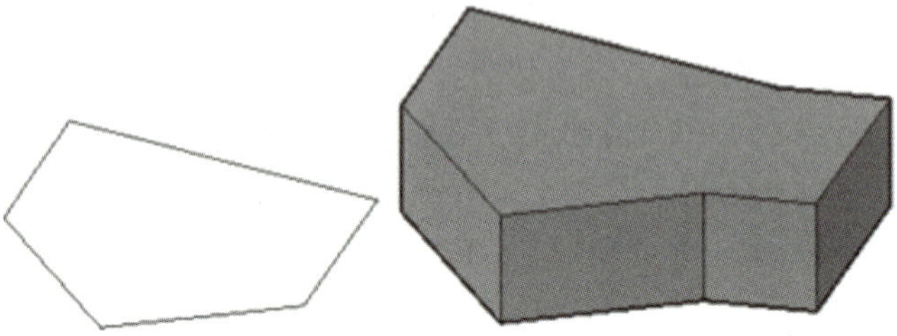

图 8-35　拖曳创建实体

任务 2　三维建模的操作和编辑

【知识目标】

1. 掌握三维移动、旋转、对齐、镜像、阵列指令的应用
2. 掌握剖切和加厚实体指令的应用
3. 掌握三维实体倒角和倒圆角指令的应用
4. 掌握三维实体的布尔运算指令的应用
5. 掌握三维模型转换为二维工程图的方法

【技能目标】

在绘制基本实体的基础上对其进行编辑和修改,达到生成复杂实体对象的目的。

【必备知识】

一、三维移动、旋转、对齐、镜像、阵列

这五个命令都是对应二维操作命令的三维扩展版，其使用方法与二维部分的【移动】【旋转】【对齐】【镜像】【阵列】基本一致。

(一)三维移动

1. 功能

在三维空间内将实体对象从基点移动到目标点。

2. 执行命令的方式

- 工具栏:【建模】工具栏的 按钮
- 功能区:【常用】选项卡中,【修改】功能区的按钮
- 命令行:3dmove ↙

3. 命令的执行

指令提示行:

指定实体对象(可连续选择多个实体对象),指定基点(指定实体对象上或空间上一点为基点),指定目标点,以基点为基准移动整个实体对象。

如图 8-36 所示,将其中左图中球体以球心为基点移动至立方体一个角点上,结果如其中右图所示。

图 8-36　三维实体移动

(二)三维旋转

1. 功能

在三维空间内将实体对象绕一指定的坐标轴线旋转到新位置。

2. 执行命令的方式

- 工具栏:【建模】工具栏的 按钮

- 功能区:【常用】选项卡中,【修改】功能区的按钮
- 命令行:3drotate↙

3. 命令的执行

指令提示行:

指定实体对象(可连续选择多个实体对象),指定基点(指定实体对象上或空间上一点为基点),指定旋转轴,指定以基点为基准,三维圈所对应的旋转轴。此时鼠标移动对应圈变色,对应轴线显示,直接点击捕捉到。

如图 8-37 所示,是将左图中的两个实体图形作为指定对象,以立方体左棱线上顶点为基点,以左棱线为旋转轴旋转−30°,得到结果为右图所示。

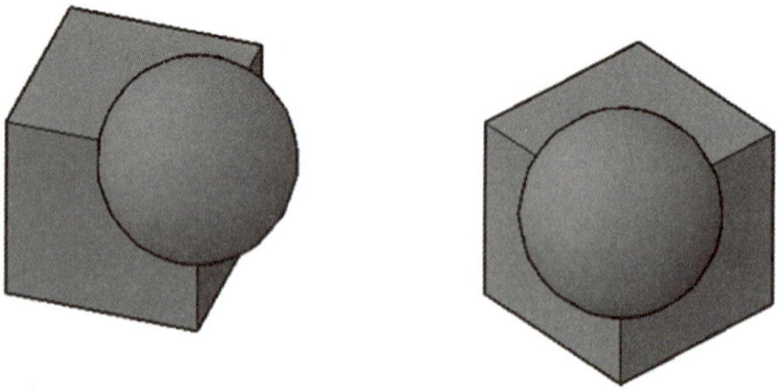

图 8-37　三维旋转

(三)三维对齐

1. 功能

通过分别指定源实体和目标实体上各三点确定两平面,两平面对齐,源实体的第一点作为基点,移动到目标实体的第一点位置上。

2. 执行命令的方式

- 工具栏:【建模】工具栏的按钮
- 功能区:【常用】选项卡中,【修改】功能区的按钮
- 命令行:3dalign↙

3. 命令的执行

指令提示行:

指定实体对象(可连续选择多个实体对象),指定基点和第二、第三点,(指定基点将与目标点对齐,三点确定的平面将与目标实体上三点确定的平面对齐。)连续指定目标点和第二、第三点。

如图 8-38 所示,以楔体一面对齐立方体一面,结果如其中右图所示。

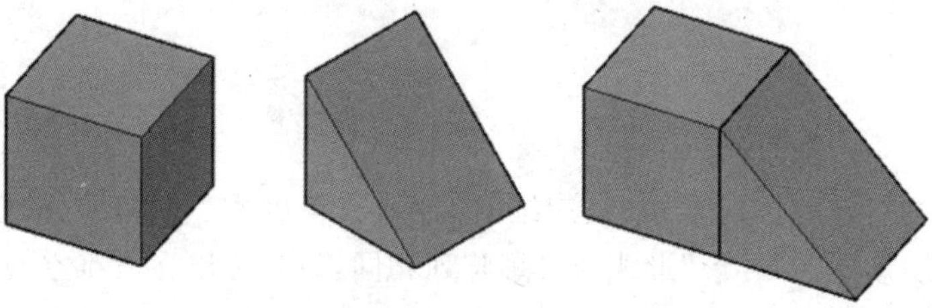

图 8-38　三维对齐

(四)三维镜像

1. 功能

一实体对象沿镜像平面获得副本。

2. 执行命令的方式

- 功能区:【常用】选项卡中,【修改】功能区的按钮
- 命令行:mirror3d↙

3. 命令的执行

指令提示行:

指定实体对象(可连续选择多个实体对象),指定镜像平面,默认情况指定“三点”确定一平面。

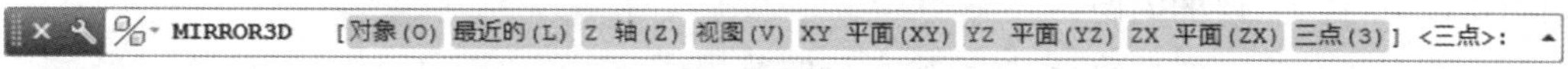

可选项:

对象 O:指定一二维对象,该对象所在平面将作为镜像平面;

最近的 L:使用上次镜像命令的镜像平面作为本次镜像平面;

Z 轴 Z:指定空间两点确定一直线,以该直线为法线确定一镜像平面;

视图 V:指定一点,通过该点的,且与当前视图平面平行的平面将作为镜像平面;

XY/YZ/ZX 平面:分别以 XY/YZ/ZX 坐标平面为镜像平面,然后按提示要求指定通过点。

选择是否删除源对象?,Y:是,删除;N:否,不删除(默认为 N)。

如图 8-39 所示,以对齐后的立方体与楔体为对象,指定平行于 YZ 平面的平面为镜像平面,该平面通过鼠标所在点,结果如图所示。

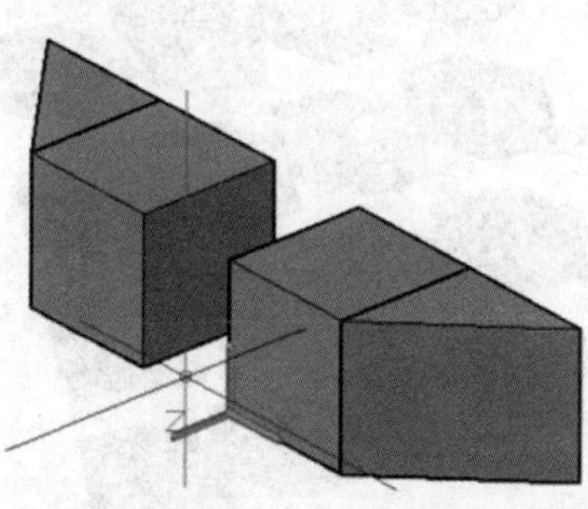

图 8-39　三维镜像

(五)三维阵列

1. 功能

一实体对象按指定的排列方式(在三维空间中)获得副本。其阵列形式有“矩形”“路径”“环形”其中“路径”形式与“环形”形式与二维阵列相同,只是可以在三维空间坐标系中进行,因此不进行过多介绍。

2. 执行命令的方式

- 功能区:【常用】选项卡中,【修改】功能区中的
- 命令行:arrayrect ↙

3. 命令的执行

指令提示行:

指定实体对象(可连续选择多个实体对象)。

可选项:

关联 AS:(默认选项)阵列中图形互相关联,改变个体对象会对阵列整体产生影响,方便于对规则阵列进行修改;

基点 B:以任意点为基点形成调节坐标系,可以坐标轴端点调节行、列、层的数量,以坐标轴中点调节行、列、层的间距;

计数 COU:输入列的数量,然后输入行的数量;

间距 S:输入列与列之间的距离,然后输入行与行之间的距离;

列数 COL:输入列的数量,然后输入列与列之间的距离(有输入所有列总计距离的选项 T);

行数 R:输入行的数量,然后输入行与行之间的距离(有输入所有行总计距离的选项 T);

层数 L:输入层的数量,然后输入层与层之间的距离(有输入所有层总计距离的选项 T);

退出 X:退出对三维阵列的编辑状态。

如图 8-40 所示,将一个边长为 50 mm 的立方体以行、列、层数都为 4,行、列、层间距都为 100 mm 的形式进行三维阵列。

图 8-40　关联形式三维阵列

三维阵列指令执行后会出现相关面板，可以放弃使用指令形式编辑，而使用三维阵列面板直接对三维阵列参数进行编辑。面板内容如图 8-41 所示，其参数状态与图 8-40 相同。

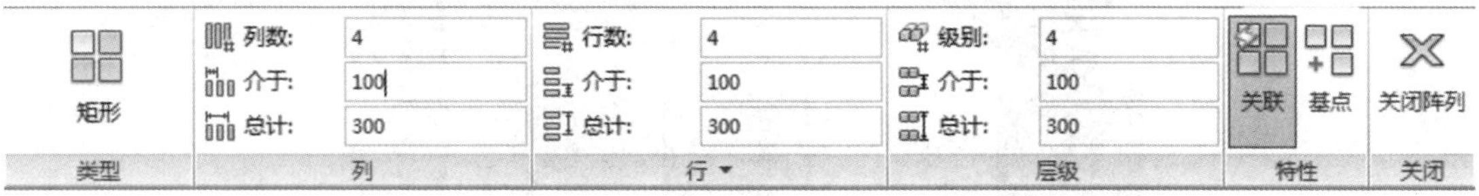

图 8-41　三维阵列面板

二、剖切和加厚实体

(一)剖切实体

1. 功能

将实体对象沿指定平面一分为二。

2. 执行命令的方式

- 工具栏:【常用】选项卡中,【实体编辑】功能区的按钮
- 命令行:slice ↙

3. 命令的执行

指令提示行:

指定实体对象(可连续选择多个实体对象)。

可选项:

平面对象 O:指定一二维对象,该对象所在平面将作为剖切平面;

曲面 S:指定一三维曲面为剖切面(三维曲面需要与三维实体有交集);

Z 轴 Z:指定空间两点确定一直线,以该直线为法线确定一剖切平面,该平面过指定的第一点;

视图 V:指定一点,通过该点的,且与当前视图平面平行的平面将作为剖切平面;

$XY/YZ/ZX$ 平面:分别以 $XY/YZ/ZX$ 坐标平面为剖切平面,然后按提示要求指定通过点。

三点 3:(默认选项)指定空间三点形成一平面作为剖切平面。

指定一点,该点所在实体部分将被保留,如不指定,将保留两侧与剖切面。

如图 8-42,左图所示,用曲面将立方体剖切,中间图所示为剖切后保留两侧的立方体与剖切面,右图上为保留左侧,右图下为保留右侧。

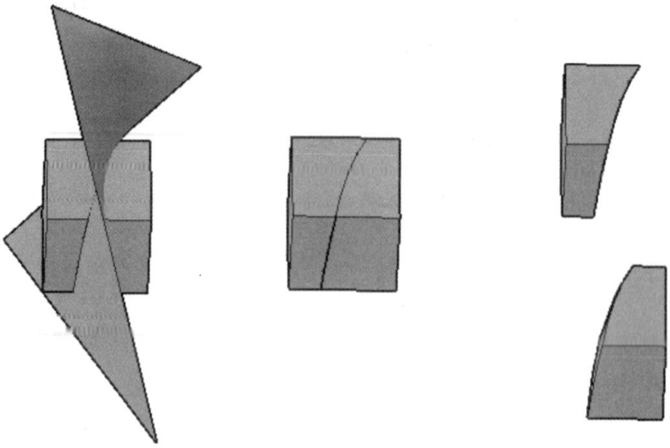

图 8-42　曲面剖切

(二)加厚实体

1. 功能

将曲面对象转化为一定厚度的实体对象。

2. 执行命令的方式

- 功能区:【常用】选项卡中,【实体编辑】功能区的 按钮
- 命令行:thicken↙

3. 命令的执行

指令提示行:

指定曲面对象(可连续选择多个曲面对象)。

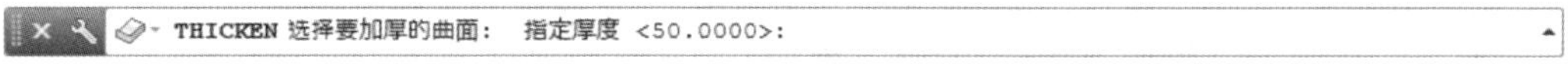

指定厚度,以正负值决定加厚方向。

加厚不同于拉伸,拉伸只能沿坐标轴完成,加厚是沿原曲面各点法向均匀增加。

如图 8-43 所示,将其中左图加厚 50 mm 得到右图所示结果。

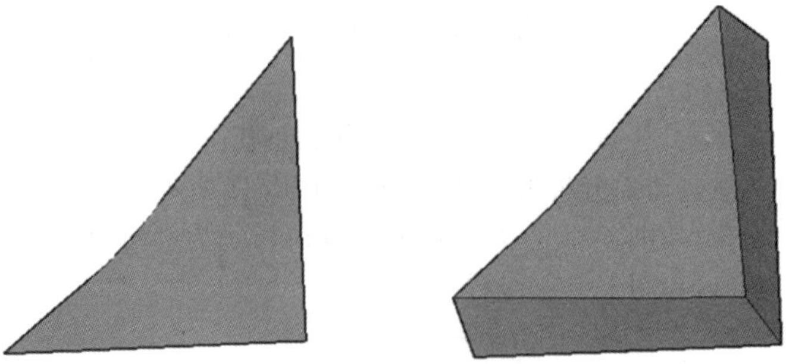

图 8-43　曲面加厚

三、三维实体的倒角与倒圆角

三维倒角以及三维倒圆角所用命令与二维倒角、倒圆角命令相同，只是所选对象不同，产生对应的后续可选项发生变化。

(一)三维倒角

1. 功能

将实体棱线转化为满足一定参数的斜面。

2. 执行命令的方式

- 工具栏：【常用】选项卡中，【修改】功能区的按钮
- 命令行：chamfer ↙

3. 命令的执行

指令提示行：

CHAMFER 选择第一条直线或 [放弃(U) 多段线(P) 距离(D) 角度(A) 修剪(T) 方式(E) 多个(M)]：

指定需要倒角的基面的边(将亮显与选定的边相邻的两个曲面之一)。

CHAMFER 输入曲面选择选项 [下一个(N) 当前(OK)] <当前(OK)>：

可选项：

下一个 N：选择其他曲面；

当前 OK：使用当前曲面(缺省选项)。

指定基面倒角距离以及另一个曲面距离，获得所需三维倒角。如图 8-44 所示，将圆柱体棱线做成倒角形态。

图 8-44　圆柱端面倒角

(二)三维倒圆角

1. 功能

将实体棱线转化为满足一定参数的圆弧。

2. 执行命令的方式

- 工具栏:【常用】选项卡中,【修改】功能区的按钮
- 命令行:fillet ↙

3. 命令的执行

指令提示行:

指定需要倒圆角的棱线。

输入圆角半径值,确定后生成的圆弧曲面与形成原棱线的两个基面分别相切。效果如图 8-45 所示。

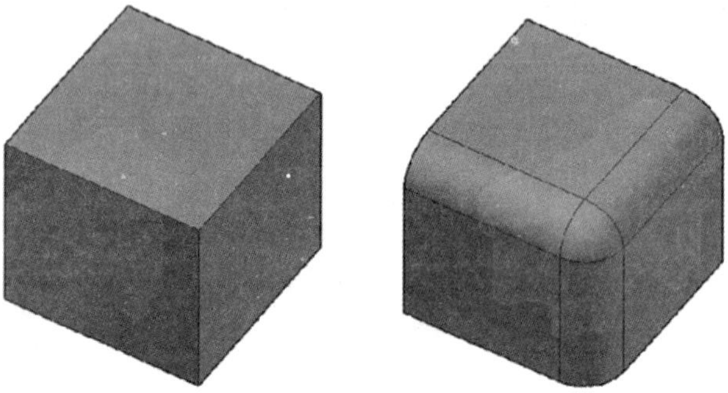

图 8-45 立方体棱线倒圆角图示

四、三维实体的布尔运算

三维绘图的布尔运算与二维绘图布尔运算一样包含并集、差集和交集的内容。

(一)并集

1. 功能

将两个或多个单实体合并组合成一个复合实体,单实体可以不接触。合并后的实体为一个单一对象。该命令和差集、交集一起配合使用,构建复杂结构的实体。如图 8-46 左侧图为一个圆球体与一个正方体两个单实体,右侧图为合并后形成的单一复合体(并集之后复合体的组成部分不再能被单独点选)。

2. 执行命令的方式

- 工具栏:【建模】工具栏的按钮
- 功能区:【常用】选项卡中,【实体编辑】功能区的按钮
- 功能区:【实体】选项卡中,【布尔值】功能区的按钮
- 命令行:union ↙

3. 命令的执行

指令提示行：

连续选择连个或多个对象，确定后，所有被选对象合并为一个实体对象，可进行相关操作。结果如图 8-46 所示。

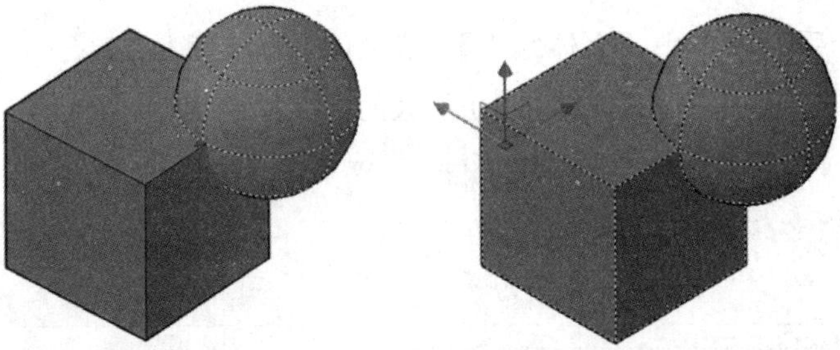

图 8-46　并集操作

（二）差集

1. 功能

如图 8-47 所示，将正方体减去与圆球体相交的部分，并删除圆球体，这样操作叫做差集。

2. 执行命令的方式

- 工具栏：【建模】工具栏的按钮
- 功能区：【常用】选项卡中，【实体编辑】功能区的按钮
- 功能区：【实体】选项卡中，【布尔值】功能区的按钮
- 命令行：subtruct ↙

3. 命令的执行

指令提示行：

选择实体对象 1（可多选，多选实体按并集处理），要从该对象中减去部分，确认。选择实体对象 2（可多选，多选实体按并集处理），要减去实体 2 与实体 1 相交部分，并删除实体 2，确认。结果如图 8-47 所示。

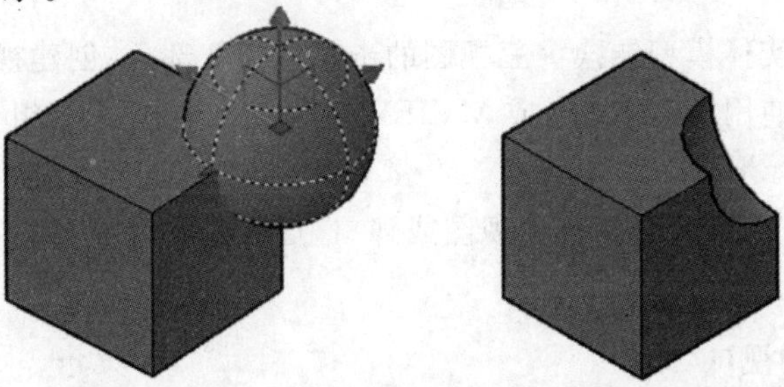

图 8-47　差集操作

(三)交集

1. 功能

创建两个或多个相交实体之间的相交部分实体对象。

2. 执行命令的方式

- 工具栏:【建模】工具栏的 按钮
- 功能区:【常用】选项卡中,【实体编辑】功能区的 按钮
- 功能区:【实体】选项卡中,【布尔值】功能区的 按钮
- 命令行:intersect ↙

3. 命令的执行

指令提示行:

选择对象,连续选择两个或多个对象,确认。操作结果如图 8-48 所示。

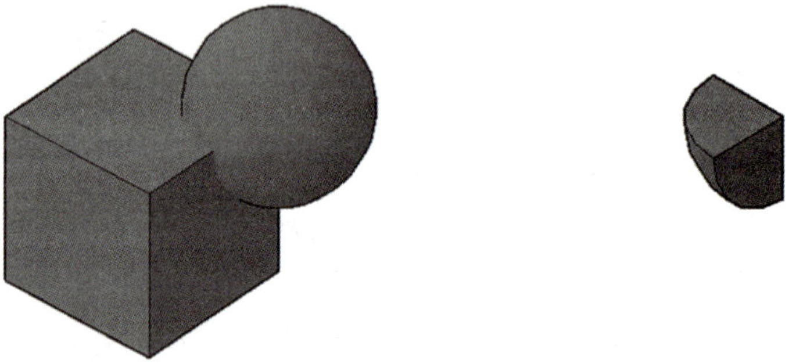

图 8-48 交集操作

五、三维模型转换为二维视图

比较复杂的实体先绘制成为三维图形,再由三维模型转换生成为基本视图、剖视图、剖面图等二维视图,对减少绘图工作量,提高绘图速度和精度,避免二维绘图中可能出现的各种错误,有其重要的存在意义。通过三维模型转换生成的二维视图进行尺寸的标注后,可以打印出图,应用于工程实践中。

AutoCAD 将三维实体模型转换为三视图的步骤包括 2 部分:创建视图或视口+生成轮廓线。实现方法一般为:使用 VPORTS(或 MVIEW)+SOLPROF 命令组合;使用 SOLVIEW+SOLDRAW 命令组合。

以上方法的前一个命令主要是创建视图或视口,后一个命令是生成视图或视口中的轮廓线,各命令的操作功能如下。

1. 创建平铺或浮动视口

执行命令的方式:

功能区:【视图】选项卡中,单击【模型视口】功能区的 命名 按钮。

命令行:vports ↙

系统启动【视口】对话框,可以在建模空间或者布局空间创建平铺或浮动视口。

2. 在布局空间创建浮动视口

启动命令:在命令行键入“MVIEW”,在【布局】选项卡下创建浮动视口(该指令不能在模型选项卡中实现且每次最多可激活 64 个视口)。

指令提示行:

指定视口角点,获得矩形即为视口。

可选项:

开 ON/关 OFF:使用开关选项控制视口是否处于活动状态,图形对象仅在活动视口中可见,非活动视口是空的,选择 ON 或 OFF 后系统提示指定视口对象,从而控制图形在视口中可见与否;

布满 F:创建一个布满布局空间显示区域的视口;

着色打印 S:指定布局中的视口的打印方式,有 5 种打印方式供选择;

锁定 L:控制当回到模型空间工作时是否能修改选定视口中的缩放比例因子,通过输入 ON 或 OFF 来控制是否锁定;

对象 O:指定封闭的多段线、椭圆、样条曲线、面域或圆以转换到视口中,指定的多段线必须是闭合的并且至少包含 3 个顶点,它可以是自相交的,也可以包含圆弧和线段;

多边形 P:用指定的点创建具有不规则外形的视口,其提示与指定外部参照的多边形剪裁边界时所显示的提示相似,但在创建多边形视口边界时可以指定圆弧;

恢复:恢复使用 VPORTS 命令保存的视口配置,输入视口配置名;

图层 LA2/3/4:将指定的区域水平或垂直等分为 2 个、3 个或 4 个大小相等的视口。

3. 在视口中创建实体轮廓图形

命令执行的方式:

功能区:【常用】选项卡中,【建模】功能区的(实体轮廓)按钮

命令行: solprof ↙

> 注意:在启动操作命令之前必须使用“MVIEW”和“MSPACE”命令将视口激活为可编辑状态,然后再启动“SOLPROF”命令。

4. 在布局空间利用正投影法创建浮动视口功能区

命令执行的方式:

功能区:【常用】选项卡中,【建模】功能区的(实体视图)按钮

命令行:solview ↙

指令提示行:

可选项：

UCS(U)：在布局空间创建浮动视口，该视口中显示已有实体在当前坐标系的 XY 面上(X 轴指向右，Y 轴垂直向上)的投影图；

正交 O：创建浮动视口，该视口显示指定方向的正交投影图；

辅助 A：创建浮动视口，该视口显示指定方向的投影图；

截面 S：创建截面轮廓图形，即剖视图，该轮廓由在当前视口中拾取剖切的两点并指定方向确定，此命令选项可以用来生成剖视图和剖面图。

选择选项后，依次指定视图中心，指定视图对角点，输入视图名称完成创建。该命令主要用来逐步创建具有投影对应关系的视图，比如如果要创建三视图，可以先选择“UCS”选项创建俯视图，然后选择“正交”选项逐步创建主视图和左视图。

该命令在布局空间根据机械投影关系创建浮动视口，用来生成三维实体对象的基本视图、剖视图以及剖面图的同时为每个视口生成 5 个图层，它们分别是：①DIM 标注图层：用于视口中对图形的标注；② VIS 可见线图层：由“soldraw”命令创建的可见线所在图层；③HID隐藏线图层：由“soldraw”命令创建的隐藏线所在图层；④ DIM 剖面线图层：由“soldraw”命令创建的剖面线所在图层；⑤ vports 公共涂层：用于放置视口对象的公共部分的图层，比如视口边框。

5. 创建实体轮廓或填充图案

命令执行的方式：

功能区：【常用】选项卡中，【建模】功能区的(实体图形)按钮

命令行：soldraw ↙

指令提示行：

此时应选择由 solview 命令生成的视口对象。如果视口对象是利用 UCS(U)、正交(O)、辅助(A)选项创建的，则将自动生成实体轮廓线；如果视口对象是利用截面(S)选项创建，系统将自动生成剖视图，并填充剖面线(其图案、比例、角度等属性分别由系统变量 hpmame、hpscale、hpang 确定)。

soldraw 和 solprof 命令的功能都是创建轮廓图形，两者主要区别是：soldraw 只能对 solview 创建的视图生成轮廓图形，而 solprof 不仅可以对由 solview 创建的视图生成轮廓图形，而且对其他方法创建的浮动视口中的图形生成轮廓图形。

6. 使用多个命令组合创建三视图

【实例解析】

一、利用 vports(或 mview)＋solprof 组合命令创建模型三视图

创建图 8-49 所示实体模型三视图的详细过程。

步骤：

(1)在模型空间创建如图 8-49 所示的三维实体模型。

(2)单击【布局 1】标签进入布局空间，并对其进行页面设置。如果在【布局 1】自动出现了显示有图形的视口窗，点选其边框后按 DELETE 键删除。

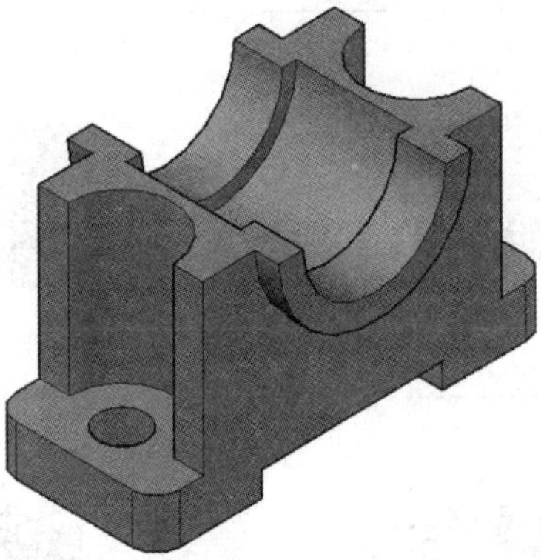

图 8-49　三维实体模型

(3)输入 vpofts 命令,从弹出的视口窗口中选择【四个:相等】;或直接点选择视图菜单栏【视图】|【模型视口】|【视口配置】|【四个:相等】,然后在指定角点时直接按回车键选择【布满】,如图 8-50 所示。

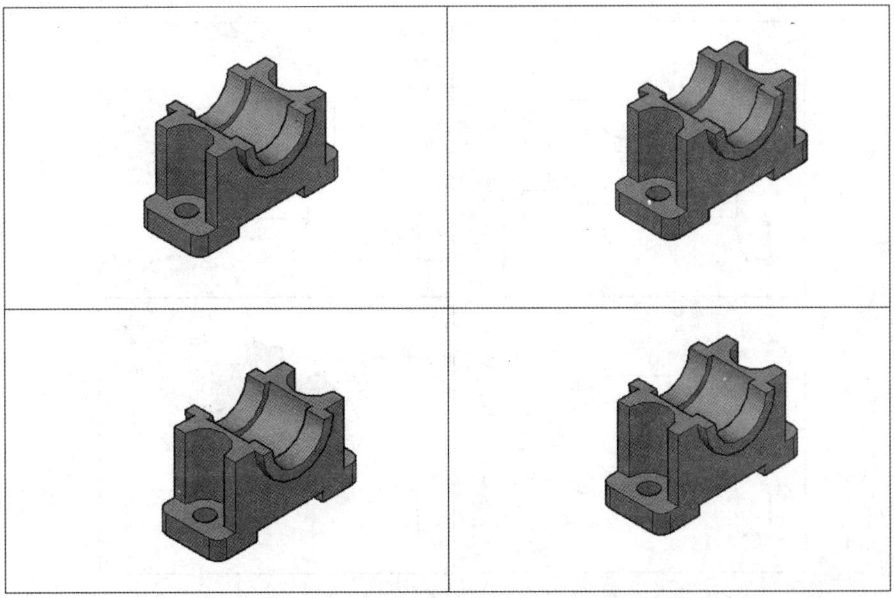

图 8-50　创建四个相等视口

(4)激活左上角的视口(使用 mspace 命令或直接双击视口内部),选择视图菜单栏【视图】|【前视】,或者直接点击对应视口右上角 上的【前】。使用同样方法将左下视口和右上视口中的视图分别转换为俯视图和左视图,并调整各视图到合适大小,结果如图 8-51 所示。

(5)分别激活各视口并输入 solprof 命令,按命令提示选择图形对象和确定其他选项,从而在各视口中创建图形轮廓线。三视图形成后对文件进行保存。注意:将三视图的视觉样式设置为"隐藏"。效果如图 8-52 所示。

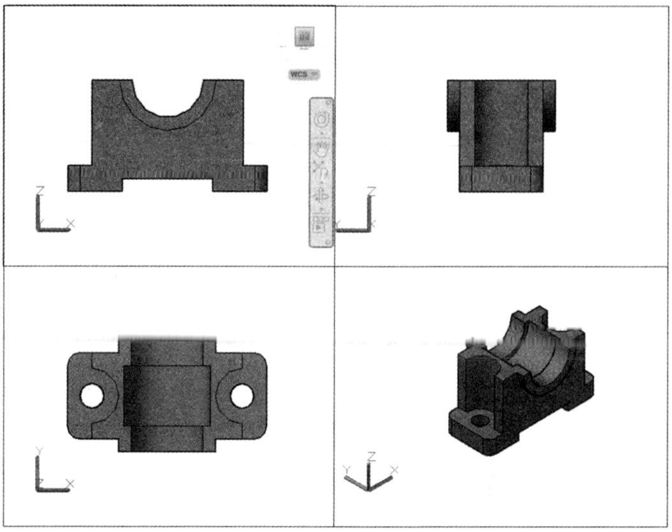

图 8-51　四个相等视口调整后显示状态

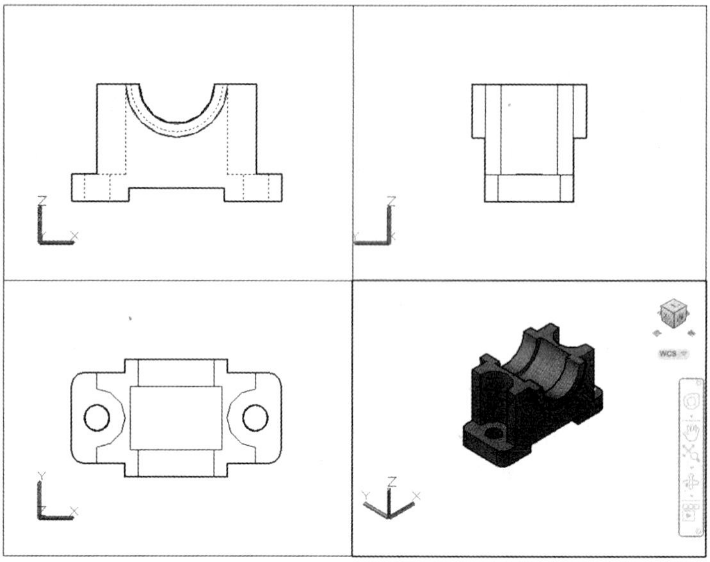

图 8-52　设定视图的视觉样式

二、使用 solview＋soldraw 组合命令创建三视图

步骤：

(1)单击【布局 2】标签进入布局空间，并对其进行页面设置。如果在【布局 2】自动出现了显示有图形的视口窗，点选其边框后按 DELETE 键删除。

(2)输入 solview 命令，选择 UCS(U)并依命令提示创建俯视图，如图 8-53 所示。

(3)输入 solview 命令，选择正交(O)并依命令提示创建主视图和左视图，并调整视图大小位置，具体操作结果如图 8-54 所示。

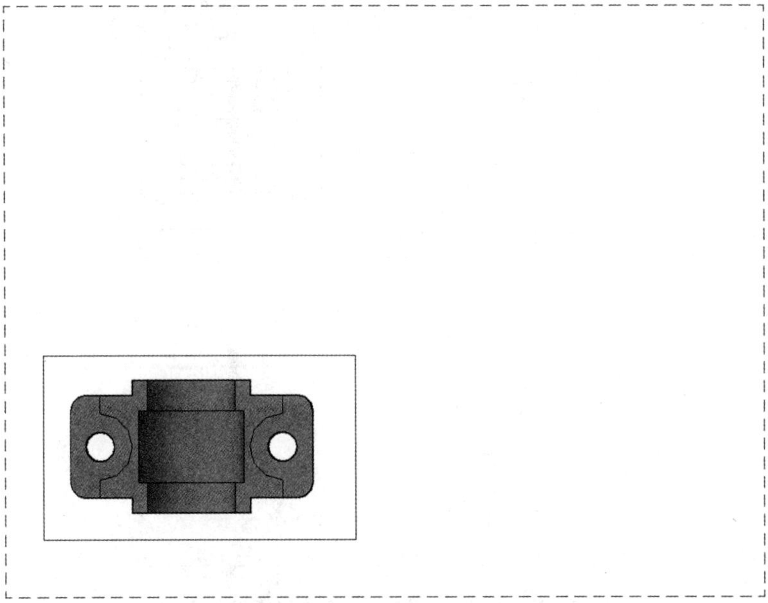

图 8-53　solview 指令"UCS"选项创建的俯视图

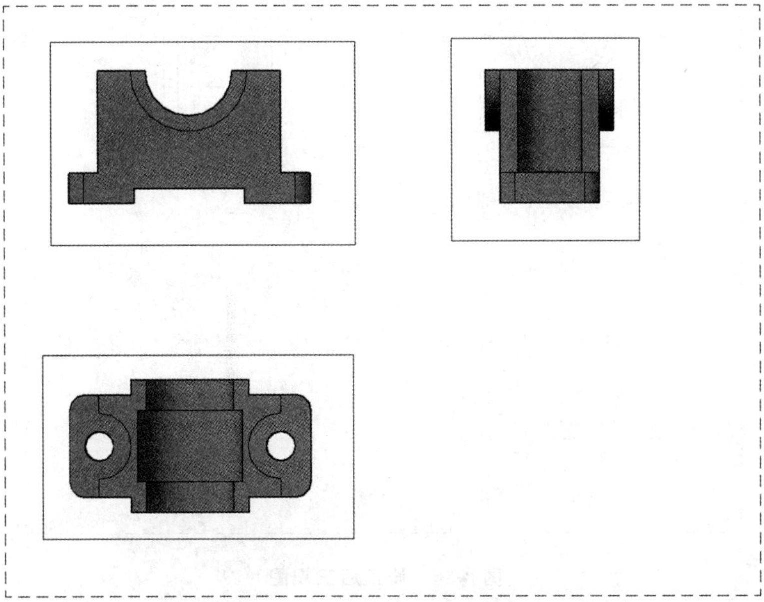

图 8-54　solview 指令"正交"选项创建的主视图与左视图

(4)输入 soldraw 命令，并依次选择三个视口对象，创建视图轮廓图形，结果如图 8-55 所示。

(5)点选格式选项，关闭"0"和"vports"图层，并将"主视图-HID""俯视图-HID""左视图－HID"的线型设置为"ACAD-ISO02W100"。若此时看不出虚线效果，可输入 LTSCALE 命令调整线型比例，本例调整为 0.3，如图 8-56 所示。

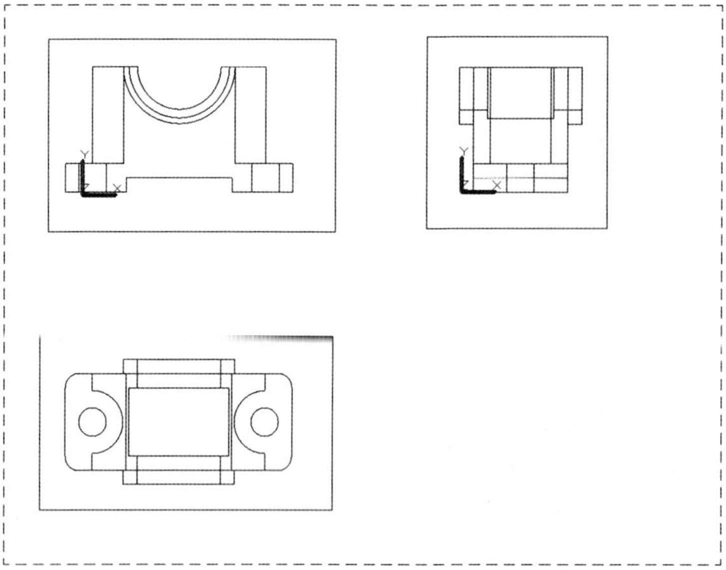

图 8-55 通过 soldraw 指令创建的三视图轮廓图形

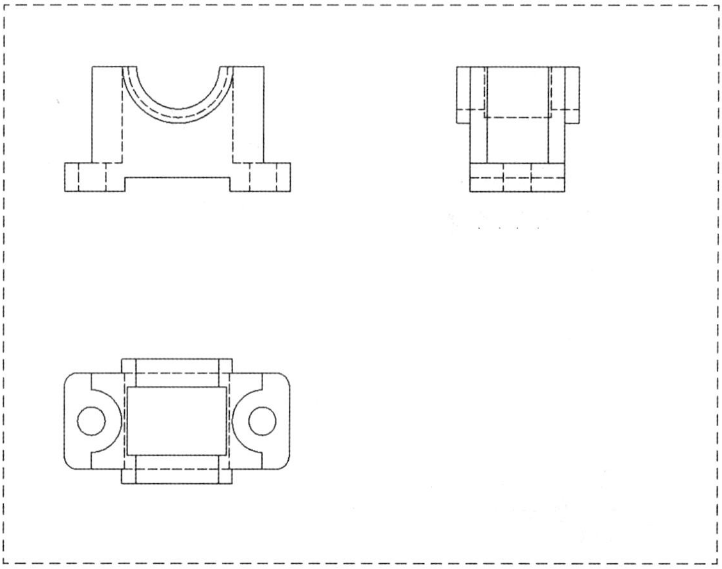

图 8-56 修正后三视图

三、使用 solview＋soldraw 组合命令创建剖视图

步骤：

(1)前两示例中占用了默认的【布局 1】与【布局 2】，此例需要创建【布局 3】并进入布局空间。如果在【布局 3】中自动出现了显示有图形的视口，点选其边框后按 delete 键删除。

(2)输入 solview 命令，选择 UCS(U)并依照命令提示创建俯视图(结果与图 8-53 相同)。

(3)输入 solview 命令，选择截面(S)，创建剖视图，具体操作依照命令提示顺序完成即可。

结果如图 8-57 所示。

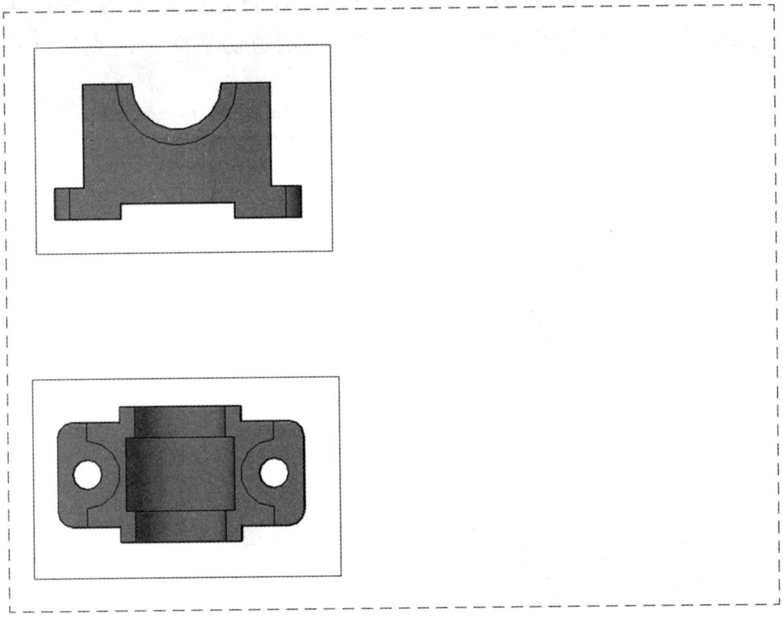

图 8-57　截面(S)选项创建主视图剖视结果

(4)输入 soldraw 命令，选择已经创建的俯视图与主视图视口对象，创建视图轮廓图形，结果如图 8-58 所示。

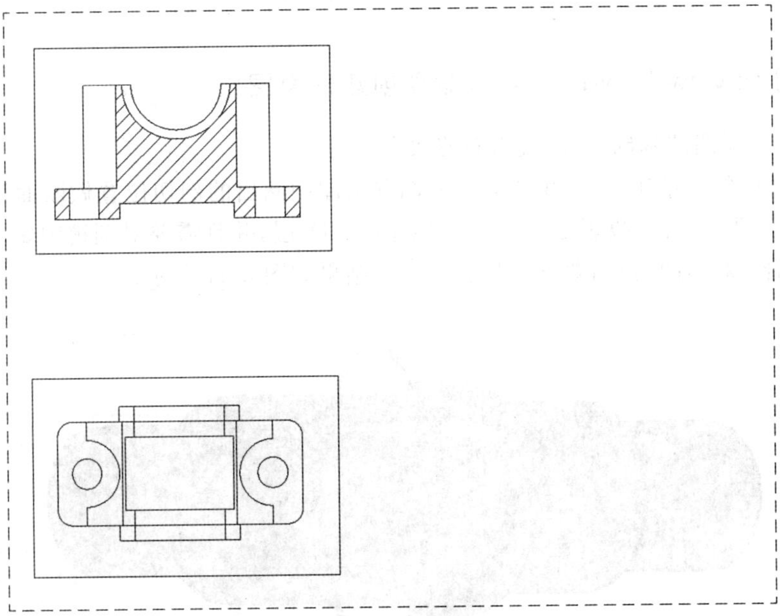

图 8-58　剖视图创建轮廓图形结果

(5)使用图层管理器关闭“vports”层、“俯视图-HID”层、“主视图剖视-HID”层，此时效果如图 8-59 所示。

2. 按照二维视图绘制对应三维实体。

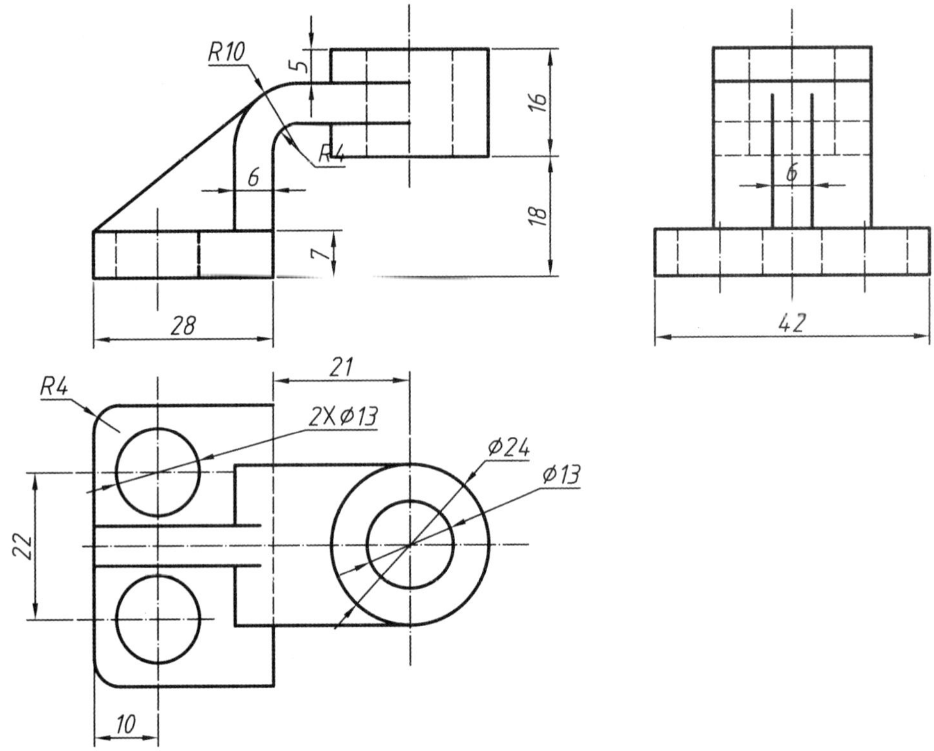

3. 按照二维视图绘制三维实体。

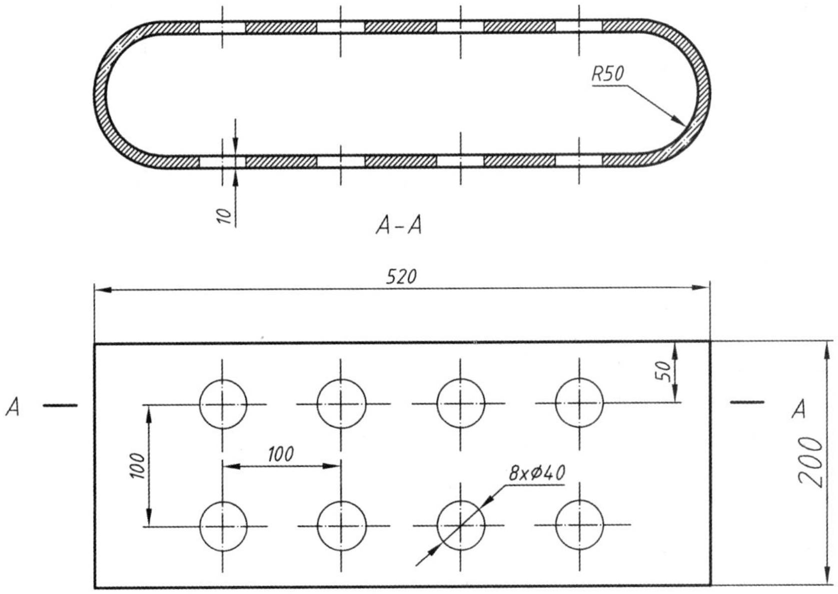

4. 按照二维视图绘制三维实体。

参 考 文 献

[1] 姜勇. AutoCAD2005 中文版基本功能与典型实例. 北京:人民邮电出版社,2005

[2] 方晨. AutoCAD2006 中文版机械制图实用教程. 上海:上海科学普及出版社,2007

[3] 林党养. AutoCAD2008 机械绘图. 北京:人民邮电出版社,2009

[4] 李红萍. 中文版 AutoCAD2014 实例教程. 北京:清华大学出版社,2015

[5] 宋雪静,苏德胜,王蓉,等. AutoCAD 工程制图. 北京:化学工业出版社,2009

[6] 李秀娟. AtuoCAD 绘图 2008 简明教程. 北京:北京艺术与科学电子出版社,2009

[7] 刘全心,徐文娟. AutoCAD2011 机械工程项目训练教程. 南京:南京大学出版社,2010

[8] 雷冠军. 中文版 AutoCAD2009 培训教程. 北京:北京理工大学出版社,2009

[9] 邹新斌,郑金. AutoCAD2012 实用教程. 北京:人民邮电出版社,2013

[10] 杨老记,梁海利. AutoCAD 2013(中文版)工程制图实用教程. 北京:机械工业出版社,2014

[11] 张永茂,王继荣. AutoCAD 2013 中文版机械设计实例教程. 北京:机械工业出版社,2013